浙江省高职院校"十四五"重点立项建设教材

机器人制作与编程

丁长涛 编著

ZHEJIANG UNIVERSITY PRESS
浙江大学出版社
·杭州·

图书在版编目（CIP）数据

机器人制作与编程 / 丁长涛编著. -- 杭州：浙江
大学出版社，2025.6. -- ISBN 978-7-308-26005-3

Ⅰ. TP242

中国国家版本馆 CIP 数据核字第 202513SE19 号

机器人制作与编程

丁长涛　编著

责任编辑	王元新
责任校对	阮海潮
封面设计	周　灵
出版发行	浙江大学出版社
	（杭州市天目山路 148 号　邮政编码 310007）
	（网址：http://www.zjupress.com）
排　　版	杭州星云光电图文制作有限公司
印　　刷	嘉兴华源印刷厂
开　　本	787mm×1092mm　1/16
印　　张	18
字　　数	295 千
版 印 次	2025 年 6 月第 1 版　2025 年 6 月第 1 次印刷
书　　号	ISBN 978-7-308-26005-3
定　　价	57.00 元

前　言

机器人涵盖了机械、电子、控制等多个领域的知识，又结合了人工智能、计算机视觉、语音识别、自然语言处理等前沿技术。机器人广泛应用于制造、服务、医疗、农业等多个领域，为人们的生产、生活、健康等方面提供了便利和支持，具有广泛的应用场景和明显的发展优势。

伴随着机器人的广泛应用，中国机器人大赛等机器人竞赛也如火如荼地发展起来。机器人竞赛所涉及的知识包括机械、电子、控制等多个方面，具有综合性强的特点。机器人竞赛能够有效锻炼学生的知识运用能力、动手能力、团队合作能力等诸多能力，能有效提升学生的工匠精神、创新精神等综合素质，对学生成长起到举足轻重的作用。

本书以大学生机器人竞赛中的移动机器人为对象，划分为机械模块、电子模块、控制模块、维修保养模块等4个模块，涉及机械设计、理论力学、机械图样识读与绘制、AutoCAD绘图技术、Solidworks三维建模技术、工程材料、机械制造工艺与先进制造技术、电工与电子、电机与拖动、传感器与检测技术应用、机器视觉技术、电路板设计与制作、焊接技术、C语言程序设计、单片机控制技术、控制算法、机电设备故障诊断与维修、保养技术等多门课程知识。本书采取项目引领、任务驱动的方式，编排了9个项目、50个任务，每一个任务均由思政元素与课前准备、任务描述、知识讲解、任务实施、任务总结、课后复习与拓展等6部分内容组成。

本书在内容与形式上具有以下特色：(1)融入了思政元素。坚持把"立德树人"作为教育的根本任务，充分融入党的二十大精神，每一任务均给出了思政元素供大家参考学习。(2)知识系统性、综合性强。将机器人知识划分为机械模块、电子模块、控制模块、维修保养模块等4个模块，具有较强的系统性与综合性，便于读者学习应用机电类专业综合知识。(3)内容实用，便于学习。采用实用性强的知识与操作过程编排任务，突出内容的实用性，便于读者学习。(4)采取项目引领、任务驱动的方式开展学习。项目引领容易激发读者的成就感；各任务均给出了知识讲解、任务实施过程、总结与拓展等内容。(5)教学与竞赛相互促进。本书内容主要来源于竞赛，充分考虑了学生的认知发展规律，通过竞赛促进教学，通过教学助推竞赛，实现教学与竞赛相互促进。(6)资金投入少，大部分任务无需购买昂贵的设备或元器件即可完成。(7)校企合作编著。本书由高职院校、企业、本科高校的相关人员联合编著，可以满足学校、企业读者们的需求。(8)配套有完整的在线课程。本书每一任务均配有在线课程,为读者提供了方便、快捷的学习资源,在线为读者答疑,便于读者学习本书。使用本书时需注意:不同生产厂家的电子元器件、设备等,可能略有区别,开展接线等操作时,需参考厂家说明确认。

本书由浙江工业职业技术学院丁长涛副教授编著。初稿编写完成后,陈伟老师、陈琼老师、袁文琪老师、徐文琴老师、盛国栋老师、姚夏婷老师等认真校对了相关任务。浙江越士科技有限责任公司周斌斌总经理、绍兴市众七智能科技有限公司任德铭总经理、宁波大学吕原君副研究员等对本书提出了诸多宝贵建议。聊城市沃尔润激光科技有限公司、山东精辉数控设备有限公司、广州讯恒磊机械自动化设备有限公司等企业在设备使用过程中给予了技术支持,在此表示感谢! 从 2017 年起,浙江工业职业技术学院机电技术综合创新工作室团队不断搭建、优化机器人样机,不断探索积累机器人相关技术,在本书的任务划分、资料查阅等方面,团队成员发挥了举足轻重的作用,在此一并表示感谢!

本书为浙江省高职院校"十四五"重点立项建设教材,本书配套的课程为浙江省高等学校课程思政示范课程、绍兴市高等学校精品在线开放课程、专创融合"金课"与专创融合"金师"团队立项建设课程等。本书具有鲜明的特色,适合职业院校、本科院校机电类相关专业学生学习,也适合对机器人感兴趣的读者阅读参考。本书配套的在线课程,可登录 https://www.zjooc.cn,搜索"机器人制作与编程"获取。

由于编者水平有限,时间仓促,书中难免存在不足之处,敬请各位专家、同仁及读者批评指正,并提出宝贵的意见,E-mail:61830554@qq.com。

编　者

2025 年 3 月于浙江绍兴

目　录

第 1 模块　机械模块

第2模块　电子模块

第3模块　控制模块

第 4 模块　维修保养模块

第1模块 机械模块

项目1 机器人机械设计

任务1：机器人机械设计要求与流程

1. 思政元素与课前准备

工匠精神的基本内涵包括敬业、精益、专注、创新等方面的内容。具体如表1-1所示。

表1-1 工匠精神的基本内涵

工匠精神	基本内涵
敬业	敬业是从业者基于对职业的敬畏和热爱而产生的一种全身心投入的认认真真、尽职尽责的职业精神状态。中华民族历来有"敬业乐群""忠于职守"的传统，敬业是中国人的传统美德，也是当今社会主义核心价值观的基本要求之一。早在春秋时期，孔子就主张人在一生中始终要"执事敬""事思敬""修己以敬"。"执事敬"是指行事要严肃认真不怠慢；"事思敬"是指临事要专心致志不懈怠；"修己以敬"是指要加强自身修养保持恭敬谦逊的态度
精益	精益就是精益求精，是从业者对每件产品、每道工序都凝神聚力、不断精进、追求极致的职业品质。所谓精益求精是指已经做得很好了，还要求做得更好，"即使做一颗螺丝钉也要做到最好"。正如老子所说，"天下大事，必作于细"。能"基业长青"的企业，无不是精益求精才获得成功的
专注	专注就是内心笃定而着眼于细节的耐心、执着、坚持的精神，这是一切"大国工匠"所必须具备的精神特质。从中外实践经验来看，工匠精神都意味着一种执着，即一种几十年如一日的坚持与韧性。"术业有专攻"，一旦选定行业，就一门心思扎下去，心无旁骛，在一个细分产品上不断积累优势，在各自领域成为"领头羊"。在中国早就有"艺痴者技必良"的说法，如《庄子》中记载的解牛游刃有余的庖丁、《核舟记》中记载的奇巧人王叔远等

1

续表

工匠精神	基本内涵
创新	工匠精神还包括追求突破、追求革新的创新内蕴。古往今来，热衷于创新和发明的工匠们一直是科技进步的重要推动力量。新中国成立初期，我国涌现出一大批优秀的工匠，如倪志福、郝建秀等，他们为社会主义建设事业做出了突出贡献。改革开放以来，"汉字激光照排系统之父"王选，充电电池制造商王传福，从事高铁研制生产的铁路工人和从事特高压、智能电网研究运行的电力工人等都是"工匠精神"的优秀传承者，他们让中国创新重新影响了世界

本教材主要根据表 1-2 所示要求，设计制作一台图 1-1 所示的Ⅲ型机器人，实现在图 1-2 所示的场地上沿规定路线的运动，即从 1 号平台出发，途经长桥、2 号平台、跷跷板、3 号平台、减速带、4 号平台、跷跷板、再返回 1 号平台。其中，机器人在 2 号平台闪灯两次，然后识别二维码，若二维码信息为"3"，则运动至 3 号平台上时，左臂、右臂各摆动一次；若二维码信息为"4"，则运动至 4 号平台上时，左臂、右臂各摆动一次。

表 1-2　机器人设计要求

规　范	要　求
重量	不限
轮子数量	不限
肩膀转动轴心到地面的高度	≥机器人前轮、后轮最大轴距的 2 倍
手臂	有可以分别独立运动的左臂、右臂
头	有可以独立运动的头
动力	为机器人充足电力，中途不得充电
出发启动	移开机器人面前的"禁行板"，机器人自动出发
返回停机	机器人自动停机
安全	机器人不得伤害人，不得损坏场地与环境

图 1-1　机器人

图 1-2　机器人运行的路线

课前准备：机器人样机 1 台等。

2. 任务描述

明确机器人机械设计的基本要求,制定机器人机械设计的流程,给出机器人机械部分的结构设计。

3. 知识讲解

图 1-1 所示的机器人主要由机械部分、电子部分、控制部分和其他部分组成,各部分包含的零部件及其作用如表 1-3 所示。

表 1-3　机器人的主要组成部分及其作用

序号	主要组成部分	零部件	作用
1	机械部分	机器人龙头(连接件)、机器人龙头(着地件)、机器人龙头支撑件、机器人底板(左)、机器人底板(右)、红外传感器(方形)支架、舵机(大)支架、机器人前部固定件、机器人顶板、摄像头支架、机器人手臂、电脑棒支架、前方红外传感器(圆形)支架、侧方红外传感器(圆形)支架、机器人尾部固定件、机器人配重、轮子等	连接、支撑元器件等作用
2	电子部分	航模锂电池(大)、保险管 1、船形开关 1、稳压模块(大)、可调降压模块、电机驱动模块、电机 1 到电机 4、航模锂电池(小)、保险管 2、船形开关 2、稳压模块(小)、舵机(大)、钮子开关 1、电脑棒、摄像头、USB 转 TTL 模块、钮子开关 2、PCB、12 路传感器、红外传感器(圆形)、红外传感器(方形)、色标传感器、编码器、舵机(小)等	提供电能与动力、信息检测、信息处理与传递等作用
3	控制部分	单片机等	控制机器人运动
4	其他部分	充电器、螺栓、螺母等	辅助机器人实现某些功能

4. 任务实施

任务实施 1:机器人机械设计的基本要求

机器人机械设计的基本要求如下:(1)稳定性好,刚度大,能够适应常见复杂环境;(2)重量尽可能轻,以减少电能消耗;(3)为安装、拆卸与维修留有足够空间;(4)不能损伤其他元器件;(5)其他一些要求。

任务实施 2:制定机器人机械设计的主要流程

在明确机器人各组成部分及其作用的基础上,制定机器人机械设计的主要流程,如图 1-3 所示。

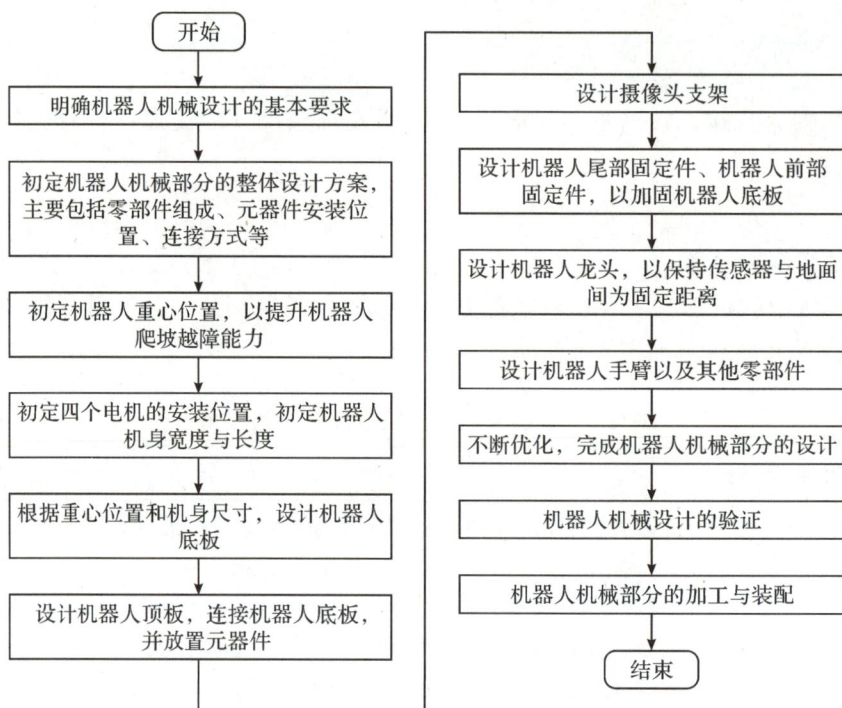

图 1-3　机器人机械设计的主要流程

任务实施 3：机器人机械部分结构设计

机器人机械部分的整体结构如图 1-4 所示，部分结构如图 1-5 所示。

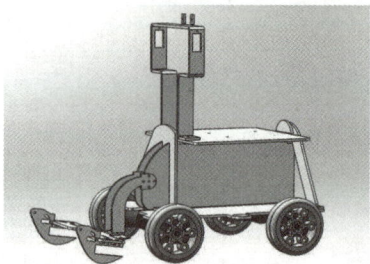

图 1-4　整体结构

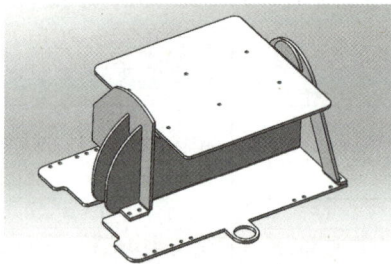

图 1-5　部分结构

5. 任务总结

（1）明确机器人机械设计的基本要求。（2）制定机器人机械设计的主要流程。（3）给出机器人机械部分的结构设计。

6. 课后复习与拓展

机器人常见的行走结构主要包括轮式、履带式、多足式等，试分析它们的优缺点及适用场合。

任务 2：机器人受力分析

1. 思政元素与课前准备

坚持理论指导和实践探索辩证统一，实现理论创新和实践创新相互促进，让伟大的实践孕育伟大的理论，以创新的理论推动实践的成功。比如，中国航天史上东方红一号成功发射、神舟五号载人飞船成功返回地球、祝融号火星车着陆火星、中国空间站建成，这一系列伟大成就都是坚持理论和实践辩证统一、相互促进的关系而取得的。1978 年 6 月 2 日，邓小平在全军政治工作会议上作了讲话，针对当时的形势再次精辟阐述了毛泽东的实事求是、一切从实际出发、理论与实践相结合的这一马克思主义的根本观点和根本方法。

习近平总书记在党的二十大报告中指出，基础研究和原始创新不断加强，一些关键核心技术实现突破，战略性新兴产业发展壮大，载人航天、探月探火、深海深地探测、超级计算机、卫星导航、量子信息、核电技术、新能源技术、大飞机制造、生物医药等取得重大成果，我国进入创新型国家行列。实践没有止境，理论创新也没有止境。不断谱写马克思主义中国化、时代化新篇章，是当代中国共产党人的庄严历史责任。继续推进实践基础上的理论创新，首先要把握好新时代中国特色社会主义思想的世界观和方法论，坚持好、运用好贯穿其中的立场观点方法。必须坚持人民至上，坚持自信自立，坚持守正创新，坚持问题导向，坚持系统观念，坚持胸怀天下。[①]

课前准备：机器人样机 1 台等。

2. 任务描述

分别分析机器人在水平地面和倾斜地面上的受力，提出解决机器人打滑问题的方法。

3. 知识讲解

知识讲解 1：力的三要素、牛顿第一定律、牛顿第二定律与牛顿第三定律

（1）力的三要素：大小、方向、作用点。（2）牛顿第一定律：任何物体都要保持匀速直线运动或静止状态，直到外力迫使它改变运动状态为止。（3）牛顿第二定律：$F = ma$，物体加速度的大小跟作用力成正比，跟物体的质量成反比，加速度的方向跟作用力的方向相同。（4）牛顿第三定律：相互作用的两个物体之间的作用力和反作用力总是大小相等，方向相反，作用在同一条直线上。

---

① 习近平:高举中国特色社会主义伟大旗帜 为全面建设社会主义现代化国家而团结奋斗——在中国共产党第二十次全国代表大会上的报告.新华社,2022 年 10 月 16 日.

知识讲解 2:内力与外力,动力与阻力

(1)内力是在一个力学系统内部相互作用的力;外力是一个力学系统与外部物体相互作用的力。(2)动力是使机械做功的各种作用力;阻力是妨碍物体运动的作用力。

知识讲解 3:与摩擦力相关的一些知识

(1)摩擦力分为静摩擦力、滑动摩擦力和滚动摩擦力三种。表达式:$f = F_n \times \mu$。其中,F_n 是正压力;μ 是摩擦系数。(2)当静摩擦力达到最大静摩擦力时,物体就会运动起来。最大静摩擦力的方向跟接触面相切,跟物体相对运动趋势的方向相反。(3)摩擦力既可以是动力,也可以是阻力。(4)机器人刹车时,车轮和地面的作用力主要是滑动摩擦力。(5)理想情形下,滑动摩擦力与滚动摩擦力仅与正压力和摩擦系数有关,与接触面积无关,因此,当忽略所增加轮子的重力时,增加轮子个数并不会增大摩擦力。

4. 任务实施

(1)机器人在水平地面上的受力分析

假设机器人与水平地面均为刚体,机器人与水平地面之间的摩擦系数为常数,假设机器人为四轮驱动,轮子在地面上做纯滚动,此时地面与轮子间为静摩擦力,忽略空气阻力等因素,把机器人作为研究对象,机器人在水平地面上的受力简图如图 2-1 所示,其受力公式为:

$$\begin{cases} N_1 + N_2 = G \\ f_{t1} + f_{t2} = ma \\ N_2 l_2 = N_1 l_1 + (f_{t1} + f_{t2}) h_G \end{cases} \tag{2-1}$$

其中,N_1 与 N_2 为支持力,G 为重力,f_{t1} 与 f_{t2} 为静摩擦力,m 为机器人的质量。

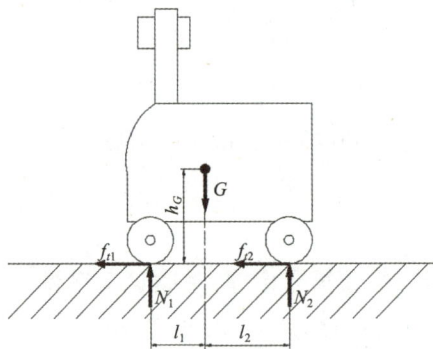

图 2-1　机器人在水平地面上的受力简图

当 $l_1 = l_2$ 时,即重心在前轮与后轮中间位置时,由式(2-1)可知,$N_1 < N_2$,则 $f_{t1} < f_{t2}$,此时后轮受到的静摩擦力大于前轮受到的静摩擦力。

当机器人在水平地面上前轮与后轮所受的静摩擦力差距较大时,可能会引起打滑。为避免打滑现象,f_{t1} 与 f_{t2} 应尽可能接近。此时可以考虑采取以下措施:(1)相对于后轮,机器人重心更靠近前轮;(2)机器人重心应尽可能低。

(2)机器人在倾斜地面上的受力分析

假设机器人与倾斜地面均为刚体,机器人与倾斜地面之间的摩擦系数为常数。假设机器人为四轮驱动,轮子在倾斜地面上做纯滚动,此时倾斜地面与轮子间为静摩擦力。忽略空气阻力等因素,把机器人作为研究对象,机器人在倾斜地面上的受力简图如图2-2所示,其受力公式:

$$\begin{cases} N_1 + N_2 = G\cos\alpha \\ f_{t1} + f_{t2} - G\sin\alpha = ma \\ N_2 l_2 = N_1 l_1 + (f_{t1} + f_{t2})h_G \end{cases} \quad (2\text{-}2)$$

其中,α 为倾斜地面与水平地面的夹角。

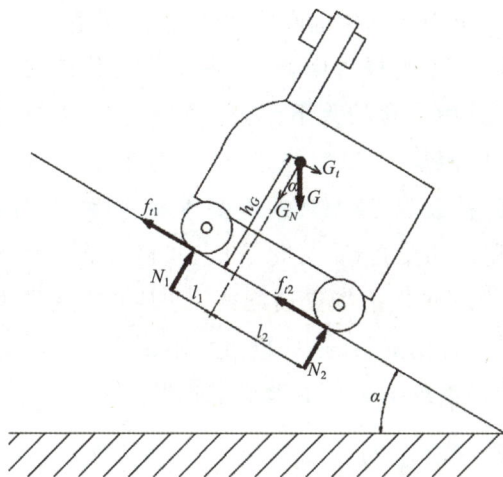

图 2-2　机器人在倾斜地面上的受力简图

对比式(2-1)与式(2-2)可知,机器人在倾斜地面上所受的支持力为在水平地面上的 $\cos\alpha$ 倍。若机器人在水平地面上和倾斜地面上的摩擦系数相同,则机器人在倾斜地面上的最大静摩擦力为水平地面上的 $\cos\alpha$ 倍。

当机器人在倾斜地面上前轮与后轮所受静摩擦力相差较大时,可能会出现打滑现象。为避免打滑现象,可以考虑采取以下措施:(1)机器人重心前移,即 $l_2 > l_1$;(2)降低重心高度 h_G。此外,为避免打滑,当机器人与倾斜地面之间的摩擦系数 μ 较小时,可以考虑适当增大摩擦系数 μ。

5. 任务总结

(1)简化机器人并提出一些假设,分别分析机器人在水平地面、倾斜地面上的受力。
(2)根据受力分析结果,提出解决机器人打滑问题的方法。

6. 课后复习与拓展

试分析以下问题:(1)家用汽车中发动机等较重零部件,为什么一般都放在汽车的前部？（2）为什么跑车的高度一般都比较低？

任务 3：机器人轴距设计

1. 思政元素与课前准备

中国特色社会主义文化源于中华优秀传统文化，熔铸于党领导人民在革命、建设、改革中创造的革命文化和社会主义先进文化，根植于中国特色社会主义伟大实践，广泛吸收人类创造的先进文化成果，具有鲜明的中国底蕴、中国特色、中国风格、中国气派。[①]

习近平总书记在党的二十大报告中指出，中华优秀传统文化源远流长、博大精深，是中华文明的智慧结晶，其中蕴含的天下为公、民为邦本、为政以德、革故鼎新、任人唯贤、天人合一、自强不息、厚德载物、讲信修睦、亲仁善邻等，是中国人民在长期生产生活中积累的宇宙观、天下观、社会观、道德观的重要体现，同科学社会主义价值观主张具有高度契合性。我们必须坚定历史自信、文化自信，坚持古为今用、推陈出新，把马克思主义思想精髓同中华优秀传统文化精华贯通起来、同人民群众日用而不觉的共同价值观念融通起来，不断赋予科学理论鲜明的中国特色，不断夯实马克思主义中国化时代化的历史基础和群众基础，让马克思主义在中国牢牢扎根。[②]

课前准备：机器人样机 1 台等。

2. 任务描述

试设计机器人轴距。若已知机器人重心高度，试分别计算机器人的重心距离前轮、后轮的距离。

3. 知识讲解

知识讲解 1：摩擦角法

如图 3-1 所示，采用摩擦角法可以测定摩擦系数。将一个物体倾斜放置作为斜面，将质量为 m 的另一个物体放在斜面上让其沿斜面滑下，逐渐减小斜面倾角 θ，可以发现，当 θ 达到某一数值 θ_0 时，该物体会匀速下滑，则由 $mg\sin\theta_0 = \mu mg\cos\theta_0$，得 $\mu = \tan\theta_0$。

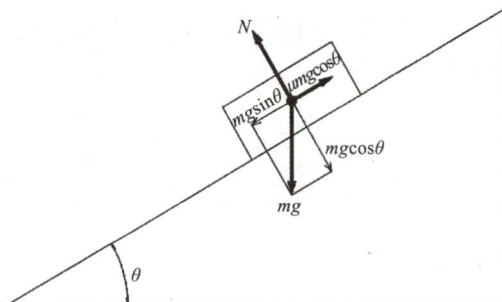

图 3-1　摩擦角法

---

① 弘扬中华优秀传统文化　加快建设文化强国.新华网,2020 年 12 月 9 日.
② 习近平:高举中国特色社会主义伟大旗帜 为全面建设社会主义现代化国家而团结奋斗——在中国共产党第二十次全国代表大会上的报告.新华社,2022 年 10 月 16 日.

知识讲解 2 : 轮距、前轮距、后轮距、轴距、机身总长

图 3-2 给出了机器人的轮距、前轮距、后轮距、轴距、机身总长等内容,其中轮距包括前轮距和后轮距。

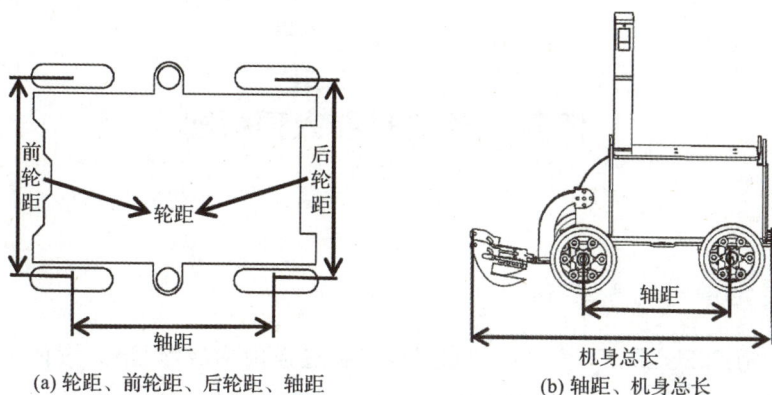

(a) 轮距、前轮距、后轮距、轴距　　　(b) 轴距、机身总长

图 3-2　轮距、前轮距、后轮距、轴距、机身总长

4. 任务实施

任务实施 1 : 设计机器人轴距

轮距和轴距一般需满足:

$$B = k(l_1 + l_2) \tag{3-1}$$

其中, B 为轮距,轴距 $l = l_1 + l_2$,为了避免机器人转弯半径过大, B 的取值不宜过大。 k 为经验系数,一般取 k 为 0.55~0.64。当已知轮距 B 时,由式(3-1)可以确定轴距 l 。

任务实施 2 : 已知机器人重心高度,计算 l_1 和 l_2

由式(2-1)与式(2-2)可知:

$$N_2 l_2 = N_1 l_1 + (f_{t1} + f_{t2})h_G = N_1 l_1 + \mu N_1 h_G + \mu N_2 h_G \tag{3-2}$$

为避免打滑,当 $N_1 = N_2$ 时,由式(3-2)可得:

$$l_2 = l_1 + 2\mu h_G \tag{3-3}$$

其中, μ 为静摩擦系数,可由知识讲解 1 中的摩擦角法得到。若已知机器人重心高度 h_G ,联立式(3-1)和式(3-3),可求得 l_1 和 l_2 的值。

5. 任务总结

(1)设计机器人的轴距。(2)若已知机器人重心高度,分别计算机器人重心距离前轮、后轮的距离。

6. 课后复习与拓展

确定形状不规则、质量不均匀物体重心的方法主要包括悬挂法、支撑法、针顶法、用铅垂线找重心法等,试分析它们的特点。

项目 2　机器人零件图绘制与装配

任务 4：绘制机器人顶板图

1. 思政元素与课前准备

《中国制造 2025》提出，通过"三步走"实现制造强国的战略目标，大体上每一步用十年左右的时间实现：第一步，到 2025 年迈入制造强国行列；第二步，到 2035 年我国制造业整体达到世界制造强国阵营中等水平；第三步，到新中国成立一百年时，制造业大国地位更加巩固，综合实力进入世界制造强国前列。《中国制造 2025》明确提出了将"高档数控机床和机器人"作为大力推动的重点领域之一。

习近平总书记在党的二十大报告中指出，全面建成社会主义现代化强国的战略安排是分两步走：从 2020 年到 2035 年基本实现社会主义现代化；从 2035 年到 21 世纪中叶把我国建成富强民主文明和谐美丽的社会主义现代化强国。[①]

课前准备：机器人顶板 1 块、游标卡尺 1 把、R 规 1 把、计算机 1 台、AutoCAD 2007 软件等。

2. 任务描述

分析图 4-1 所示的机器人顶板，采用游标卡尺、R 规等工具测量机器人顶板的关键特征尺寸，借助 AutoCAD 2007 软件绘制机器人顶板图。

图 4-1　机器人顶板

3. 知识讲解

知识讲解 1：完整零件图的内容

一幅完整的零件图主要包括以下内容：(1)一组图形。正确、完整、清晰地表达出零件各部分的内、外结构形状。(2)全部尺寸。用以确定零件各部分结构形状的大小和相对位置。(3)技术要求。应采用规定的代号、符号、数字和字母等标注在图上。需用文字说明的，可在图样右下方空白处注写。(4)标题栏。需填写零件名称、材料、数量、比例、编号、制图和审核者的姓名、日期等。

---

①　习近平:高举中国特色社会主义伟大旗帜 为全面建设社会主义现代化国家而团结奋斗——在中国共产党第二十次全国代表大会上的报告.新华社,2022 年 10 月 16 日。

知识讲解 2：游标卡尺与 R 规的使用

游标卡尺是一种测量长度、内外径、深度的量具。游标卡尺由主尺和附在主尺上能滑动的游标两部分组成。主尺一般以毫米为单位，而游标上则有 10 个、20 个或 50 个分格，根据分格的不同，游标卡尺可分为十分度游标卡尺、二十分度游标卡尺、五十分度游标卡尺等。比如，图 4-2(a) 为十分度游标卡尺，其读数为 4.5mm；图 4-2(b) 为二十分度游标卡尺，其读数为 10.85mm。

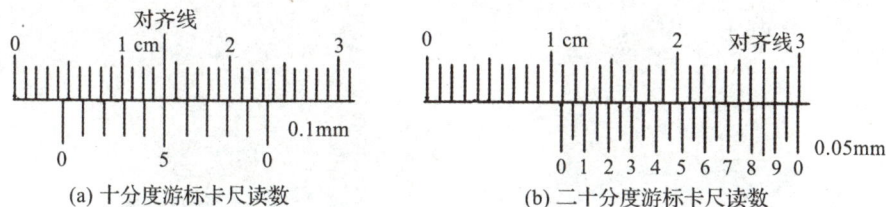

图 4-2　游标卡尺读数

R 规是利用光隙法测量圆弧半径的工具。测量时必须使 R 规的测量面与工件的圆弧完全紧密接触，当测量面与工件的圆弧中间没有间隙时，工件的圆弧半径则为此 R 规上所对应的数字。对于工件的凸面圆弧，用上限半径样板检验时，允许其两边缘漏光，用下限半径样板检验时，允许其中间漏光，从而可以确定该工件的圆弧半径在公差范围内。对于凹面圆弧，漏光情况则相反。

知识讲解 3：仪器绘图的步骤

仪器绘图主要包括以下步骤：(1) 画图前的准备。主要指绘图仪器的准备及对图形的分析等。(2) 确定图幅、固定图纸在图板上。判别图纸正反面，将图纸用胶带纸固定在图板左下方适当位置。(3) 画图框和标题栏。按国标画图幅边框、图框线及标题栏。(4) 布置图形的位置。应匀称布置图形，画出各图形的主要基准线，如中心线、对称线、轴线等。(5) 画底稿。用 2H 或 H 的铅笔画底稿，图线要画得细而浅。底稿线应分出不同线型，可不分粗细，先画主要轮廓，再画细节。(6) 标注尺寸。尺寸界线、尺寸线、箭头一次性画出，再填写尺寸数字。(7) 检查描深。用 HB 或 B 的铅笔，B 或 2B 的圆规铅芯，按各种图线的粗细规格加深。加深时一般按先细后粗、先曲后直、由上到下、由左到右的原则进行。(8) 全面检查，填写标题栏。

4. 任务实施

任务实施 1：分析机器人顶板

如图 4-3 所示，机器人顶板的关键特征尺寸主要包括长度、高度、厚度、4 个圆角半径、1 个圆弧半径以及 1 个定位尺寸等。

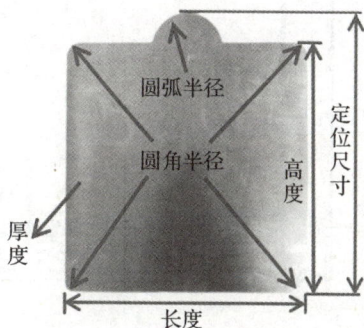

图 4-3　机器人顶板的关键外形尺寸

任务实施2：测量机器人顶板的关键特征尺寸

(1)如图4-4(a)所示，采用游标卡尺分别测量机器人顶板的长度、高度、厚度和定位尺寸，测得其数值分别为160mm、160mm、3mm、180mm。（2）如图4-4(b)所示，采用R规分别测量机器人顶板的4个圆角半径、1个圆弧半径，测得其数值分别为R5、R10、R10、R10、R24。

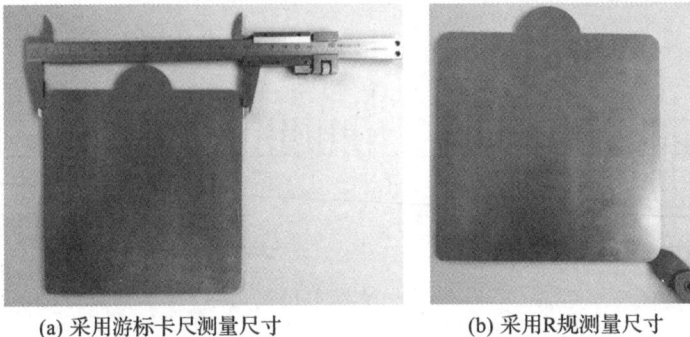

(a) 采用游标卡尺测量尺寸　　　　　(b) 采用R规测量尺寸

图4-4　采用游标卡尺与R规测量尺寸

任务实施3：绘制机器人顶板图

(1)确定采用A4图纸绘图。（2）画图框和标题栏，如图4-5(a)所示。（3）布置图形的位置，绘制中心线，如图4-5(b)所示。（4）绘制图形。先画主要轮廓，再画细节，绘制完成后如图4-5(c)所示。（5）标注尺寸并注明技术要求。（6）全面检查，填写标题栏。填写标题栏中零件的名称、材料、比例等内容，完成后如图4-5(d)所示。

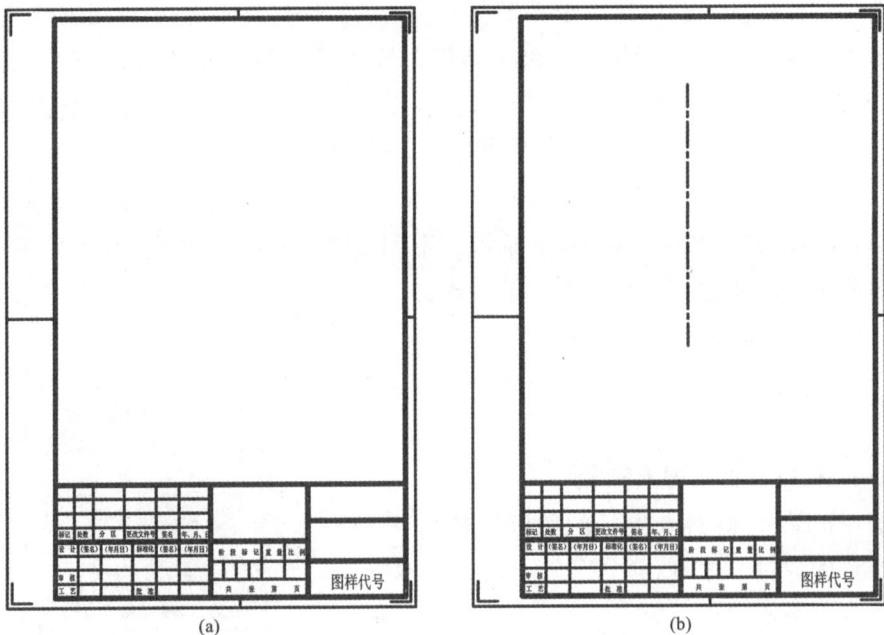

(a)　　　　　　　　　　　　　　　(b)

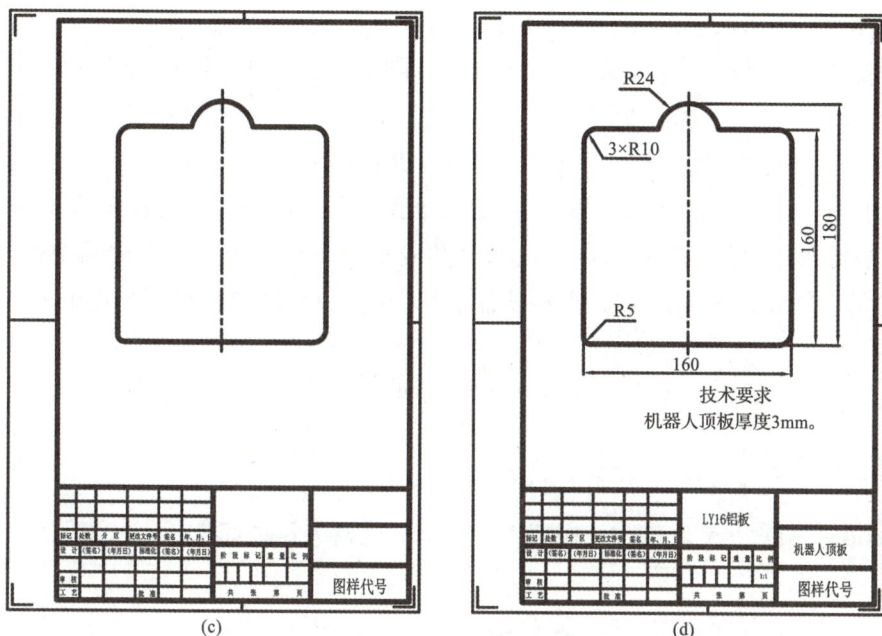

图 4-5　机器人顶板

5. 任务总结

（1）分析确定机器人顶板的长度、高度、厚度等关键特征尺寸。（2）分别采用游标卡尺、R规等工具测量机器人顶板的关键特征尺寸。（3）绘制机器人顶板图，主要包括图框、图样、尺寸标注、技术要求等内容。

6. 课后复习与拓展

（1）试分析千分尺与游标卡尺的主要区别。（2）试查阅高精度图像尺寸测量仪相关资料，了解其测量精度。

任务5：采用AutoCAD绘制机器人尾部固定件

1. 思政元素与课前准备

对新时代大学生而言，健全法治意识的基本要求是：一要增强尊崇宪法、尊崇法律的法治意识，树立宪法至上的法治观念；二要增强规则意识，明确守法守规是每一个法治国家中公民的基本意识，坚持依法办事，在学习、工作和生活中，当代大学生应当做到懂规矩、守规则、依规范，坚守规则红线、明确法律底线；三要增强程序意识，明确"程序是法律的生命"，学会依靠程序办事，遵循程序要求，形成程序观念；四要增强平等意识，自觉维护和遵循"法律面前人人平等""法律之上没有特权",坚持公平正义;五要增强权利意识,依法维权、护权,尊重和保障他人的权利,自觉维护自身的权利,以法律为武器自觉与任何侵权和不法行为做斗争。[①]

习近平总书记在党的二十大报告中指出,我们要坚持走中国特色社会主义法治道路,建设中国特色社会主义法治体系、建设社会主义法治国家,围绕保障和促进社会公平正义,坚持依法治国、依法执政、依法行政共同推进,坚持法治国家、法治政府、法治社会一体建设,全面推进科学立法、严格执法、公正司法、全民守法,全面推进国家各方面工作法治化。[②]

课前准备:计算机 1 台、AutoCAD 2007 软件等。

2. 任务描述

在 AutoCAD 2007 软件中绘制图 5-1 所示的机器人尾部固定件,并注明技术要求。

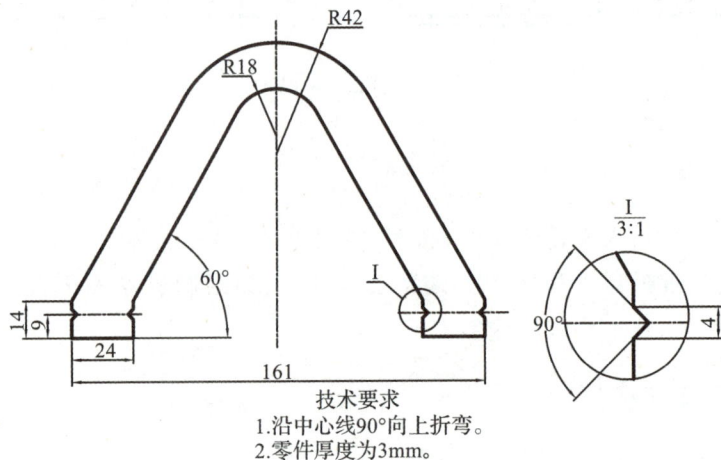

技术要求
1. 沿中心线90°向上折弯。
2. 零件厚度为3mm。

图 5-1　机器人尾部固定件

3. 知识讲解

知识讲解 1:采用 AutoCAD 绘制图形时的常见命令与按钮

采用 AutoCAD 绘制图形时的常见命令与按钮如表 5-1 所示,命令既可以采用大写字母,也可以采用小写字母。采用常见命令与按钮绘制图形时,可根据 AutoCAD 任务栏中的提示操作。

---

① 培养新时代大学生法治素养.光明日报,2018 年 9 月 20 日 14 版.
② 习近平.高举中国特色社会主义伟大旗帜 为全面建设社会主义现代化国家而团结奋斗——在中国共产党第二十次全国代表大会上的报告.新华社,2022 年 10 月 16 日.

表 5-1　采用 AutoCAD 绘制图形时的常见命令与按钮

序号	图形	命令	按钮	序号	图形	命令	按钮
1	构造线	xl		2	直线（段）	l	
3	圆	c		4	矩形	rec	
5	正多边形	pol		6	圆弧	a	
7	圆角	f		8	移动	m	
9	复制	co/cp		10	镜像	mi	
11	偏移	o		12	修剪	tr	
13	延伸	ex		14	旋转	ro	
15	打断	br		16	缩放	sc	
17	标注样式	dimsty		18	线性	dimlin	
19	对齐	dimali		20	半径	dimrad	
21	直径	dimdia		22	角度	dimang	
23	多行文字	mt		24	图案填充	bh	
25	快速引线	qleader					

知识讲解 2：图线宽度的组别、字体以及图线名称、应用、型式和颜色

(1)参考 GB/T 14665—2012 等标准，图线宽度的组别和字体的选择分别如表 5-2 和表 5-3 所示。

表 5-2　图线宽度的组别（优先采用第 4 组或第 5 组）

组别	1	2	3	4	5	一般用途
线宽/mm	2.0	1.4	1.0	0.7	0.5	粗实线、粗点画线、粗虚线
	1.0	0.7	0.5	0.35	0.25	细实线、波浪线、双折线、细虚线、细点画线、细双点画线

表 5-3　字体的选择

字符类别	图幅/字体高度 h/mm				
	A0	A1	A2	A3	A4
字母与数字	5			3.5	
汉字	7			5	

(2)参考 GB 4457.4—2002、GB/T 17450—1998 与 GB/T 14665—2012 等标准，图线名称、应用、型式和颜色等如表 5-4 所示。

表 5-4 图线名称、应用、型式和颜色

序号(分层标识号)	名称	一般应用	图线型式	颜色
1(01)	粗实线	可见轮廓线,表示剖切面起讫和转折的剖切符号		白色
2(02)	细实线	过渡线、尺寸线、尺寸界限、剖面线、重合断面的轮廓线、指引线、螺纹牙底线及辅助线等		绿色
3(02)	波浪线	断裂处的边界线、视图与剖视图的分界线		绿色
4(02)	双折线	断裂处的边界线、视图与剖视图的分界线	7.5d 1d 20~40	绿色
5(03)	粗虚线	允许表面处理的表示线	12d 3d	白色
6(04)	细虚线	不可见轮廓线	12d 3d	黄色
7(05)	细点画线	轴线、对称中心线、剖切线等	24d ≤0.5d 3d	红色
8(06)	粗点画线	限定范围表示线	24d ≤0.5d 3d	棕色
9(07)	细双点画线	相邻辅助零件的轮廓线、可动零件极限位置的轮廓线、轨迹线、中断线等	24d ≤0.5d 3d	粉红色

4. 任务实施

任务实施1:新建图层

单击"图层"工具栏上的"图层特性管理器"按钮，弹出"图层特性管理器"窗口，新建图层如图 5-2 所示。

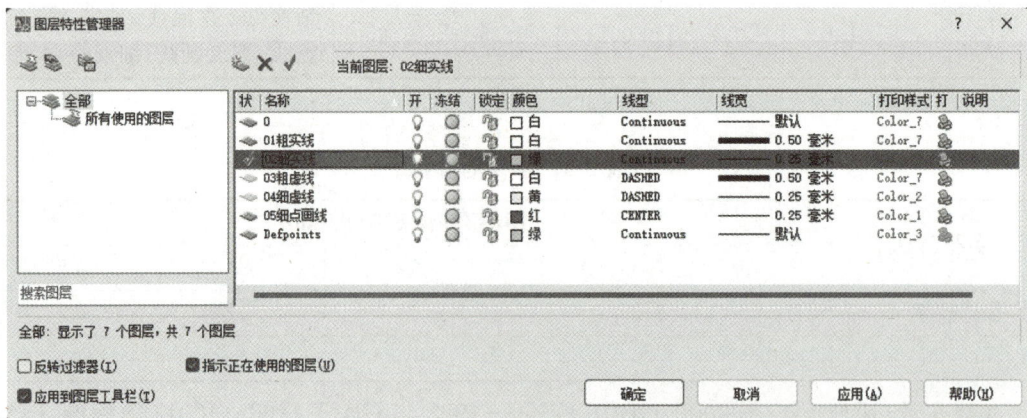

图 5-2 新建图层

任务实施 2:绘制主视图

(1)绘制图 5-3(a)所示的中心线。选择"05 细点画线"层,采用表 5-1 所示的直线(段)命令或按钮绘制图 5-3(a)所示的中心线。其中,"格式" →"线型"→单击"显示细节"按钮(若显示"隐藏细节"按钮,该步可跳过)→选中中心线, 在"全局比例因子"后的框中输入 0.5,将中心线的比例因子设置为 0.5。

(2)先后绘制图 5-3(b)、图 5-3(c)所示的图形。选择"01 粗实线"层,采用表 5-1 所示 直线(段)、构造线、偏移、修剪、镜像等的命令或按钮,先后绘制图 5-3(b)、图 5-3(c)所示 的图形。其中,①在绘制直线(段)过程中,输入"@下一点相对当前点的横坐标,下一点 相对当前点的纵坐标",可绘制设定长度的直线(段);②在绘制构造线过程中,根据任务 栏中的提示,输入字母"A",单击空格键或回车键,输入角度数值,可绘制设定角度的构 造线。

(3)绘制图 5-3(d)所示的图形。选择"01 粗实线"层,采用表 5-1 所示圆、修剪等的命令 或按钮,绘制图 5-3(d)所示的图形。其中,选中并拖动直线(段)的端点,可调节其长度。

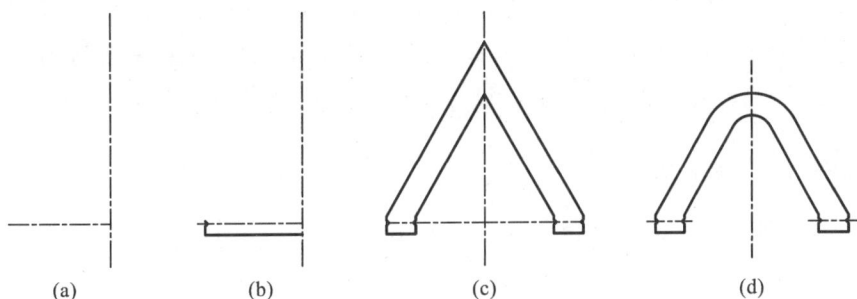

| (a) | (b) | (c) | (d) |

图 5-3　绘制主视图的过程

任务实施 3:绘制局部放大图

(1)绘制局部放大图的边界线。选择"02 细实线"层,采用表 5-1 所示圆 的命令或按钮,绘制局部放大图的边界线。

(2)复制局部放大图并修剪其边界线外的图形。采用表 5-1 所示复制、修剪等的命 令或按钮,复制局部放大图,并修剪其边界线外的图形。

(3)放大图形。选中需要放大的图形,采用表 5-1 所示缩放的命令或按钮,输入比例 因子 3,将图形放大 3 倍。

任务实施 4:标注尺寸并输入文字

(1)新建标注样式。①〈ⅰ〉采用表 5-1 所示标注样式的命令或按钮,在 弹出的"标注样式管理器"对话框中,单击"新建"按钮 新建(N)... ,在弹出的"创 建新标注样式"窗口中,将"新样式名"修改为"线性标注",单击"继续"按钮 继续 。 〈ⅱ〉在"文字"选项卡下,单击"文字样式"后的按钮 ... ,在弹出的"文字样式"对话框中的 "SHX 字体"下拉菜单中,选择"gbenor. shx"字体,取消"使用大字体"复选框。"高度"框 中输入 3.5。〈ⅲ〉在"文字"选项卡下"文字对齐"框中选择"与尺寸线对齐"单选框。

②参考①中的〈ⅰ〉〈ⅱ〉，新建"圆弧标注"样式。在"文字"选项卡下"文字对齐"框中选择"水平"单选框。③参考①，新建"放大图标注"样式。在"主单位"选项卡下"比例因子"框中输入 1/3。

（2）标注线性尺寸、圆弧尺寸与放大图尺寸。选择表 5-1 所示标注样式的命令或按钮，分别选中上述新建的"线性标注""圆弧标注"与"放大图标注"样式，单击"置为当前"按钮 置为当前(U) ，将上述样式置为当前，采用表 5-1 所示线性、半径、角度等的命令或按钮标注线性尺寸、圆弧尺寸与放大图尺寸，标注完成后如图 5-1 所示。

（3）输入文字。选择表 5-1 所示多行文字的命令或按钮，在弹出的"文字格式"对话框中，"样式"下拉菜单中选择"汉字"，"字体"下拉菜单中选择"汉仪长仿宋体"（若 AutoCAD 中有"长仿宋体"，建议优先采用"长仿宋体"），"文字高度"框中输入 5 或 3.5，输入技术要求与放大图中的文字，其中"°"可采用快捷键"％＋％＋D"输入。

5. 任务总结

（1）根据知识讲解中的线宽、图线型式、颜色等内容，新建多个图层。（2）采用直线（段）、构造线、修剪、镜像、圆、复制、缩放等的命令或按钮绘制主视图与局部放大图。（3）创建标注样式，标注线性尺寸、圆弧尺寸与放大图尺寸，并输入文字。

6. 课后复习与拓展

（1）试分析放大图中标注的尺寸是否为零件实际尺寸。（2）试打印绘制的 AutoCAD 零件图。

任务 6：采用 AutoCAD 绘制机器人前部固定件

1. 思政元素与课前准备

"振兴中华，乃我辈之责。"这是黄大年在毕业纪念册上给同学的留言；"爸爸是全镇最小的人，因为爸爸是为全镇人服务的。"这是廖俊波多年前对女儿的教诲……这些优秀共产党员的一言一行，展现出人格的魅力，饱蘸着信仰的味道，更释放出强大的正能量，成为我们时代的精神标杆。不管社会如何变化，价值不能错位，心灵不能失衡，责任不能淡漠，道德不能离席。方此之时，更需要以红色基因导航定位，校正时代的价值坐标，凝聚前行的磅礴力量。

从董存瑞到江竹筠，从焦裕禄到谷文昌，从黄大发到郑德荣……站起来的浴血斗争中，富起来的艰辛探索中，强起来的伟大飞跃中，总有共产党员为了信念不畏牺牲，危急关头挺身而出，艰苦岁月默默奉献，为国为民披肝沥胆。一代代共产党人以对真理与理想的不懈追求,以对国家和民族的使命担当,矗立起精神的灯塔,激励着亿万人民同心同行,不仅改变了中国的面貌,也形塑了一个民族的心灵图景。[①]

课前准备:计算机 1 台、AutoCAD 2007 软件等。

2. 任务描述

在 AutoCAD 2007 软件中绘制图 6-1 所示的机器人前部固定件,并注明技术要求。

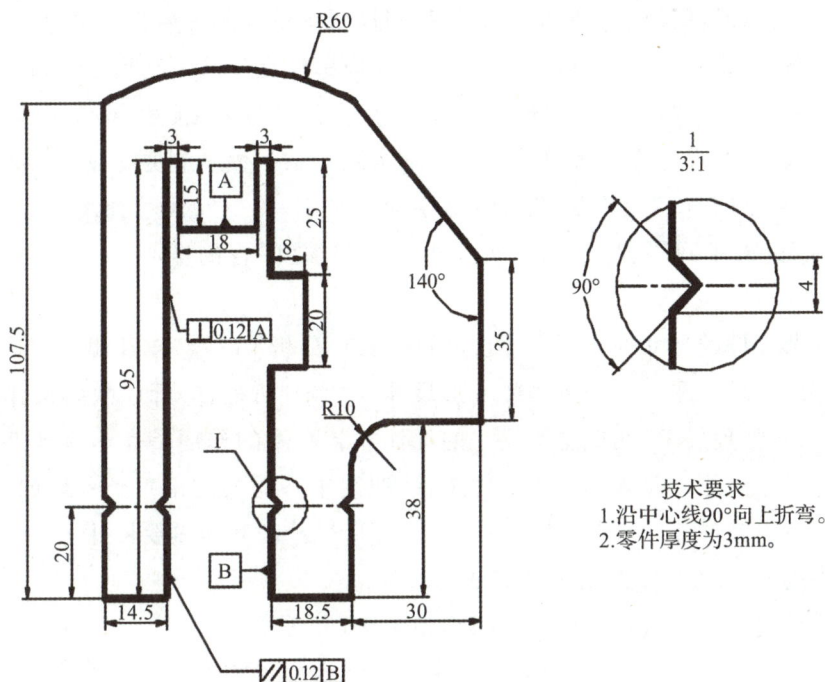

图 6-1　机器人前部固定件

3. 知识讲解

知识讲解 1:机件的基本表示法

机件的基本表示法主要包括以下几种:(1)视图。①六个基本视图。六个基本视图分别为主视图、俯视图、左视图、右视图、仰视图、后视图。②向视图。向视图为可自由配置的视图。③斜视图。机件向不平行于基本投影面的平面投影所得到的视图称为斜视图。④局部视图。将机件的某一部分向基本投影面投射所得到的视图称为局部视图。(2)剖视图。用假想的剖切面将机件剖开,将处在观察者与剖切面之间的部分移去,而将其余部分向投影面投射,并在剖面区域加上剖面符号所得的图形称为剖视图。剖切面的种类主要包括单一剖切面、几个平行的剖切面、几个相交的剖切面等。剖视图的种类主要包括全剖视图、半剖视图、局部剖视图等。(3)断面图。用剖切面假想地将机件的某

① 确立我们时代的价值坐标——让红色基因融入血脉代代相传. 人民日报,2018 年 6 月 28 日 05 版.

处断开,仅画出该剖切面与机件接触部分的图形称为断面图。(4)局部放大图。为了把物体上某些结构在视图上表达清楚,可以将这些结构用大于原图形所采用的比例画出,这种图形称为局部放大图。

知识讲解2:尺寸标注

尺寸标注的基本规则:(1)机件的真实大小应以图样上所注的尺寸数值为依据,与图形的大小及绘图的准确度无关。(2)图样中的尺寸,以 mm 为单位时,不需标注计量单位的代号或名称。(3)图样所标注的尺寸,为该图样所示机件的最后完工尺寸,否则应另加说明。(4)机件的每一尺寸,一般只标注一次,并应标注在反映该结构最清晰的图形上。

尺寸的组成及其注法:(1)图样中的尺寸一般由尺寸界线、尺寸线(含尺寸线终端)和尺寸数字组成。(2)尺寸界线及尺寸线均用细实线绘制。数字应注写在尺寸线上方并将字头朝上,垂直方向时字头朝左,角度的数字应水平书写。(3)尺寸标注时应注意:数字的书写要规范,大小间隔要均匀;箭头大小要均匀,是闭合的实心箭头;尺寸线间距要均匀。

标注复杂零件的尺寸通常按下述步骤进行:(1)分析尺寸基准,注出主要形体的定位尺寸。(2)分析形体,注出主要形体的定形尺寸。(3)分析形体,标注次要形体的定形及定位尺寸。(4)整理加工,完成全部尺寸的标注。装配图的作用是表达零部件的装配关系,因此,其尺寸标注的要求不同于零件图,装配图中不需要注出每个零件的全部尺寸,一般只需标注规格尺寸、装配尺寸、安装尺寸、外形尺寸和其他重要尺寸等。

知识讲解3:几何公差及其标注方法

几何公差的类型、名称和符号等内容,如表6-1所示。

表6-1 几何公差的几何特征符号

公差类型	几何特征	符号	有无基准	公差类型	几何特征	符号	有无基准
形状公差	直线度	—	无	方向公差	线轮廓度	⌒	有
	平面度	▱	无		面轮廓度	⌓	有
	圆度	○	无	位置公差	位置度	⊕	有
	圆柱度	⌭	无		同轴度	◎	有
	线轮廓度	⌒	无		对称度	=	有
	面轮廓度	⌓	无		线轮廓度	⌒	有
方向公差	平行度	∥	有		面轮廓度	⌓	有
	垂直度	⊥	有	跳动公差	圆跳动	↗	有
	倾斜度	∠	有		全跳动	↗↗	有

几何公差应采用公差框格、几何特征符号、公差值、基准、被测要素以及其他附加符号等标注。几何公差框格和基准代号的画法如图6-2所示。

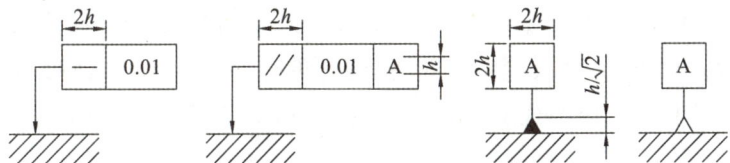

图 6-2　几何公差框格和基准代号

指引线连接被测要素和公差框格,指引线的箭头指向被测要素的表面或其延长线,箭头方向一般为公差带的方向。框格中的字符高度与尺寸数字的高度相同。基准中的字母一律水平书写。

4.任务实施

任务实施 1:新建图层

单击"图层"工具栏上的"图层特性管理器"按钮 ，弹出"图层特性管理器"窗口,新建图层如图 6-3 所示。

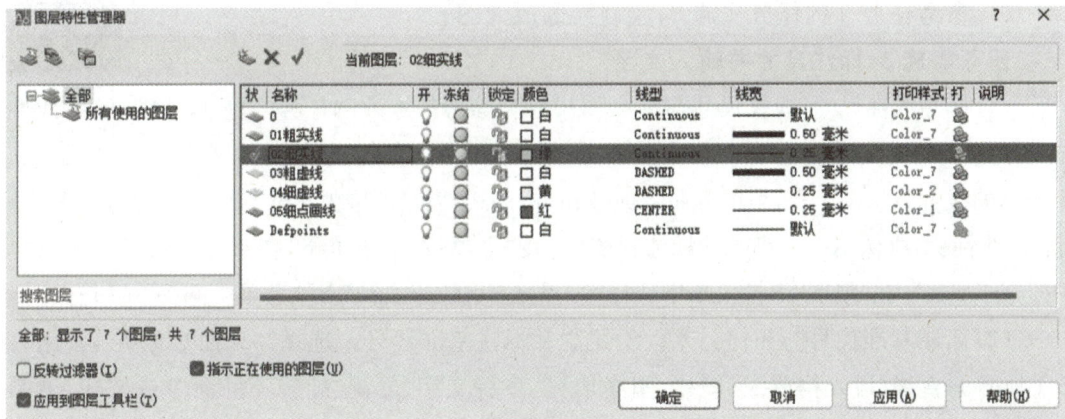

图 6-3　新建图层

任务实施 2:绘制主视图与局部放大图

(1)绘制图 6-4(a)所示的图形。分别选择"01 粗实线""05 细点画线"层,采用表 5-1 所示的直线(段)、构造线、偏移、修剪等命令或按钮绘制图 6-4(a)所示的图形。选择"格式"→"线型"、单击"显示细节"按钮(若显示"隐藏细节"按钮,该步可跳过)→选中中心线,在"全局比例因子"后的框中输入 0.2,将中心线的比例因子设置为 0.2。

(2)绘制图 6-4(b)所示的图形。选择"01 粗实线"层,采用表 5-1 所示镜像、直线(段)、复制、修剪、圆角等的命令或按钮,绘制图 6-4(b)所示的图形。其中,绘制多条连续直线时,除第一条直线段需要命令或按钮外,其他直线段仅需输入"@下一点相对当前点的横坐标,下一点相对当前点的纵坐标"即可完成。

（3）先后绘制图 6-4(c) 和图 6-4(d) 所示的图形。先后选择"01 粗实线"层、"04 细虚线"层，采用表 5-1 所示直线（段）、圆、修剪等的命令或按钮，先后绘制图 6-4(c) 和图 6-4(d) 所示的图形。其中，①选择直线（段）的命令或按钮后，@斜线长度＜斜线角度，可绘制设定长度与角度的斜线段；②采用细虚线绘制两个圆，两圆下方的交点即为所需圆弧的圆心。

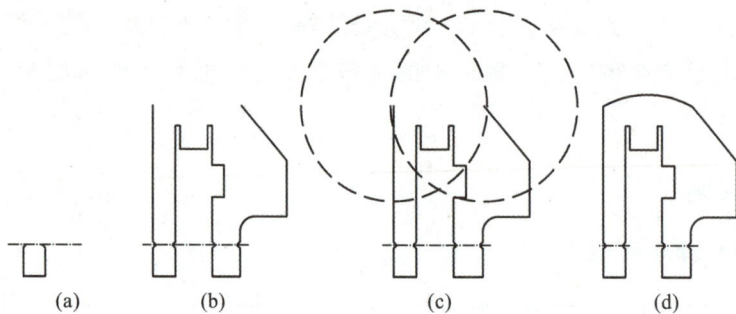

图 6-4　绘制主视图的过程

（4）参考任务 5 的任务实施 3，绘制局部放大图。

任务实施 3：标注尺寸并输入文字

（1）标注线性尺寸、圆弧尺寸与放大图尺寸。参考任务 5 的任务实施 4，分别新建"线性标注（整数）""线性标注（保留一位小数）""圆弧标注""放大图标注"等四种标注样式，采用表 5-1 所示的线性、对齐、半径、角度等命令或按钮，标注线性尺寸、圆弧尺寸与放大图尺寸。其中，新建"线性标注（保留一位小数）"标注样式时，在"主单位"选项卡下，在"单位格式"下拉菜单中选择"小数"，在"精度"下拉菜单中选择"0.0"，在"小数分隔符"下拉菜单中选择"。"（句点）。

（2）标注基准代号与几何公差。①绘制并标注基准代号。选择"02 细实线"层，采用表 5-1 所示的直线（段）、构造线、偏移、图案填充、多行文字、复制、旋转等的命令或按钮，绘制并标注基准代号。②标注几何公差。选择"02 细实线"层，采用表 5-1 所示的快速引线命令或按钮，绘制快速引线后，在弹出的"形位公差"窗口中选择相应内容，标注几何公差。

（3）输入文字。参考任务 5 的任务实施 4，输入文字。

5. 任务总结

（1）根据机械制图相关要求，新建多个图层。（2）绘制主视图与局部放大图。（3）标注"线性、圆弧"等尺寸，绘制并标注基准代号，标注几何公差并输入文字等。

6. 课后复习与拓展

（1）试分析采用哪个快捷键可以显示、隐藏 AutoCAD 2007 软件中的任务栏？（提示：Ctrl＋9）（2）请问标注尺寸时，对于零件图上的重要尺寸、机械加工工序需要测量的尺寸，是否需要直接标出？

任务 7：采用 AutoCAD 绘制机器人底板

1. 思政元素与课前准备

劳动托举梦想、奋斗书写华章，让劳模精神、劳动精神、工匠精神成为时代主旋律。2020 年，浙江精工钢结构集团有限公司高级副总裁、总工程师刘中华荣获"全国劳动模范"荣誉称号。刘中华自 2002 年 6 月从郑州大学毕业加入精工钢构起，20 多年专注于建筑钢结构的设计、制造与施工技术研究。他潜心钻研，夜以继日，坚持创新，陆续攻克上海环球金融中心、国家体育场（"鸟巢"）、北京大兴国际机场等一项项结构复杂、施工难度空前的钢结构项目，有力保障了奥运会、世博会、亚运会、全运会等大型活动场馆的顺利建设，部分成果已被纳入多个国家、行业和地方规范，刘中华所在团队荣获国家科学技术进步奖二等奖 2 项。以劳动圆梦，以奋斗启航，刘中华用行动诠释了新时代的劳模精神。

课前准备：计算机 1 台、AutoCAD 2007 软件等。

2. 任务描述

在 AutoCAD 2007 软件中绘制图 7-1 所示的机器人底板，并注明技术要求。

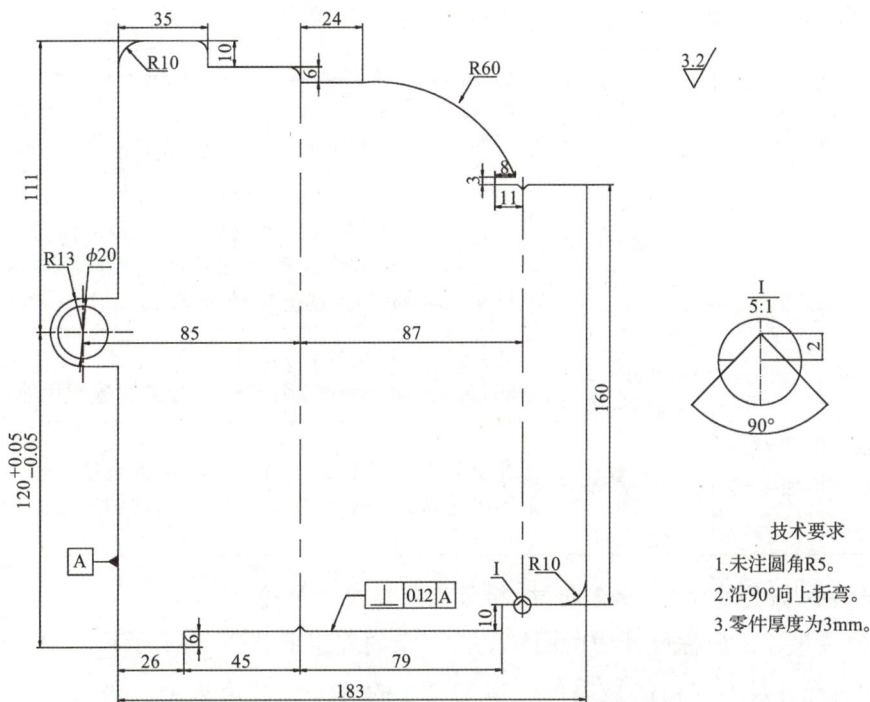

图 7-1　机器人底板

3. 知识讲解

知识讲解 1：常见表面粗糙度及其代（符）号图块

表面粗糙度符号的画法，如表 7-1 所示。

表 7-1　表面粗糙度符号的画法

	数字与字母高度	2.5	3.5	5	7	10	14	20
	符号的线宽	0.25	0.35	0.5	0.7	1	1.4	2
	高度 H_1	3.5	5	7	10	14	20	28
	高度 H_2	8	11	15	21	30	42	60

常见表面粗糙度符号及其说明，如表 7-2 所示。

表 7-2　常见表面粗糙度符号及其说明

符号名称	符号示例	含义
基本图形符号	$\frac{3.2}{\sqrt{}}$	表示用任何方法获得的表面，仅用于简化代号的标注，没有补充说明时不能单独使用。Ra 的上限值为 $3.2\mu m$
扩展图形符号	$\frac{3.2}{1.6}\sqrt{}$	用去除材料的方法获得的表面，例如，车、铣、钻、磨、剪切、抛光、腐蚀、电火花加工等。仅当其含义是"被加工表面"时才可单独使用。Ra 的上限值为 $3.2\mu m$，下限值为 $1.6\mu m$
扩展图形符号	$\frac{3.2}{\sqrt{}}$	用去除材料的方法获得的表面，例如，车、铣、钻、磨、剪切、抛光、腐蚀、电火花加工等。仅当其含义是"被加工表面"时才可单独使用。Ra 的上限值为 $3.2\mu m$
	$\frac{3.2}{\sqrt{}}$	用不去除材料的方法获得的表面，例如，铸、锻、冲压、热轧、冷轧、粉末冶金等，也可用于表示保持上道工序形成的表面，不管这种状况是通过去除材料或不去除材料形成的。Ra 的上限值为 $3.2\mu m$
完整图形符号	$\sqrt{}$　$\sqrt{}$　$\sqrt{}$	当要求标注表面结构特征的补充信息时，在上述符号的长边上加一横线，用于标注有关参数或说明
工件轮廓各表面有相同的表面结构的图形符号（全周符号）	$\sqrt{}$　$\sqrt{}$　$\sqrt{}$	在上述符号的长边上加一小圆，表示对投影视图上封闭的轮廓线所表示的各表面有相同的表面结构要求

知识讲解 2：公称尺寸、极限尺寸、极限偏差与尺寸公差

（1）公称尺寸。公称尺寸为由图样规范确定的理想形状要素的尺寸。（2）极限尺寸。极限尺寸为允许尺寸变化的极限值。加工尺寸的最大允许值称为上极限尺寸，加工尺寸的最小允许值称为下极限尺寸。（3）极限偏差。极限偏差包括上极限偏差和下极限偏差。上极限尺寸与公称尺寸的代数差称为上极限偏差,下极限尺寸与公称尺寸的代数差称为下极限偏差。孔的上极限偏差用 ES 表示,下极限偏差用 EI 表示。轴的上极限偏差用 es 表示,下极限偏差用 ei 表示。极限偏差可以为正值、负值或零。(4)尺寸公差(简称公差)。尺寸公差为允许尺寸的变动量。尺寸公差等于上极限尺寸减去下极限尺寸,或上极限偏差减去下极限偏差。公差总是大于零的正数。

4.任务实施

任务实施 1:新建图层

单击"图层"工具栏上的"图层特性管理器"按钮 ，弹出"图层特性管理器"窗口,新建图层如图 7-2 所示。

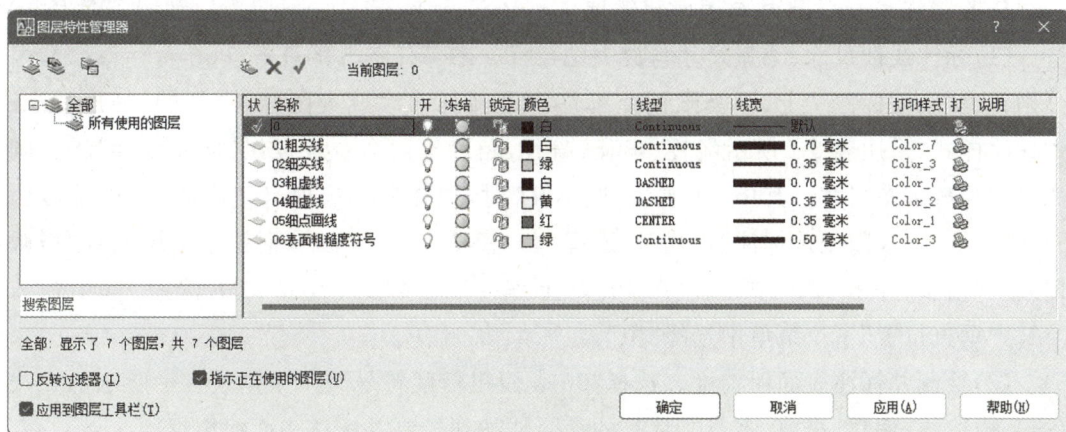

图 7-2　新建图层

任务实施 2:绘制主视图与局部放大图

(1)绘制图 7-3(a)所示的图形。分别选择"05 细点画线""01 粗实线"层,采用表 5-1 所示的直线(段)、偏移、圆、修剪、构造线、镜像等的命令或按钮绘制图 7-3(a)所示的图形。其中,选择"格式"→"线型"→单击"显示细节"按钮(若显示"隐藏细节"按钮,该步可跳过)→选中中心线,在"全局比例因子"后的框中输入 0.5,将中心线的比例因子设置为 0.5。

(2)绘制图 7-3(b)所示的图形。分别选择"04 细虚线""01 粗实线"层,采用表 5-1 所示圆、修剪、圆角等的命令或按钮,绘制图 7-3(b)所示的图形。其中,分别以点 A、点 B 为圆心,60 为半径画圆,两圆相交于一点 C,再以点 C 为圆心,60 为半径画圆,该圆中的一部分即为所需的圆弧。

(3)绘制图 7-3(c)所示的图形。选择"02 细实线"层,采用表 5-1 所示修剪、复制、缩放等的命令或按钮,参考任务 5 的任务实施 3,绘制图 7-3(c)所示的图形。

(a) (b) (c)

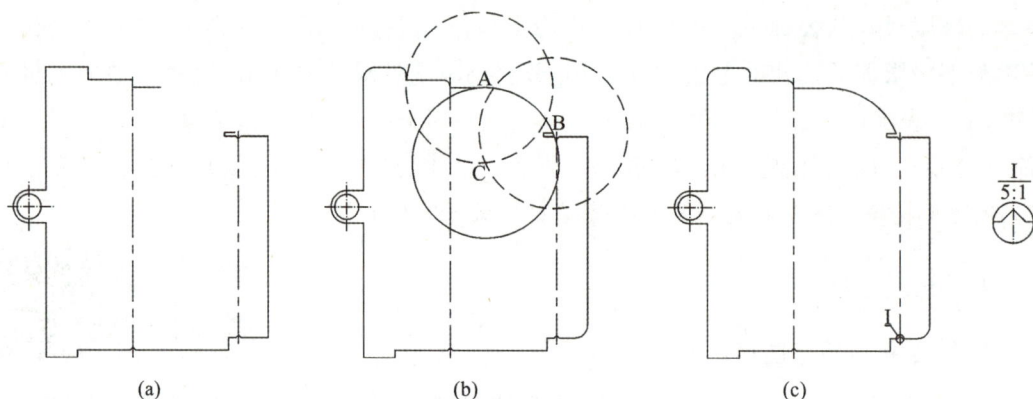

图 7-3 绘制主视图与局部放大图的过程

任务实施 3：标注尺寸与表面粗糙度

（1）标注线性尺寸、圆弧尺寸与放大图尺寸。参考任务 5 的任务实施 4，分别新建"线性标注""上、下极限偏差标注""圆弧标注""放大图标注"等四种标注样式，采用表 5-1 所示线性、半径、直径、角度等的命令或按钮，标注线性尺寸、圆弧尺寸与放大图尺寸。其中，新建"线性标注"时，选择文字选项卡，"高度"框中修改为 5；新建"上、下极限偏差标注"样式时，选择"公差"选项卡，"方式"下拉菜单中选择"极限偏差"，"精度"下拉菜单中选择"0.00"，"上偏差"框中输入 0.05，"下偏差"框中输入 0.05，"垂直位置"下拉菜单中选择"中"。

（2）绘制并标注表面粗糙度。选择"06 表面粗糙度符号"层，采用表 5-1 所示的直线（段）、构造线、偏移、修剪、多行文字等的命令或按钮绘制并标注表面粗糙度。

（3）标注基准代号、几何公差，并输入文字。参考任务 6 的任务实施 3 标注基准代号与几何公差。参考任务 5 的任务实施 4 输入文字。

5. 任务总结

（1）根据机械制图相关要求，新建多个图层。（2）绘制主视图与局部放大图。（3）标注线性尺寸、圆弧尺寸与放大图尺寸，绘制并标注表面粗糙度，标注基准代号、几何公差，并输入文字。

6. 课后复习与拓展

（1）在 AutoCAD 2007 软件中，如何采用对象捕捉模式捕捉一些特征点？（2）在 AutoCAD 2007 软件中，如何打开或关闭正交模式？

任务8:采用Solidworks绘制机器人顶板与机器人尾部固定件

1. 思政元素与课前准备

"明镜所以照形,古事所以知今"。这则典故出自西晋陈寿编写的《三国志·吴书·孙奋传》。三国时期,群雄并起。孙奋是吴王孙权的第五个儿子,在孙权去世后,他不服从转迁豫章郡的命令,而且多次行事不守法度。太傅诸葛恪上笺书劝谏孙奋,并引用"明镜所以照形,古事所以知今"这句俚语,提醒他以被赐死的孙权第四子孙霸为戒,反省自身,端正行为。我们大学生要常省察,坚持"吾日三省吾身",从世界观、人生观、价值观以及理想信念和政治纪律等方面,认真检视思想行为,及时修枝剪叶、荡涤心灵,不断提高政治境界、思想境界和道德境界。

课前准备:计算机1台、Solidworks 2017软件等。

2. 任务描述

分别参考图4-5、图5-1所示的机器人顶板、机器人尾部固定件的二维图,在Solidworks 2017软件中,绘制图8-1(a)、(b)所示的机器人顶板、机器人尾部固定件的三维图。

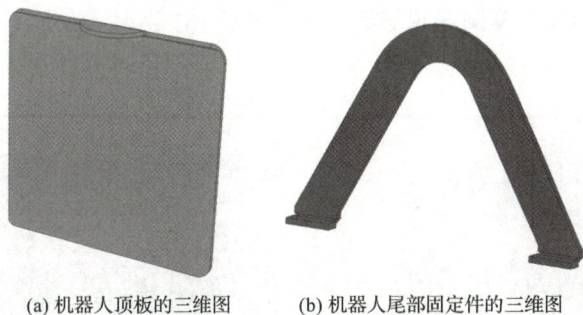

(a) 机器人顶板的三维图　　　(b) 机器人尾部固定件的三维图

图8-1　机器人顶板与机器人尾部固定件的三维图

3. 知识讲解

知识讲解1:钣金与钣金件

钣金是一种针对金属薄板(通常在6mm以下)的综合冷加工工艺,包括剪、冲/切/复合、折、焊接、铆接、拼接、成型等。通过钣金工艺加工出的零件叫作钣金件,其显著特征是同一零件厚度一致。钣金件具有重量轻、强度高、导电(能够用于电磁屏蔽)、成本低、大规模量产、性能好等特点,在电子电器、通信、汽车工业、医疗器械等领域具有广泛应用。

知识讲解2:Solidworks的主要模块

（1）零件建模。基于特征的实体建模功能,比如,拉伸、旋转、薄壁特征、高级抽壳、特征阵列以及打孔等;三维草图功能,比如,扫描、放样生成三维草图路径等。（2）曲面建模。通过带控制线的扫描、放样、填充以及拖动可控制的相切等操作产生复杂的曲面;可以直观地对曲面进行修剪、延伸、倒角和缝合等操作。（3）钣金设计。可以采用法兰、薄片等特征,以及正交切除、角处理、边线切口等工具完成钣金操作。（4）高级渲染。通过高级渲染有效地展示概念设计,减少样机的制作费用,快速地将产品投入市场。（5）软件设计。Solidworks旗舰产品的解决方案、技术、成功方案等,已成为设计、验证、仿真一体化专区。（6）其他模块。比如,数据转换、图形输出、特征识别等。

4. 任务实施

任务实施1:新建机器人顶板零件图,绘制草图并标注尺寸

（1）新建零件图。单击菜单栏上的"新建"按钮 📄,选择"零件",单击"确定"按钮。

（2）绘制草图。单击"草图"页签下的"草图绘制"按钮 📐,选择"前视基准面"作为基准面。单击"中心线"按钮 ✏️中心线(N),绘制中心线。单击"直线"按钮 ╱ 绘制直线。采用辅助线找到圆心位置,单击"圆"按钮 ⊙,绘制半径为24的圆。单击"剪裁实体"按钮 ✂️剪裁图形。单击"绘制圆角"按钮 ⌐ 绘制圆角。绘制完成后的草图如图8-2(a)所示。

（3）标注尺寸。单击"智能尺寸"按钮 ✦ 标注尺寸,尺寸标注后的图形如图8-2(b)所示,尺寸标注完成后单击"草图完成"按钮。

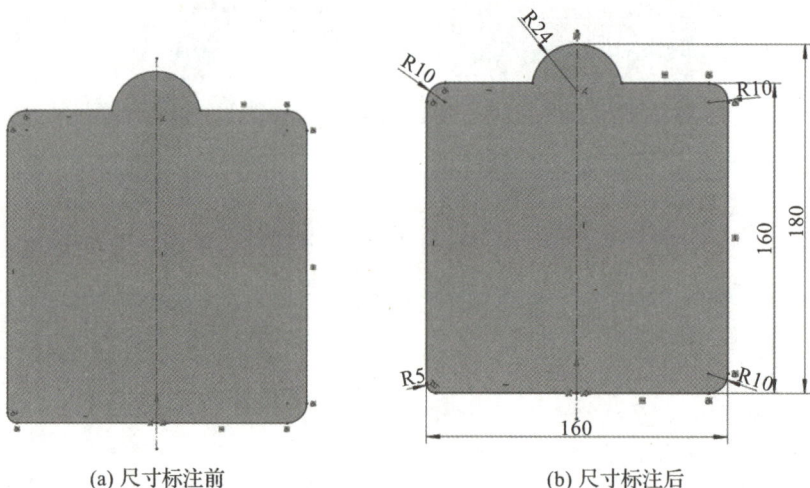

(a) 尺寸标注前   (b) 尺寸标注后

图 8-2　机器人顶板草图

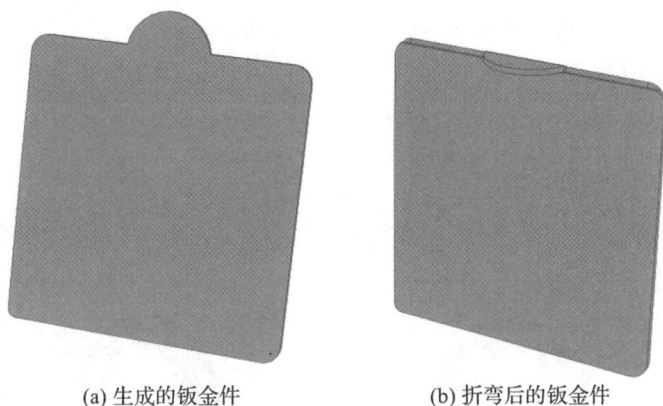

(a) 生成的钣金件 　　　　　　(b) 折弯后的钣金件

图 8-3　机器人顶板钣金件

任务实施 2：生成并折弯机器人顶板钣金件

单击"钣金"工具栏中的"基体法兰/薄片"按钮 ，在设计树中选择草图 1，折弯系数设置为"K 因子""0.5"，厚度设置为 3mm，生成的钣金件如图 8-3(a)所示。

单击"钣金"工具栏中的"绘制的折弯"按钮 ，选择主视图，在坡口处绘制一条实线段，折弯角度设置为 90°，折弯位置为折弯中心线 ，折弯半径设置为 1mm，单击"确定"按钮，折弯后的钣金件如图 8-3(b)所示。

任务实施 3：新建机器人尾部固定件零件图，绘制草图并标注尺寸

参考任务实施 1 中的步骤，绘制机器人尾部固定件草图如图 8-4(a)所示，其中，单击"镜向实体"按钮 镜向实体 镜向图形，单击"绘制圆角"按钮 绘制 R18、R42 的圆角。尺寸标注后的图形如图 8-4(b)所示。

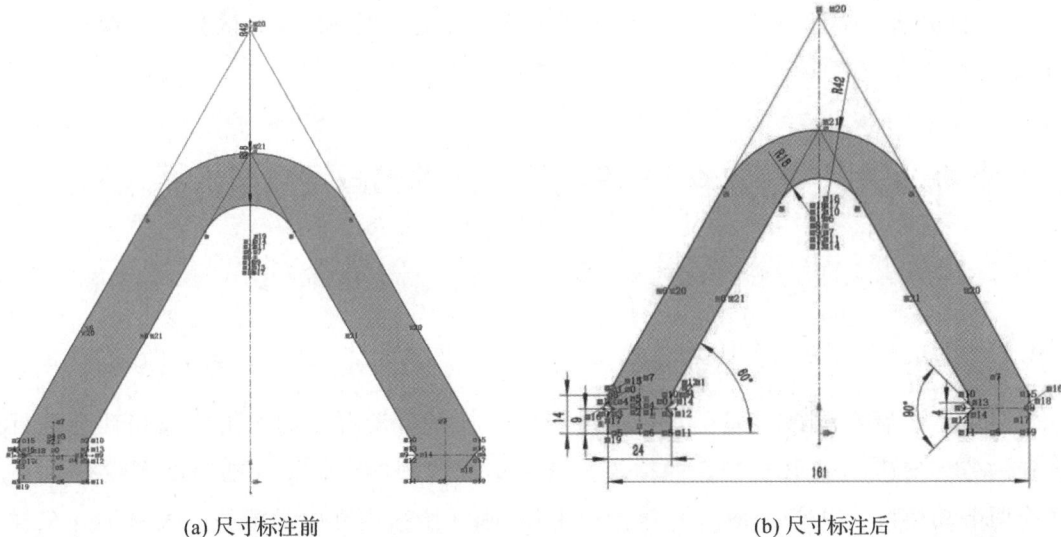

(a) 尺寸标注前 　　　　　　　　(b) 尺寸标注后

图 8-4　机器人尾部固定件草图

任务实施4:生成并折弯机器人尾部固定件钣金件

单击"钣金"工具栏中的"基体法兰/薄片"按钮，折弯系数设置为"K因子""0.5"，厚度设置为3mm,生成的钣金件如图8-5(a)所示。

单击"钣金"工具栏中的"绘制的折弯"按钮，选择主视图，在坡口处绘制两条实线段,折弯角度设置为90°,折弯半径设置为1mm,单击"确定"按钮,折弯后的钣金件如图8-5(b)所示。

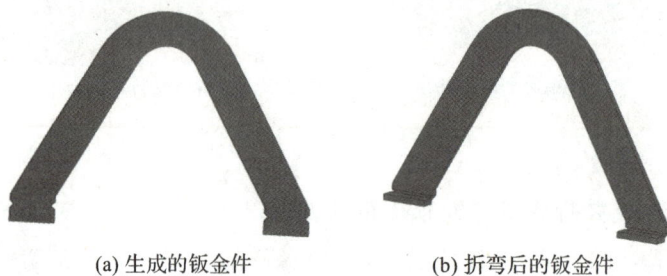

(a) 生成的钣金件 　　　(b) 折弯后的钣金件

图 8-5　机器人尾部固定件钣金件

5. 任务总结

(1)新建零件图,分别绘制机器人顶板、机器人尾部固定件的二维草图,并标注尺寸检验绘制的图形。(2)采用"基体法兰/薄片"按钮生成机器人顶板、机器人尾部固定件的钣金件。(3)采用"绘制的折弯"按钮折弯机器人顶板、机器人尾部固定件的钣金件。

6. 课后复习与拓展

(1)试分析钣金件与拉伸、旋转等生成的实体有什么区别？(2)试分析折弯钣金件时,对折弯半径有哪些要求？

任务9:采用Solidworks绘制机器人前部固定件与机器人底板

1. 思政元素与课前准备

劳动是幸福的源泉,劳动铸就幸福生活。劳模是劳动群众的杰出代表和社会各行各业的劳动精英,是全体劳动者的楷模。海亮集团铜棒项目总设计师冯焕锋荣膺2020年全国劳动模范。冯焕锋于1992年参加工作,刚开始这位高中学历的工人对铜加工技术几乎一无所知,但凭着敢啃硬骨头的拼劲带领企业技术团队创新研发,最终打破德国垄断,研制出了属于中国人自己的设备。他先后申请发明专利近70项,参与起草国家和行业标准近 10 项,荣获中国有色金属科学技术奖三等奖、浙江省科学技术奖一等奖等荣誉,成为企业和有色金属加工行业不可或缺的人才。冯焕锋说:"作为新时代的产业工人,要把个人的理想追求融入国家和民族的事业中,保持工匠本色,传承劳模精神,执着地将工作做到最好,才能把产品做到世界级水平,书写无愧于时代的精彩人生。"

课前准备:计算机 1 台、Solidworks 2017 软件等。

2. 任务描述

分别参考图 6-1、图 7-1 所示的机器人前部固定件、机器人底板的二维图,在 Solidworks 2017 软件中,绘制图 9-1(a)、(b)、(c)所示的机器人前部固定件、机器人底板(左)、机器人底板(右)的三维图。

(a) 机器人前部固定件的三维图   (b) 机器人底板(左)的三维图   (c) 机器人底板(右)的三维图

图 9-1 机器人前部固定件、机器人底板的三维图

3. 知识讲解

知识讲解 1:折弯系数

(1)折弯系数表。钣金材料在折弯过程中,由于材料拉长或压缩而产生的尺寸变化的数值,可采用折弯系数表确定。这种变化受材料类型、材料厚度、材料热处理及加工折弯的角度等因素影响。(2)K 因子。K 因子是指钣金内侧边到中性层的距离与钣金厚度的比值。(3)折弯系数与折弯扣除。用于计算钣金原料的平展长度,从而得出所需折弯零件的尺寸。(4)折弯计算表。采用折弯计算表可定义不同的角度范围,给这些范围指派方程式,从而计算零件的长度。

知识讲解 2:生成钣金零件所采用特征的优先顺序

生成钣金零件所采用特征的优先顺序为:(1)钣金特征。如基体法兰、边线法兰和斜接法兰等,使用钣金特征可方便地生成钣金零件。(2)插入折弯特征。创建一个零件,将其抽壳,然后插入钣金折弯。(3)转换到钣金特征。将实体零件转化为钣金零件。

4.任务实施

任务实施1:新建机器人前部固定件零件图,绘制草图并标注尺寸

(1)新建零件图。单击菜单栏上的"新建"按钮 📄,选择"零件",单击"确定"按钮。

(2)绘制草图。单击"草图"页签下的"草图绘制"按钮 🖳,选择"前视基准面"作为基准面。单击"中心线"按钮 ⟋中心线⑽ 绘制中心线。单击"直线"按钮 ⟋绘制直线。单击"镜向实体"按钮 🕩镜向实体 镜向图形。单击"复制实体"按钮 🔧复制实体 复制图形。单击"圆"按钮 ⊙绘制两个 R60 的圆。单击"剪裁实体"按钮 🔧剪裁实体 剪裁图形,再次单击"圆"按钮 ⊙,以上述两圆的交点为圆心,R60 为半径画圆,并剪裁图形。单击"绘制圆角"按钮 🗋绘制圆角。机器人前部固定件草图如图 9-2(a)所示。

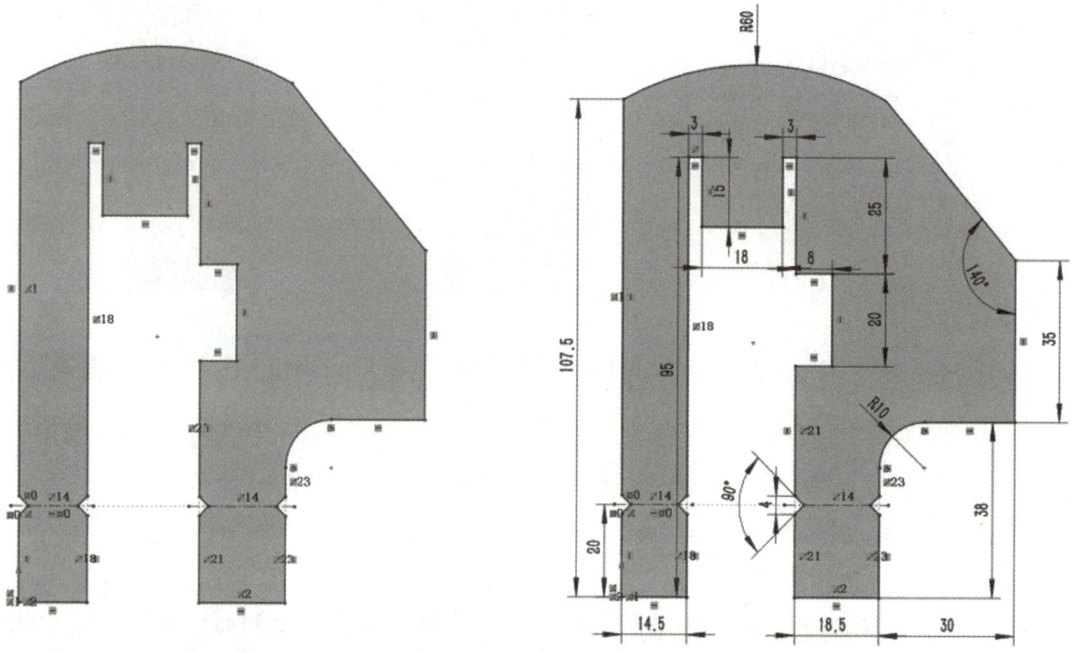

(a)尺寸标注前   (b)尺寸标注后

图 9-2 机器人前部固定件草图

(3)标注尺寸。单击"智能尺寸"按钮 🗠标注尺寸,尺寸标注后的图形如图 9-2(b)所示,尺寸标注完成后单击"草图完成"按钮 🖳。

任务实施2:生成并折弯机器人前部固定件钣金件

单击"钣金"工具栏中的"基体法兰/薄片"按钮 🤚,折弯系数设置为"K 因子""0.5",厚度设置为 3mm,生成的钣金件如图 9-3(a)所示。

单击"钣金"工具栏中的"绘制的折弯"按钮 🗐,在坡口处绘制两条实线段,折弯角度设置为 90°,折弯半径设置为 1mm,单击"确定"按钮,折弯后的钣金件如图 9-3(b)所示。

(a) 生成的钣金件　　　　　　　　(b) 折弯后的钣金件

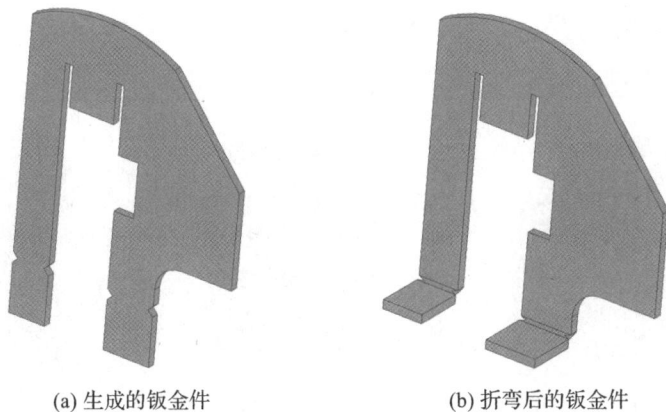

图 9-3　机器人前部固定件钣金件

任务实施 3：新建机器人底板零件图，绘制草图并标注尺寸

参考任务实施 1 中的操作，绘制机器人底板草图，其中尺寸标注前的图形如图 9-4(a)所示，尺寸标注后的图形如图 9-4(b)所示。

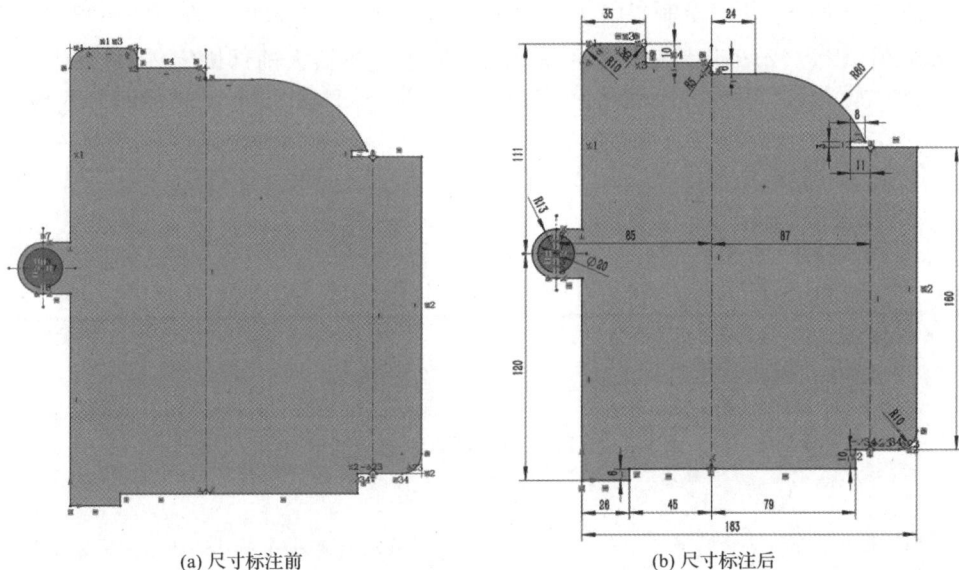

(a) 尺寸标注前　　　　　　　　　(b) 尺寸标注后

图 9-4　机器人底板草图

任务实施 4：生成并折弯机器人底板钣金件

单击"钣金"工具栏中的"基体法兰/薄片"按钮🔧，折弯系数设置为"K 因子""0.5"，设置钣金厚度为 3mm，生成的钣金件如图 9-5(a)所示。

单击"钣金"工具栏中的"绘制的折弯"按钮📖，选择主视图，在坡口处绘制两条实线段，折弯角度设置为 90°，折弯半径设置为 1mm，单击"确定"按钮，折弯后的机器人底板（左）的钣金件如图 9-5(b)所示。

复制并打开图 9-5(b)所示的钣金件，在"绘制的折弯 1"📖 绘制的折弯1 上单击鼠标右键，选择"编辑特性"按钮 ⬛，单击"反向"按钮 ⬛，生成机器人底板（右）的钣金件如图 9-5 (c)所示。

(a) 生成的钣金件　　　(b) 折弯后的机器人底板（左）　(c) 折弯后的机器人底板（右）

图 9-5　机器人底板钣金件

5. 任务总结

(1)新建零件图，分别绘制机器人前部固定件、机器人底板的二维草图，并标注尺寸检验绘制的图形。(2)采用"基体法兰/薄片"按钮生成机器人前部固定件、机器人底板的钣金件。(3)采用"绘制的折弯"按钮折弯机器人前部固定件、机器人底板的钣金件。

6. 课后复习与拓展

(1)试将 AutoCAD 软件中的机器人前部固定件、机器人底板图形，导入到 Solidworks 草图中。(2)试将 Solidworks 软件中的机器人前部固定件、机器人底板图形，导入到 AutoCAD 软件中。

任务 10：采用 Solidworks 装配机器人零件

1. 思政元素与课前准备

2021 年 9 月，中国共产党中央委员会批准了中央宣传部梳理的中国共产党人精神谱系第一批伟大精神，女排精神被纳入。定义为"祖国至上、团结协作、顽强拼搏、永不言败"。

中国女排夺得 2019 年女排世界杯冠军，成功卫冕。这是中国女排赢得的第十个世界大赛冠军，也是她们为新中国 70 华诞送上的一份特殊的生日礼物。习近平总书记致电祝贺，勉励大家继续保持昂扬斗志，不骄不躁，再创佳绩。作为三大球中唯一一支夺取过世界冠军的运动队，中国女排的影响力早已超越体育本身的意义，不仅是时代的集体记忆,更是激励国人接续奋斗、自强不息的精神符号。尽管成绩有起伏,但团结协作、顽强拼搏的女排精神始终代代相传,极大地激发了中国人的自豪、自尊和自信,为我们在新征程上奋进提供了强大的精神力量。

新时代的长征路上,我们同样会遇到各种各样的风险与挑战,一个个"腊子口""娄山关"等待我们去战胜。跨越艰难险阻,需要坚强的意志,需要拼搏的精神,需要团结的作风。历久弥新的女排精神给我们以深刻的启迪,激发我们发扬女排精神,在新的征程中赢得新胜利。

发扬女排精神,就要心往一处想,劲往一处使,拧成一股绳,同圆中国梦。实现中华民族伟大复兴是全体中国人民共同的追求,我们要像中国女排一样,将国家荣誉和集体利益放在最高位置,团结一致,密切协作,同心同德,甘于奉献,把个人的理想追求融入到实现民族复兴伟大梦想的实践中,形成同心共筑中国梦的千钧合力。

发扬女排精神,就要在逆境中决不放弃,在低谷中坚持拼搏,在挫折后勇于奋起,始终保持昂扬向上的奋斗姿态。我们要从女排精神中汲取力量,坚定信心、勇毅笃行,不畏强手、敢打敢拼,以强大闯关实力奔向中国梦的光明未来。

"中华民族伟大复兴,绝不是轻轻松松、敲锣打鼓就能实现的。"[①]让我们牢记习近平总书记的嘱托,以中国女排为榜样,发扬女排精神,保持昂扬斗志,齐心协力,共同奋斗,为民族复兴提供凝心聚气的强大精神动力,努力创造不负新时代的更大业绩!

课前准备:计算机1台、Solidworks 2017软件等。

2. 任务描述

在Solidworks软件中,将图10-1(a)所示的零件装配成图10-1(b)所示的装配图,然后再生成爆炸图。

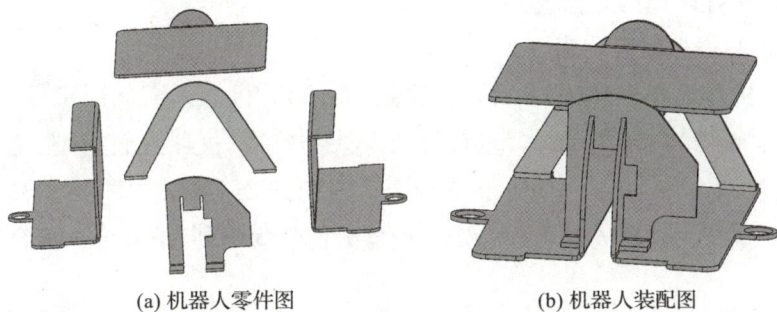

(a) 机器人零件图　　　　　　　　　(b) 机器人装配图

图10-1　机器人零件与机器人装配

---

① 习近平:中华民族伟大复兴,绝不是轻轻松松、敲锣打鼓就能实现的.新华网,2017年10月18日.

3. 知识讲解

知识讲解 1：Solidworks 中的配合类型

Solidworks 中的配合类型主要包括标准配合、高级配合、机械配合、球形和曲线配合等。其中标准配合包括角度配合、角度配合参考实体、重合配合、同心配合、距离配合、锁定配合、平行和垂直配合、相切配合等；高级配合包括限制配合、线性/线性耦合配合、路径配合、轮廓中心配合、对称配合、宽度配合等；机械配合包括凸轮推杆配合、齿轮配合、铰链配合、齿条和齿轮配合、螺旋配合、槽口配合、万向节配合等。

知识讲解 2：在 Solidworks 中生成爆炸图

一些产品的使用说明书中，装配示意图采用立体图的形式说明产品的各构件，这个具有立体感的分解说明图就是最为简单的爆炸图。在 Solidworks 2017 软件中可按如下步骤生成爆炸图：(1)打开爆炸视图的装配体，单击"爆炸视图"按钮；(2)在"爆炸步骤类型"中选择"常规步骤"，即按 X、Y、Z 轴拉伸或旋转；(3)若无距离或角度要求，可选中某一零件后，沿 X、Y、Z 轴拉伸或旋转零件至合适位置即可；若有距离或角度要求，在"爆炸距离"框中输入距离，"旋转角度"框中输入角度，单击"应用"按钮移动、旋转零件。若需更改某一步的爆炸内容，可右键单击"爆炸步骤"，选择"编辑步骤"更改。

4. 任务实施

任务实施 1：新建装配体，插入所有零件

(1)单击"新建"按钮，选择"装配体"，单击"确定"按钮。

(2)在"要插入的零件/装配体"栏，单击"浏览"按钮，选择已绘制的零件，主要包括机器人顶板、机器人尾部固定件、机器人前部固定件、机器人底板（左）、机器人底板（右）等，单击"打开"按钮插入零件。

任务实施 2：添加配合约束

(1)完成"机器人底板（左）"、"机器人底板（右）"和"机器人前部固定件"的配合。单击"配合"按钮，单击"重合"按钮，完成"机器人底板（左）"和"机器人底板（右）"除间距方向外其他两个方向的配合。单击"重合"按钮，完成"机器人底板（左）"、"机器人底板（右）"与"机器人前部固定件"的配合。配合完成后如图 10-2(a)所示。

(2)完成"机器人顶板"与上述零部件的配合。单击"重合"按钮，选择"机器人顶板"的底面与"机器人底板（左）"的顶面相重合，选择"机器人顶板"的侧面与"机器人前部固定件"较大的面相重合。单击"距离"按钮，设置"机器人顶板"的侧面（见图 10-2(c)中的 A 面）与"机器人底板（左）"的侧面（见图 10-2(c)中的 B 面）距离为 68mm。配合完成后如图 10-2(b)所示。

(3)完成"机器人尾部固定件"与上述零部件的配合。单击"重合"按钮，选择

"机器人尾部固定件"的前端面、下底面分别与"机器人底板(左)"的前端面、上底面重合;单击"距离"按钮 🖽 ,设置"机器人尾部固定件"的侧端面(见图 10-2(c)中的 C 面)与"机器人底板(左)"的侧端面(见图 10-2(c)中的 D 面)距离为 1.5mm。配合完成后如图 10-2(c)所示。

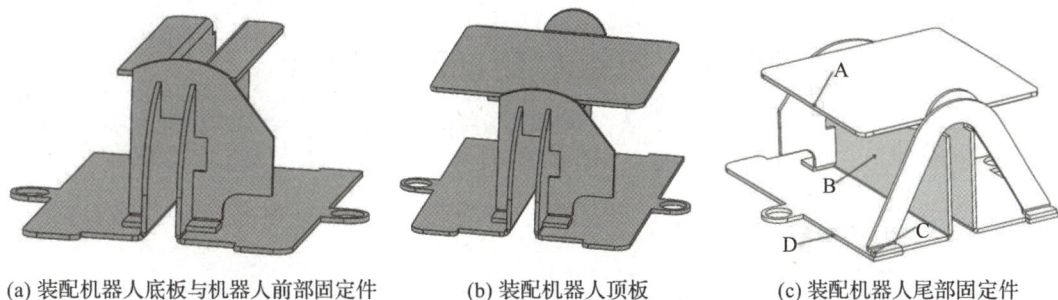

(a) 装配机器人底板与机器人前部固定件　　(b) 装配机器人顶板　　(c) 装配机器人尾部固定件

图 10-2　装配机器人零件

任务实施 3：生成爆炸图

参考知识讲解 2,单击"爆炸视图"按钮 ,在爆炸类型中选择"常规步骤" ,分别选中各零件,按住鼠标左键沿箭头拖动至合适位置,生成的爆炸图如图 10-3 所示。

图 10-3　爆炸图

5. 任务总结

(1)新建装配体,插入所有零件。(2)添加"重合""距离"等约束,装配零件。(3)单击"爆炸视图"按钮,拖动零件至合适位置生成爆炸图。

6. 课后复习与拓展

(1)试分别分析间隙配合、过盈配合、过渡配合的特点、区别及适用范围。(2)请问常见的装配工艺结构主要包括哪些内容?

项目3 机器人零件的常见材料、加工工艺与先进制造

任务11:机器人零件的常见材料

1. 思政元素与课前准备

我国大约于公元前 2000 多年进入青铜器时代,是最早进入青铜时代的国家之一。《周礼·考工记》中记载:"六齐"(即六剂)——钟鼎之齐,铜六锡一;斧斤之齐,铜五锡一;戈戟之齐,铜四锡一;大刃之齐,铜三锡一;杀矢之齐,铜五锡二;鉴燧之齐,铜锡各半。根据这段话的描述,我们可以看出商代人已经知道冶炼不同器具需要不同的配方以获得不同性能的合金。青铜是红铜、锡、铅等金属的合金,硬度高、熔点低。青铜器兼具硬度和韧度,用青铜造的工具更加耐用。青铜浇铸时气泡少,流动性好,所以可铸造出锐利的锋刃和精细的花纹。

我国古代的青铜文明曾经傲世独立,当时生产出大量的浑厚典雅的礼器、刚韧适度的兵器,以及各种杂器和生产工具等,它们以奇特生动的造型,繁复华丽的纹饰,体现出中华民族雄伟浑厚的气魄。这些与当时的文化、工艺技巧融于一体的精巧器物,承载着中华文明轰轰烈烈崛起的行进步伐和精神信仰,把人类的青铜文化推进到巅峰,是中华民族古代文明高度发达的象征,是中华民族永远的骄傲。

课前准备:铝板 1 块、碳纤维板 1 块、环氧板 1 块、亚克力板 1 块、铅块 1 块、3D 打印材料 PLA 1 卷、3D 打印材料 ABS 1 卷等。

2. 任务描述

查阅资料,分析表 11-1 中机器人零件所采用的材料。

表 11-1 机器人零件

序号	名称	序号	名称	序号	名称
1	机器人龙头(连接件)	7	舵机(大)支架	13	前方红外传感器(圆形)支架
2	机器人龙头(着地件)	8	机器人前部固定件	14	侧方红外传感器(圆形)支架
3	机器人龙头支撑件	9	机器人顶板	15	机器人尾部固定件
4	机器人底板(左)	10	摄像头支架	16	机器人配重
5	机器人底板(右)	11	机器人手臂		
6	红外传感器(方形)支架	12	电脑棒支架		

3. 知识讲解

知识讲解1：刚度、强度与硬度

(1)刚度是指材料或结构在受力时抵抗弹性变形的能力。材料的刚度通常用弹性模量 E 衡量。(2)强度是指材料在外力作用下抵抗破坏的能力。强度值以材料受外力破坏时，单位面积上所承受的力表示。根据外力作用方式不同，材料的强度可分为抗压强度、抗拉强度、抗剪强度和抗弯强度等。(3)硬度是指材料局部抵抗硬物压入其表面的能力。硬度是比较各种材料软硬的指标。硬度可分为划痕硬度、压入硬度和回跳硬度等。

知识讲解2：常见材料及选择机器人材料时需注意的事项

根据物理化学属性，材料可分为金属材料、无机非金属材料、有机高分子材料和复合材料等，常见材料的性能可参考《机械设计手册》。

选择机器人材料时，一般需要注意以下问题：(1)机械力学性能等要求。比如，弯曲强度、拉伸强度、疲劳强度等。(2)加工制造等要求。比如，成型加工性、二次加工性、现有设备等。(3)常见物理特性等要求。比如，密度、颜色、导电性、导热性等。(4)外界环境影响等要求。比如，温度、光照等。(5)对机器人信号干扰等要求。需无干扰。(6)初期成本、维修保养成本以及一些特殊要求等。

4. 任务实施

任务实施1：选择板类零件的材料

(1)分析板类零件的要求

板类零件的要求：①机械力学性能等要求。刚度大，不易变形；韧性好，抗冲击强度高等。②加工制造等要求。便于钻孔、折弯；可反复拆卸，不易损坏等。③物理特性等要求。要求重量轻等。④外界环境影响及对机器人干扰等要求。对机器人其他零部件及信号无干扰。⑤成本要求。尽可能低。

(2)分析常见板类材料的特点及应用场合

查阅相关资料，得到常见板类材料及其特点与应用场合，如表11-2所示。

表11-2　常见板类材料及其特点与应用场合

板类材料	特点与应用场合	示意图
铝板	常规厚度1.5～6.0mm，密度2.7g/cm³，弹性模量69.3～70.7GPa，具有良好的可塑性、强导电性，可采用常见的机械加工方式加工。广泛应用于机械零件、照明灯饰、家用电器等	
环氧板	良好的抗冲击性与强绝缘性，良好的防潮性与耐热性，不可折弯。密度比铝板小，比碳纤维板大。广泛应用于机械、电气与电子等高绝缘结构零部件	

续表

板类材料	特点与应用场合	示意图
亚克力板	强透光性、良好的可塑性与绝缘性,但抗冲击性差,易于机械加工与热成型。广泛应用于仪器仪表零件、汽车车灯、光学镜片、透明管道等	
碳纤维板	具有良好的抗震性、抗冲击性、柔韧性、耐腐蚀性等性能,强度高,密度小且刚度大,但不易加工,价格较高。广泛应用于无人机、加固补强器件等	
铅板	密度 $11.345g/cm^3$,强防腐蚀性,主要应用于配重、射线防护等场合	

（3）选择机器人板类零件的材料

综合考虑机器人零件材料的要求、常见板类材料的特点等,选择机器人板类零件材料,如表 11-3 所示。

表 11-3　机器人板类零件材料

序号	名称	材料	序号	名称	材料
1	机器人龙头（连接件）	环氧板	6	机器人顶板	亚克力板
2	机器人龙头支撑件	铝板	7	机器人摄像头支架	铝板
3	机器人底板（左）	铝板	8	机器人手臂	环氧板
4	机器人底板（右）	铝板	9	机器人尾部固定件	铝板
5	机器人前部固定件	铝板	10	机器人配重	铅板

任务实施 2:选择 3D 打印零件的材料

（1）分析 3D 打印零件的常见要求

3D 打印零件的常见要求:①机械力学性能等要求。刚度大,不易变形;强度高,韧性好,不易折断。②加工制造等要求。便于加工制造。③物理特性等要求。不透光、不反光。

（2）分析常见 3D 打印材料的特点

查阅相关资料,常见 3D 打印材料 PLA 和 ABS 的特点及主要性能参数,如表 11-4 所示(不同厂家可能略有区别)。

表 11-4　PLA 和 ABS 材料的特点及主要性能参数

名称	PLA	ABS
化学名	聚乳酸	丙烯腈－丁二烯－苯乙烯共聚物
喷头温度	190～210(℃)	220～250(℃)
材料特点	强度高,属于环保型材料	韧性好
打印时气味	无异味	刺鼻气味
加热板	不一定需要	需要
对打印头的影响	容易堵塞热端	不易堵塞热端
打印产品特点	①打印大面积的产品不易起翘,打印的产品不易裂开。②打印的产品抗冲击性能较差,强度较低。③不易除支撑	①打印大面积的产品容易起翘,打印的产品容易裂开,易脱落。②打印的产品具有优良的力学性能,抗冲击性能好。③较容易除支撑
适合打印类型	适合对精度和表面要求不高的产品	机械零件原型,大型雕像、艺术品模型等
不适合打印类型	对材料精度要求较高的复杂设计等	

(3)选择 3D 打印零件的材料

综合考虑 3D 打印零件的机械力学性能、加工制造能力、物理特性等要求,以及 PLA 和 ABS 材料的特点等,选择机器人 3D 打印零件的材料,如表 11-5 所示。

表 11-5　机器人 3D 打印零件的材料

序号	名称	材料	序号	名称	材料
1	机器人龙头(着地件)	ABS	4	电脑棒支架	PLA
2	红外传感器(方形)支架	PLA	5	前方红外传感器(圆形)支架	PLA
3	舵机(大)支架	PLA	6	侧方红外传感器(圆形)支架	PLA

5. 任务总结

(1)分析板类零件、3D 打印零件的要求。(2)分析常见板类材料、3D 打印材料的特点和性能参数等。(3)选择机器人板类零件、3D 打印零件的材料。

6. 课后复习与拓展

(1)试查阅资料,分析屏蔽机器人外界干扰信号的材料有哪些?(2)从增大机器人轮胎与地面的摩擦力考虑,试选择机器人轮胎的材料。

任务 12：制定摄像头支架的加工工艺

1. 思政元素与课前准备

科学家精神是胸怀祖国、服务人民的爱国精神，勇攀高峰、敢为人先的创新精神，追求真理、严谨治学的求实精神，淡泊名利、潜心研究的奉献精神，集智攻关、团结协作的协同精神，甘为人梯、奖掖后学的育人精神。新中国成立以来，广大科技工作者在祖国大地上树立起一座座科技创新的丰碑，也铸就了独特的精神气质。新时期新任务下的今天，广大青年特别需要弘扬科学家精神，向科技工作者学习，学习他们的家国情怀与爱国热忱，学习他们不慕名利、潜心研究的奉献精神。[①]

曹春晓，1934 年生于浙江上虞，材料科学家、钛合金专家，"973""863"首席科学家，中国科学院院士。1956 年毕业于交通大学机械系，长期从事航空材料研究。主要成果有"TC11 钛合材料、盘模锻件的工艺研究"获国家科学技术进步一等奖，"钛合金高温形变强韧化工艺"获国家发展一等奖，"钛合金 BRCT 热处理工艺"获国家发明三等奖等。

曹春晓在学术上有很高的造诣，在为人处世上也不断修练自己；他不忘初心，矢志弥坚，用毕生心血践行着自己科技强国的梦想和感恩国家的培养；他淡泊名利只求奉献，热心教育与科普；他主动关心航空教育及材料科普事业，用自己的全部身心奉献社会；他用一颗赤诚的心，书写了对国家、对航空、对社会的大爱情怀。(《中国科学报》评)

课前准备：切割完成的铝板 1 块、划针 1 把、钢直尺 1 把、游标高度尺 1 把、游标卡尺 1 把、钢卷尺 1 把、划线平台 1 个、90°角尺 1 把、折弯机 1 台、虎钳台 1 个、锉刀 1 把等。

2. 任务描述

试将图 12-1 所示的摄像头支架毛坯件，沿坡口 90°折弯，折弯后的摄像头支架如图 12-2 所示。

图 12-2 折弯后的
摄像头支架

图 12-1 摄像头支架毛坯件

---

① 摘自：青平：青年人要学习什么样的科学家精神.中国青年报客户端,2020 年 9 月 15 日.

3. 知识讲解

知识讲解 1：钣金折弯设备及其参数

根据模具的形状，可采用折弯机完成 V 形弯、U 形弯等形状的折弯。折弯模具组成示意图如图 12-3 所示，主要包括上模、后定位块、下模等。尖端 R 角与尖端角度如图 12-4 所示。上模尖端 R 角主要包括 0.2mm、0.6mm、0.8mm、1.5mm、3.0mm 等，其中，厚度为 3mm 以下的钣金件一般采用 0.6mm 的尖端 R 角。标准上模尖端角度主要包括 90°、88°、86°、60°、45°、30° 等。上模尖端角度要小于需加工的角度，例如，折弯工件为 90°，采用 88° 的上模尖端角度。下模的 V 槽尖端角度和上模一致。材料厚度（h）和下模 V 槽宽度（w）的关系如表 12-1 所示。当板厚为 1~3mm 时，搁置尺寸 c 为 3mm；当板厚为 3mm 以上时，搁置尺寸 c 等于板厚。

表 12-1　材料厚度（h）和下模 V 槽宽度（w）的关系　　　　　　（mm）

材料厚度（h）	0~3	3~10	10 以上
下模 V 槽宽度（w）	$6 \times h$	$8 \times h$	$12 \times h$

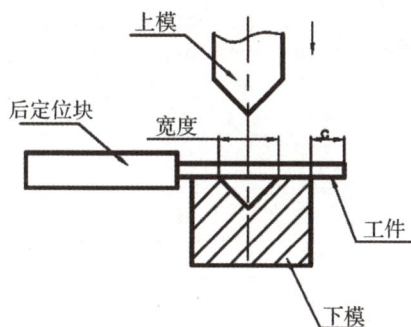

图 12-3　折弯模具组成示意图

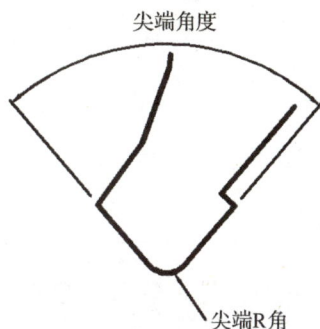

图 12-4　尖端 R 角与尖端角度

工件常见折弯示意图如图 12-5 所示。

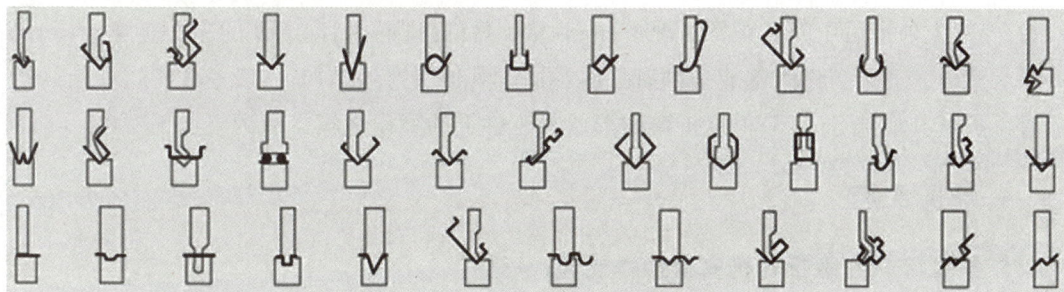

图 12-5　工件常见折弯示意图

知识讲解2:常见材料的折弯半径

钣金折弯时,应选择合适的折弯半径,折弯半径不宜过大或过小。折弯半径太小容易造成折弯处开裂,折弯半径太大折弯容易反弹。常见材料的折弯半径与厚度(t)的关系如表12-2所示。

表12-2 常见材料的折弯半径与厚度(t)的关系

材料	退火状态		冷作硬化状态	
	折弯线方向与纤维方向的对应位置			
	垂直	平行	垂直	平行
08、10	0.1t	0.4t	0.4t	0.8t
15、20	0.1t	0.5t	0.5t	1.0t
25、30	0.2t	0.6t	0.6t	1.2t
45、50	0.5t	1.0t	1.0t	1.7t
65Mn	1.0t	2.0t	2.0t	3.0t
铝	0.1t	0.35t	0.5t	1.0t
紫铜	0.1t	0.35t	1.0t	2.0t
软黄铜	0.1t	0.35t	0.35t	0.8t
半硬黄铜	0.1t	0.35t	0.5t	1.2t
磷青铜	/	/	1.0t	3.0t

知识讲解3:常见折弯工艺的基本原则

折弯加工的顺序与折弯机的工作台开口高度、后定位长度、折弯上下模的安装与选用均有密切关系。常见折弯工艺的基本原则为:(1)要保证本次折弯不会影响到后续折弯,主要包括下刀位置、折弯刀具或夹具刮蹭或碰撞、定位基准尺寸等内容。(2)先短边后长边。一般来说,四边都有折弯时,先折短边后折长边有利于工件的加工和折弯模具的拼装。(3)先外围后中间。正常情况下,一般从工件的外围开始向工件的中心折弯。(4)先局部后整体。如果工件内部或外侧有一些不同于其他折弯的结构,一般是先将这些结构折弯后再折弯其他部分。(5)根据折弯的形状或工件上的障碍物等灵活调整加工顺序。

4. 任务实施

任务实施1:熟悉折弯机安全操作规程(节选)

(1)工作前:①按规定穿戴劳保用品;②检查设备及电源开关、脚踏离合器等是否正常,液压油是否充足;③将模具、托料架、挡料架等清理、擦拭干净,确保无异物;④根据材料厚度调整模具,严禁超厚折压。

（2）工作过程中：①身体要始终保持在安全区内，严禁将手伸进折压区；②若发现异常响声或渗漏油时，应立即停机；③严格按照操作步骤操作机器。

（3）排除故障或检修时：①先切断电源，使折弯机处于完全静止状态；②在显眼处挂上检修牌；③严禁非检修人员修理设备，严禁在设备运行中检修。

（4）工作结束后：①清理作业现场，主要包括模具及设备上的油污及杂物等，保持场地整洁；②压好的工件应在指定位置整齐摆放，不能放得太高；③保养设备，定期给折弯机加油部位加注适量机油；④填写设备使用、保养记录。

任务实施2：制定摄像头支架加工工艺

按照折弯顺序，制定摄像头支架加工工艺，如表12-3所示。

表12-3　摄像头支架加工工艺

折弯后效果图			

折弯顺序	加工工艺内容	工具、设备及参数	示意图
1	检查毛坯尺寸	游标卡尺、钢卷尺等	
2	去毛刺	虎钳台、锉刀等	╱
3	选择折弯机模具的相关参数	上模尖端R角选为0.6mm，上模尖端角度选为88°，搁置尺寸c选为3mm，下模V槽宽度选为18mm，折弯半径选为1.5mm	╱
4	折弯处划线	划针、钢直尺、游标卡尺、钢卷尺、划线平台等	
5	分别将A、A'端面紧靠后定位块，在B、B'处90°折弯	折弯机、90°角尺、钢卷尺、游标高度尺等	
6	分别将AB、A'B'面紧靠后定位块，在C、C'处90°折弯	折弯机、90°角尺、钢卷尺、游标高度尺等	
7	分别将A、A'端面紧靠后定位块，在D、D'处90°折弯	折弯机、90°角尺、钢卷尺、游标高度尺等	
8	分别将AB、A'B'面紧靠后定位块，在E、E'处90°折弯	折弯机、90°角尺、钢卷尺、游标高度尺等	

任务实施3:折弯摄像头支架

遵循折弯机安全操作规程,按照制定的摄像头支架加工工艺,完成摄像头支架的折弯。

5. 任务总结

(1)熟悉折弯机安全操作规程。(2)依据常见折弯工艺的基本原则,制定摄像头支架加工工艺。(3)遵循折弯机安全操作规程,按照加工工艺完成摄像头支架的折弯。

6. 课后复习与拓展

(1)影响回弹的因素主要包括材料的力学性能、板厚、弯曲半径以及弯曲时的正压力等,试提出减少回弹的措施。(2)常见的折弯缺陷主要包括裂纹、折弯尺寸误差过大、折弯压痕等,试分析它们产生的原因及处理方法。

任务 13:采用激光切割机与塑料板热弯机加工稳压模块(大)保护罩

1. 思政元素与课前准备

科技立则民族立,科技强则国家强。范国伟是一位从车间走出的全国劳模,1995 年 19 岁的范国伟从绍兴中专机电技术应用专业毕业,进入卧龙控股集团有限公司工作,他始终奋斗在设备维修管理一线,从一名普通的维修电工成长为公司技术骨干,他敢"啃硬骨头",经手解决的"疑难杂症"不计其数,先后主持了 10 余项设备改造和革新项目,累计为公司节约费用上千万元。范国伟被授予全国劳动模范、浙江省首席技师、浙江省劳动模范、浙江省技术能手等荣誉称号。

一枝独秀不是春,万紫千红春满园。在维修中,范国伟总要抽出时间现场组织人员,对维修过程中容易出现的失误操作进行深入剖析,他把多年的维修经验总结为四个字:看、问、练、悟,传授给同事,让他们少走弯路,提高操作技能水平。范国伟凭着对事业的忠诚,以强烈的责任感和使命感,在平凡的工作岗位上,做出了不平凡的事迹,已成为基层一线技能员工的代表与标杆。

课前准备:亚克力板 1 块、沃尔润 WER-1390 激光切割机 1 台、计算机 1 台、RDWorksV8 软件、AECFUN AMB700 塑料板热弯机 1 台等。

2. 任务描述

采用图 13-1 所示的沃尔润 WER-1390 激光切割机,将亚克力板切割成图 13-2 所示的稳压模块(大)保护罩毛坯件;然后采用图 13-3 所示的 AECFUN AMB700 塑料板热弯机,将上述毛坯件折弯成图 13-4 所示的稳压模块(大)保护罩。

图 13-1　沃尔润 WER-1390 激光切割机

图 13-2　稳压模块(大)保护罩毛坯件

图 13-3　AECFUN AMB700 塑料板热弯机

图 13-4　稳压模块(大)保护罩

3. 知识讲解

知识讲解 1:激光切割机及其操作注意事项

激光切割机将从激光器发射出的激光经光路系统,聚焦成高功率密度的激光束,激光束照射到工件表面,使工件达到熔点或沸点,同时与光束同轴的高压气体将熔化或气化的材料吹走,随着光束与工件相对位置的移动,最终使材料形成切缝,从而达到切割的目的。激光切割机可以切割亚克力、木板、布料、皮革、金属等材料,它具有精度高、切缝窄(0.1~0.3mm)、速度快、性能稳定、不易变形、性价比高、使用维护成本低等优点。

启动激光切割机前需注意以下事项:(1)遵守一般切割机安全操作规程。(2)操作者须经过培训,熟悉设备结构、性能、软件、操作步骤等有关知识。(3)按规定穿戴好劳动防护用品,在激光束附近必须佩戴符合规定的防护眼镜。(4)先弄清某一材料能否用激光照射或加热,否则可能产生烟雾和蒸汽的潜在危险。(5)保持激光器、床身及周围场地整洁、有序、无油污等,将灭火器放在随手可及的地方。

操作激光切割机过程中需注意以下事项:(1)将工件平整摆放后,按照流程启动激光切割机,调整激光聚焦。(2)手动低速沿 X、Y 方向开动机床,检查确认有无异常情况。(3)输入新的工件程序后,应先空运行,确认无误后再开始切割。(4)操作完成后,按照流程关闭激光切割机。(5)加工过程中要注意观察机床运行情况,若出现碰撞等异常情况,应立即停机,请专业人员排除故障并上报主管人员。

知识讲解 2：塑料板热弯机及亚克力板折弯注意事项

塑料板热弯机（塑料板折弯机）是一款针对亚克力、有机玻璃、PC、PVC、SBS 等塑料板材的工艺加工设备。通过对角度准确定位，采用先进的红外加热、水循环冷却系统瞬间成型，具有角度准、速度快、效率高、加工工件不变形、不糊板、不起泡等优点。

亚克力化学名称为聚甲基丙烯酸甲酯，最高连续使用温度随工作条件不同在 65～95℃变化，热变形温度约为 96℃（1.18MPa）。折弯时把亚克力板放在塑料板热弯机红外管上方，温度达到软化点 96℃后，沿加热软化线折弯，折弯后冷却定型亚克力板即可。折弯时注意调节加热温度，若加热温度未达到软化点强行折弯，可能会折断亚克力板；若加热时间过长或温度过高，亚克力板则会起泡。

4. 任务实施

任务实施 1：采用激光切割机切割稳压模块（大）保护罩毛坯件

（1）在 AutoCAD 软件中，绘制图 13-5 所示的稳压模块（大）保护罩图形，并将其保存为".dxf"格式。

（2）打开 RDWorksV8 软件，完成如下操作：①选择"文件"→"导入"，在弹出的"导入"对话框中，选择第（1）步保存的".dxf"格式的图形；②在弹出的图形中，删除两条中心线；③在"最小功率%（-1）""最大功率%（-1）"输入框中分别输入"80""90"；④"速度（mm/s）"输入框中输入"5"。

（3）将亚克力板放置在激光切割机蜂窝平台的右下角，距离平台下边框、右边框均约 50mm。

（4）插入风机开关插头并打开激光冷水机 CW-3000 开关█，以抽取异味并进行水冷却；如图 13-6 所示，按下激光切割机的总开关◉，打开激光切割机。按下图 13-7 所示的激光开关█，打开激光器，激光切割机中会出现红色的激光点。

（5）单击图 13-6 所示的激光切割机控制面板上的"位置调节"按钮✚，调节激光点对准亚克力板右上角向内约 10mm 的交点。

（6）在 RDWorksV8 软件中，选中图形，单击"走边框"按钮 走边框 ，弹出图 13-8 所示的对话框，"速度（mm/s）"框中输入"70"，单击"确定"按钮，确认所走边框在亚克力板正上方，否则需重新调整亚克力板的位置。完成走边框后，激光点运动至初始点位置。

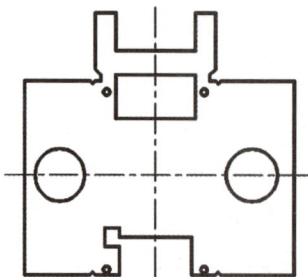

图 13-5　稳压模块（大）保护罩的图形　　图 13-6　激光切割机开关及控制面板

（7）合上激光切割机保护盖，在 RDWorksV8 软件中，单击"开始"按钮 | 开始 |，开始切割；切割过程中注意观察激光切割机运行情况，若出现紧急事件，需立即按下图13-6所示的"急停"按钮 。

（8）切割完成后进行如下操作：①单击图13-6中激光切割机控制面板上的"复位"按钮 ，使激光点回到初始位置；②先关闭图13-7所示的激光开关 ，再关闭图13-6所示的激光切割机总开关 ，最后关闭激光冷水机 CW-3000 开关 并拔出风机开关插头；③清理加工场地。切割完成后的稳压模块（大）保护罩毛坯件如图13-2所示。

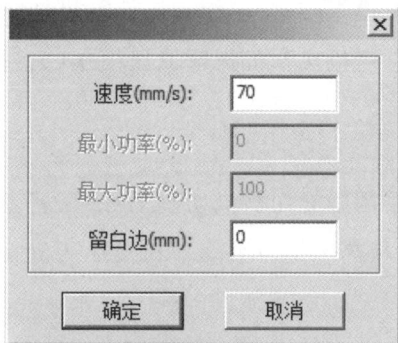

图 13-7　激光开关　　　　　　　图 13-8　"走边框"参数设置对话框

任务实施2：采用塑料板热弯机折弯稳压模块（大）保护罩

（1）调节塑料板热弯机相关参数。①调节加热间隙宽度。根据毛坯件的材料及厚度等因素选择加热间隙宽度，一般来说，3mm 厚的毛坯件加热间隙宽度至少为 8mm，8mm 厚的毛坯件加热间隙宽度为 20mm。调节图 13-9 中塑料板热弯机的宽度调节旋钮 ，参考图 13-10 所示的宽度标尺，调节间隙宽度为 8mm。②调节加热温度。考虑散热等因素，调节图 13-9 所示的温控器旋钮 ，将红外管的温度调节至100℃（亚克力热变形温度约为96℃）。③如图 13-11 所示，调节靠尺与加热间隙的距离。④参考图 13-12 所示的角度器，设置挡板和机器背面的角度为90°。

图 13-9　开关与旋钮　　图 13-10　宽度标尺　　图 13-11　靠尺　　图 13-12　角度器

（2）水桶中加注水后启动水泵。①为实现良好降温效果，建议使用大水箱或大水桶，在容量≥20升的水箱或水桶中，加注足量的水，水位线要超过水泵。②插上水泵电源，启动水泵，水泵通过管道将水推入机器内部。③长时间工作后，水温会被加热，若水温达到50℃时，需更换水或在水中放一些冰块。

（3）开机、预热、加热及折弯。①按下图 13-9 所示的总电源开关 ，开启塑料板热弯机。②塑料板热弯机预热，将红外管的温度升至约100℃。③将毛坯件放置在塑料板热弯机上,折弯位置对准加热间隙,加热至可折弯状态。④将毛坯件快速放在挡板上,快速向机器背面弯曲,完成90°折弯。⑤冷却至定型。⑥重复上述步骤,完成所有折弯。

(4)关机、清理场地。①按下图13-9所示的"总电源开关",关闭塑料板热弯机。②待塑料板热弯机冷却后,关闭水泵电源。③将加热间隙调整为0,倒掉水箱或水桶中的水,清理加工场地。

5.任务总结

(1)按照操作步骤,采用激光切割机切割稳压模块(大)保护罩毛坯件。(2)按照操作步骤,采用塑料板热弯机折弯稳压模块(大)保护罩。

6.课后复习与拓展

(1)当采用激光切割机切割工件时,若工件没被切穿,试分析应如何处理?(2)请问全自动塑料板热弯机与手动塑料板热弯机相比有哪些优势?

任务14:采用精雕机加工机器人手臂

1.思政元素与课前准备

"两弹一星"最初是指原子弹、导弹和人造卫星。"两弹"中的一弹是原子弹,后来演变为原子弹和氢弹的合称;另一弹是导弹。"一星"则是人造地球卫星。1960年11月5日,中国第一枚近程导弹"东风一号"发射成功;1964年10月16日,中国第一颗原子弹爆炸成功;1967年6月17日,中国第一颗氢弹空爆试验成功;1970年4月24日,中国第一颗人造卫星(东方红一号)发射成功。当时中国在物质技术基础十分薄弱的条件下,在较短的时间内成功地研制出"两弹一星",创造了非凡的人间奇迹,是中国人民挺直腰杆站起来的重要标志。

1999年9月18日,江泽民同志在表彰为研制"两弹一星"作出突出贡献的科技专家大会上发表讲话,将"两弹一星"精神概括为"热爱祖国、无私奉献,自力更生、艰苦奋斗,大力协同、勇于登攀"二十四个字。"两弹一星"精神是爱国主义、集体主义、社会主义精神和科学精神的生动体现,是中国人民在20世纪创造的宝贵精神财富,对于全面建成小康社会,实现中华民族伟大复兴的中国梦具有重大意义。2021年9月,党中央批准了中央宣传部梳理的第一批纳入中国共产党人精神谱系的伟大精神,"两弹一星"精神被纳入。

课前准备:JONHV-6090精雕机1台、环氧板1块、计算机1台、北京精雕JDPaint5.21 Ultimate软件、诺诚NCConverter软件、Ncstudio V5.4.49软件等。

2. 任务描述

采用图 14-1 所示的 JONHV-6090 精雕机与图 14-2 所示的机器人手臂 AutoCAD 图,将环氧板切割成图 14-3 所示的机器人手臂。

图 14-1 JONHV-6090 精雕机　　图 14-2 机器人手臂 AutoCAD 图　　图 14-3 机器人手臂

3. 知识讲解

知识讲解 1:精雕机可切割的常见材料与采用的加工刀具

精雕机可切割的常见材料与采用的加工刀具,如表 14-1 所示。一般而言,切割材料时,切割越深、材料越硬、图形越大,选择的刀径需越大。雕刻材料时,线条越细、图形越小,选择刀具的角度越小、刃宽越尖。

表 14-1　精雕机可切割的常见材料与采用的加工刀具

常见材料	加工刀具
亚克力板	采用单刃螺旋铣刀切割亚克力板;采用金刚石雕刻刀镜面雕刻亚克力板;采用单刃螺旋球头铣刀深浮雕加工亚克力板
环氧板	采用锣刀(玉米铣刀)或金刚石刀具切割环氧板
铝板	采用单刃铝用铣刀切割铝板,加工过程中不粘刀,速度快,效率高
碳纤维板	采用"菠萝"镂空铣刀切割普通碳纤维板;采用双刃压迫式铣刀切割较厚的碳纤维复合材料或夹层材料;采用 PCD8 面刃钻头加工增强型碳纤维复合材料
密度板	采用双刃大排屑螺旋铣刀切割密度板;采用单刃螺旋球头铣刀深浮雕加工密度板
金属模具	采用钨钢铣刀(表面镀紫黑色加硬钛)加工金属模具

知识讲解2：粘刀及其解决方法

（1）材料融化粘在刀具上。该现象一般出现在加工非金属材料时，主要原因是大量的切削热量导致材料融化。可采用以下方法解决：①更换锋利的刀具。锋利的刀具可以减少切削热量。②降低主轴转速。降低主轴转速可以降低切削线速度，从而减少切削热量，避免材料融化。③提高进给速度。提高进给速度，能够减少刀具在一个位置停留的时间，减少单位体积材料的切削热量，避免材料融化。

（2）材料不融化粘在刀具上。该现象主要出现在加工金属材料时，尤其是加工钢材料时较为常见，主要原因是切削热量过大和切削速度过低。可采用以下方法解决：①改善冷却方法。在刀具切出工件的位置增加冷却液。②更换锋利的刀具。锋利的刀具可以减少切削热量，从而改善这种现象。③提高主轴转速。④降低进给速度。

4. 任务实施

任务实施1：在软件中转换文件格式并设置参数，检查精雕机是否存在异常

（1）在 AutoCAD 软件中，绘制图 14-2 所示的机器人手臂 AutoCAD 图形，并将其保存为".dxf"格式的文件。

（2）打开北京精雕 JDPaint5.21Ultimate 软件，完成如下操作：①选择"文件"→"输入"→"所有格式"，弹出"输入"对话框，在"文件类型"下拉菜单中，选择"DXF Files（.dxf）"，选择第（1）步绘制的图形文件，弹出"DXF 文件输入"对话框，设置参数如图14-4所示，单击"确定"按钮。②把图形放入框中，删除中心线。③选中图形，选择"刀具路径"→"路径向导"，弹出图 14-5 所示的"设定加工范围"对话框，选择"轮廓切割"，"加工深度"设置为"板厚＋0.3"，这里设置 3.3，其他参数采用默认设置，单击"下一步"按钮。④弹出图 14-6 所示的"选择加工刀具"对话框，选择"［平底]JD-3.00" [平底]JD-3.00，"加工精度"框中设置为0.0010，其他参数采用默认设置，单击"下一步"按钮。⑤弹出图 14-7 所示的"设定切削用量"对话框，选择"ABS"，设置"吃刀深度"为"板厚＋0.3"，这里输入3.3，其他参数采用默认设置，单击"下一步"按钮。⑥弹出图 14-8 所示的"加工路径参数"对话框，选中"分层方式"，在"分层方式"下拉菜单中选择"限定层数"，在"路径层数"框中输入"3"，单击"完成"按钮。⑦再次选中图形，选择"刀具路径"→"输出刀具路径"，在弹出的"刀具路径输出"对话框的"文件名"中，输入文件名"机器人手臂"，单击"保存"按钮，弹出图 14-9 所示的"输出 ENG 文件"对话框，单击"特征点"按钮 特征点(F)，选择"路径左下角"，单击"确定"按钮。

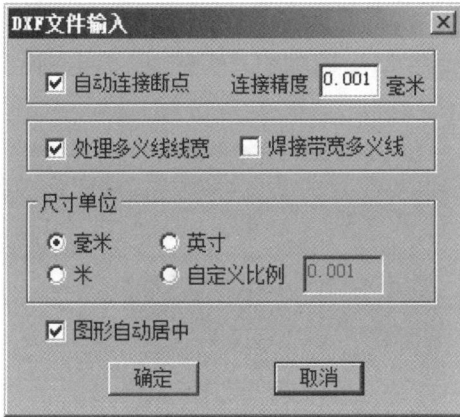

图 14-4　"DXF 文件输入"对话框

图 14-5　"设定加工范围"对话框

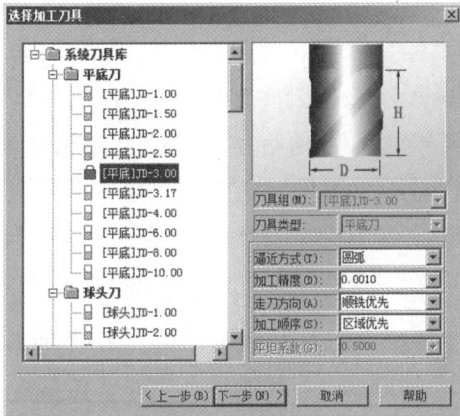

图 14-6　"选择加工刀具"对话框

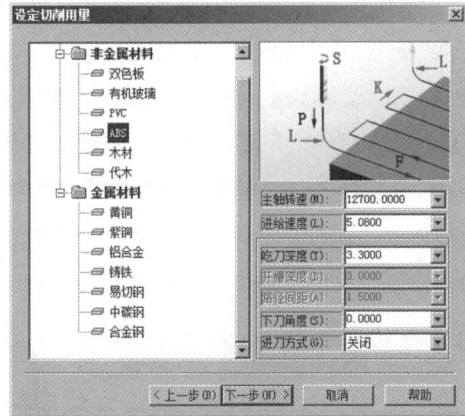

图 14-7　"设定切削用量"对话框

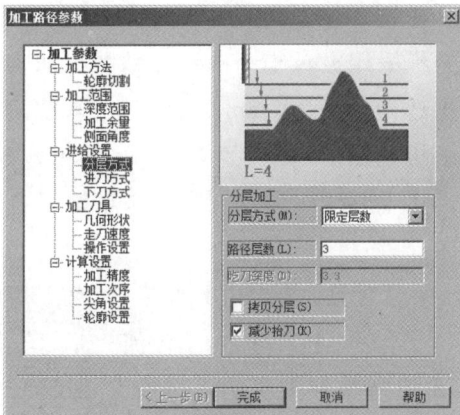

图 14-8　"加工路径参数"对话框

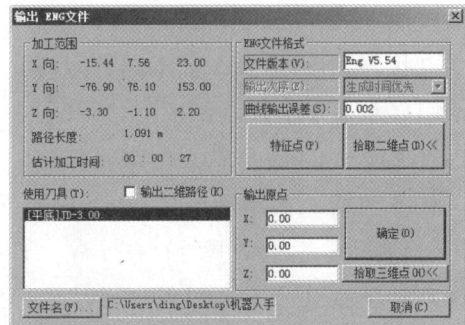

图 14-9　"输出 ENG 文件"对话框

（3）打开诺诚 NCConverter 软件，弹出图 14-10 所示的"eng 文件转换为 NC 文件"对话框，完成如下操作：①单击"浏览"按钮，选择"机器人手臂.ENG"文件；②单击"转换"按钮，输出".nc"格式的文件；③单击"关闭"按钮。

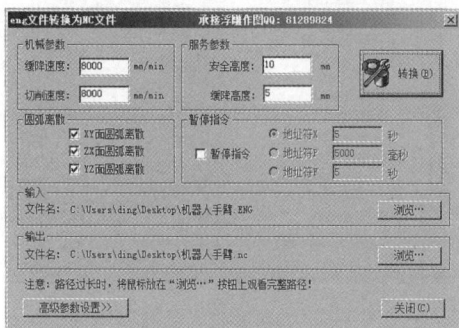

图 14-10 "eng 文件转换为 NC 文件"对话框

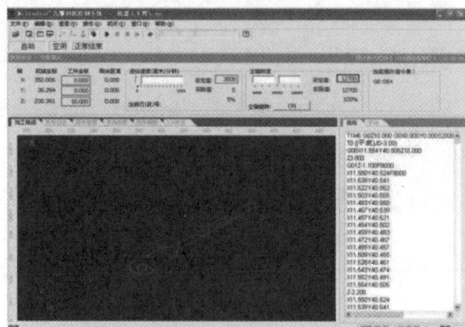

图 14-11 NcStudio 广告雕刻机控制系统

（4）打开 Ncstudio V5.4.49 软件（计算机需安装运动控制卡），完成如下操作：①选择"文件"→"卸载"，卸载上次加工的图纸；②选择"文件"→"打开并装载"，选择第（3）步中输出的"机器人手臂.nc"文件；③选择"操作"→"进入仿真模式并开始仿真"或"仿真"按钮 ，如图 14-11 所示，在仿真区域会出现机器人手臂的刀具路径；④选中"进给速度" 按下键盘上的方向键"→、←"，调整进给速度为 5%；单击"主轴转速"框中设定值后的按钮，弹出图14-12所示的"设置主轴转速"对话框，设定主轴转速为 12700 转/分钟，单击"确定"按钮。

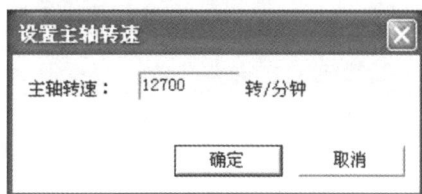

图 14-12 "设置主轴转速"对话框

图 14-13 主轴卡爪

图 14-14 控制开关

（5）启动精雕机前，完成如下操作：①将亚克力板采用夹具牢固固定在精雕机加工平台上；②参考表 14-1，根据加工材料选择刀具，这里选择直径为 3mm 的锣刀（玉米铣刀），在断电状态下，采用扳手等工具将刀具安装在精雕机主轴卡爪上，如图 14-13 所示；③检查水箱内水质与水位是否正常，当气温在 0℃ 以下时，需使用防冻液；④检查精雕机各零部件有无异常，若有异常立即维修处理。

任务实施 2：启动精雕机，检查是否正常运行，手动对刀，空走刀及加工

（1）启动设备，检查是否存在异常。①插入水泵电源插头，打开水泵，水流流向铣刀下方，若工作时间过长（一般 2 小时以上），需定时查看水温是否过高。②通过图 14-14 所示的钥匙打开"开关"，启动精雕机。③检查精雕机有无异响等问题。

（2）调节刀具位置，设置工件原点，空走刀确认刀具路径，切割亚克力板。①如图 14-11所示，单击"主轴旋转 ON"按钮，精雕机主轴开始旋转。②选择图 14-11 中的"手

动"选项卡,若选择"点动"单选框,一直按住 X＋、Y＋、Z＋等按钮■、■、■,刀具会沿 X、Y、Z 方向连续移动,若选择步长数值的单选框,按下 X＋等按钮■,刀具会移动相应的步长,将刀具调节至亚克力板左下角(图 14-1 中靠近钥匙位置),且距离夹具有足够安全距离,刀具在亚克力板上方约 80mm 的位置。③如图 14-11 所示,选择"操作"→"设置当前点为工件原点"。④如图 14-11 所示,选择"操作"→"开始"或"开始"按钮 ▶,刀具开始运动,若需调节"进给速度",拉动"进给速度"进度条■调节,安全起见建议不超过 50％,完成空走刀,确认刀具路径在亚克力板正上方,且不会与夹具等物体发生碰撞,最终刀具运动至初始点。⑤采用第②步中的操作,调节刀具与亚克力板相接触,采用第③④步中的操作,开始切割亚克力板,其中,调节"进给速度"为初始速度(5.08)。⑥实时观察切割过程,若出现紧急情况,需立即按下图 14-11 中的"停止"按钮或图 14-14 所示的"急停"按钮,切割后的零件如图 14-3 所示。⑦选择"手动"选项卡,单击 X＋、Y＋、Z＋等按钮■、■、■,将刀具移至机床右上角。

(3)关闭设备并取出加工工件。①通过图 14-14 所示的钥匙关闭"开关",关闭精雕机。②拔出水泵电源插头。③取出加工的机器人手臂,松开夹具,还原精雕机至初始状态。

(4)工作结束后,清理、保养精雕机。①及时清理精雕机上的杂物。②排空主轴内的水,以免主轴水管冻裂,倒掉水箱中的水。③在传动部件上打入润滑油或机油等。

5. 任务总结

(1)启动精雕机前,将".dxf"格式的文件转换为".nc"格式的文件,在软件中设置加工参数,检查精雕机是否存在异常。(2)启动精雕机后,检查精雕机是否存在异常,手动对刀,完成空走刀,加工机器人手臂。(3)工作结束后,清理、保养精雕机。

6. 课后复习与拓展

(1)若精雕机的加工条件发生变化,比如,移动材料位置、改变材料厚度或更换刀具等,请问是否需要重新对刀?(2)一般情况下,请问雕刻顺序是否为先里后外、先小后大、先不通后通?

任务 15:采用 3D 打印机打印前方红外传感器(圆形)支架

1. 思政元素与课前准备

习近平总书记在党的二十大报告中指出,完善科技创新体系。坚持创新在我国现代化建设全局中的核心地位。完善党中央对科技工作统一领导的体制,健全新型举国体制,强化国家战略科技力量,优化配置创新资源,优化国家科研机构、高水平研究型大学、科技领军企业定位和布局,形成国家实验室体系,统筹推进国际科技创新中心、区域科技创新中心建设,加强科技基础能力建设,强化科技战略咨询,提升国家创新体系整体效能。深化科技体制改革,深化科技评价改革,加大多元化科技投入,加强知识产权法治保障,形成支持全面创新的基础制度。培育创新文化,弘扬科学家精神,涵养优良学风,营造创新氛围。扩大国际科技交流合作,加强国际化科研环境建设,形成具有全球竞争力的开放创新生态。

习近平总书记在党的二十大报告中指出,加快实施创新驱动发展战略。坚持面向世界科技前沿、面向经济主战场、面向国家重大需求、面向人民生命健康,加快实现高水平科技自立自强。以国家战略需求为导向,集聚力量进行原创性引领性科技攻关,坚决打赢关键核心技术攻坚战。加快实施一批具有战略性全局性前瞻性的国家重大科技项目,增强自主创新能力。加强基础研究,突出原创,鼓励自由探索。提升科技投入效能,深化财政科技经费分配使用机制改革,激发创新活力。加强企业主导的产学研深度融合,强化目标导向,提高科技成果转化和产业化水平。强化企业科技创新主体地位,发挥科技型骨干企业引领支撑作用,营造有利于科技型中小微企业成长的良好环境,推动创新链产业链资金链人才链深度融合。[①]

课前准备:XHL-F335 讯恒磊科技 3D 打印机 1 台、3D 打印材料 PLA 1 卷、计算机 1 台、U 盘 1 个、Solidworks 2017 软件、Cura-15.02.1 软件等。

2. 任务描述

采用图 15-1 所示的 3D 打印机与图 15-2 所示的前方红外传感器(圆形)支架Solidworks图,3D 打印出图 15-3 所示的前方红外传感器(圆形)支架实物。

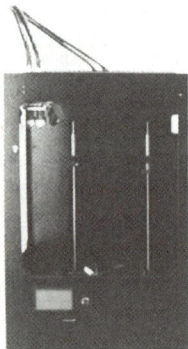

图 15-1　3D 打印机　　图 15-2　Solidworks 图　　图 15-3　实物图　　图 15-4　进料装置

3. 知识讲解

知识讲解 1:3D 打印注意事项

(1)熟悉 PLA、ABS 等打印材料的属性,比如,融化温度和出料速度等,确保打印机

---

① 摘自:习近平:高举中国特色社会主义伟大旗帜 为全面建设社会主义现代化国家而团结奋斗——在中国共产党第二十次全国代表大会上的报告.新华社,2022 年 10 月 16 日.

能够正常打印。(2)在打印机工作过程中或刚停止工作时切勿触摸喷头,以防烫伤。(3)禁止长时间在空气中暴露 PLA 或 ABS 等打印材料,以免变脆影响打印效果。如果拆封后长时间不用,需要密封储存在干燥、无尘环境中。(4)插拔打印丝料前需要加热打印喷头,否则可能会损坏打印喷头。

知识讲解 2:断丝及其解决方法(以 XHL-F335 讯恒磊科技 3D 打印机为例)

断丝是 3D 打印过程中常见的一种故障,主要表现为打印机进料口的丝料出现断裂。解决方法:(1)手动按压进料。①调节喷头温度。如图 15-5 所示,选择"工具"→"预热"→"喷头 1"(若显示"热床"按钮,点击后可切换为"喷头 1"按钮)→"增加"或"减少",调节温度(PLA 调节至 210℃,不同厂家可能略有区别)。②选择"返回"→"移动"→"X+""Y+"等,移动喷头至便于观察的位置。③拧松图 15-4 中的锁紧螺母与送料管固定螺母,按下压紧块,把丝料插入进料口后松开压紧块,拧紧锁紧螺母与送料管固定螺母。④选择"返回"→"挤出"→"进料";(2)重新进料。当采用步骤(1),丝料仍不能挤出时可采用该步骤。①同(1)中①。②选择"返回"→"换料"→"退料",退料完成后点击弹出的"确定"按钮,将丝料拉出后用剪刀剪掉已熔化或损坏的部分。③同(1)中②与③。④选择"返回"→"换料"→"进料",进料完成后点击弹出的"确定"按钮。(3)疏通或更换喉管或喷头。若采用步骤(2),丝料仍不能挤出时可采用该步骤。加热打印喷头后,采用细长且刚度较大的工具疏通喉管或喷头,若仍不奏效,需更换一个新的喉管或喷头。

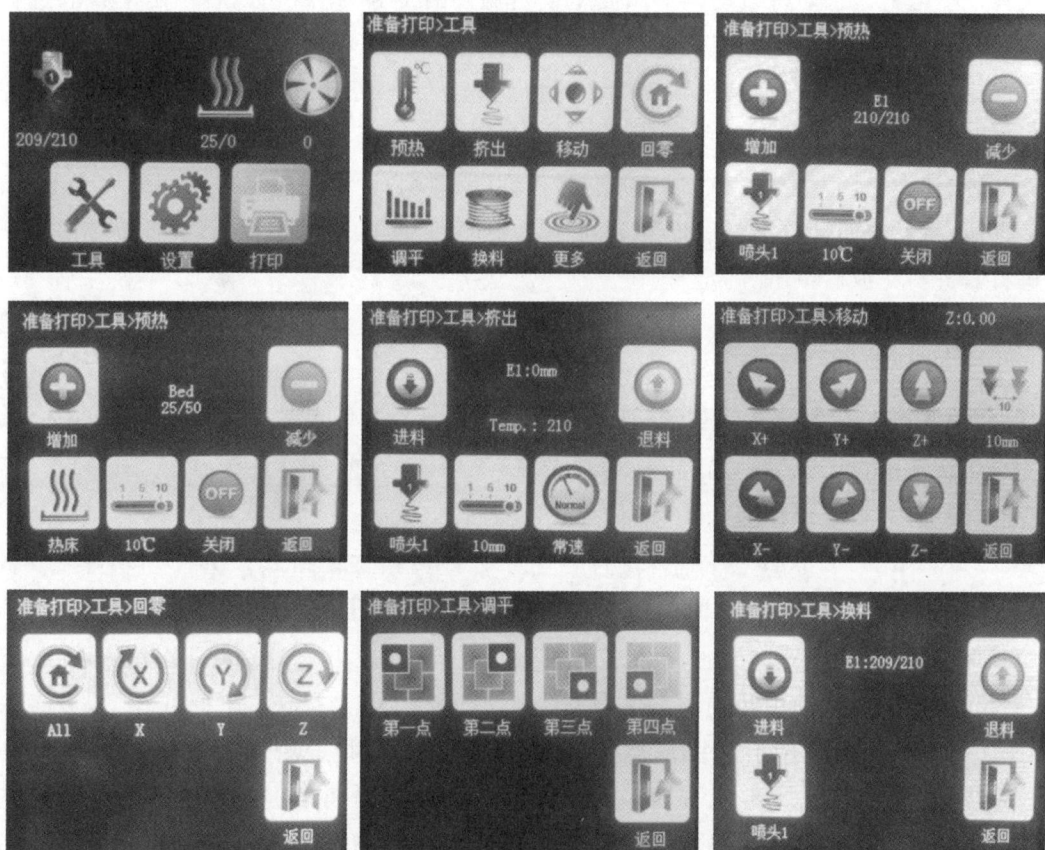

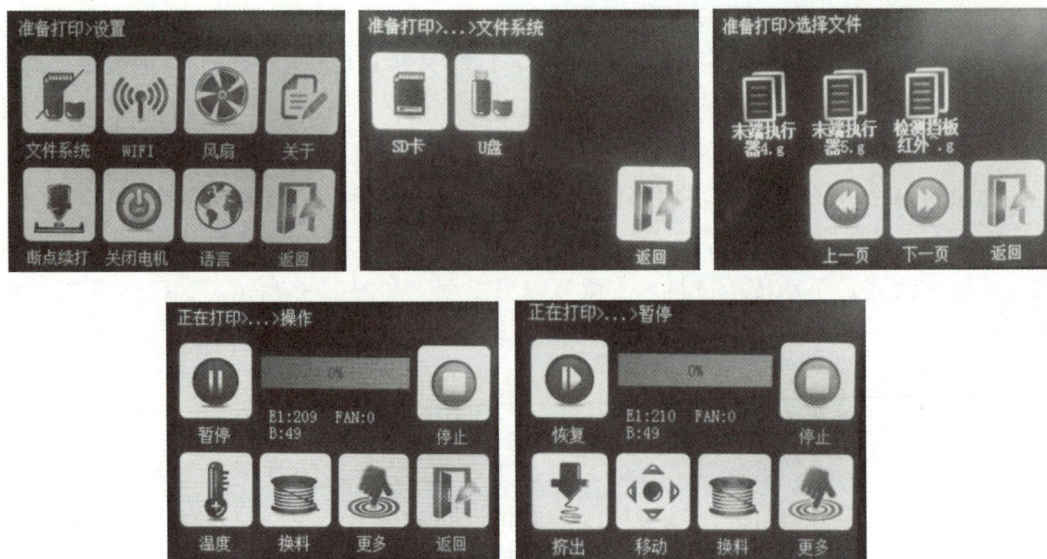

图 15-5　操作面板界面

知识讲解 3：换料（以 XHL-F335 讯恒磊科技 3D 打印机为例）

换料包括打印过程中换料和打印前换料。（1）打印过程中换料。①选择"暂停"→"换料"→"退料"，打印机自动调节温度至设定温度后退料，退料完成后拉出丝料取走料盘。②将新料盘挂在打印机料架上，将丝料一端穿过送料管。③同知识讲解 2 中的（1）③。④选择"返回"→"挤出"，根据实际情况选择"1mm/5mm/10mm"，点击"进料"按钮，直至喷头出料。⑤点击"恢复"按钮，打印机喷头自动升温后继续打印。（2）打印前换料。①同知识讲解 2 中的（1）①。②选择"返回"→"换料"→"退料"，退料完成后点击"确定"按钮，将丝料向外拉出。③同知识讲解 2 中的（1）②③。④选择"返回"→"换料"→"进料"，进料完成后单击"确定"按钮。

4. 任务实施

任务实施 1：绘制三维模型图，转换文件格式并设置打印参数

（1）在 Solidworks 2017 软件中，绘制图 15-2 所示的"前方红外传感器（圆形）支架"三维模型图，并将其保存为".stl"格式的文件。

（2）在 Cura-15.02.1 软件中，设置打印参数并转换文件格式。①打开软件"Cura-15.02.1"，选择"文件"→"读取模型文件"，在弹出的"打开 3D 模型"对话框中，选择第（1）步保存的".stl"格式的文件。②选中模型，单击软件左下角"Rotate"按钮，在模型上会出现旋转轴，拖动旋转轴调整模型如图 15-6 所示。③选择"基本"选项卡，设置参数如图 15-7 所示，打印不同零件时，需要根据具体情况设置填充密度等参数。④选择"高级"选项卡，设置参数如图 15-8 所示，打印不同零件时，需要根据具体情况设置填充速度、外壳速度、内壁速度等参数。⑤选择"专业设置"→"额外设置"，弹出"专业设置"对话框,设置参数如图15-9所示。⑥选择"文件"→"保存 GCode"或"Save toolpath"按钮 🖫,在弹出的"Save toolpath"对话框"文件名"栏中,输入"前方红外传感器(圆形)支架.gcode",单击"保存"按钮,将文件保存至 SD 卡或 U 盘。

图 15-6 旋转后的模型

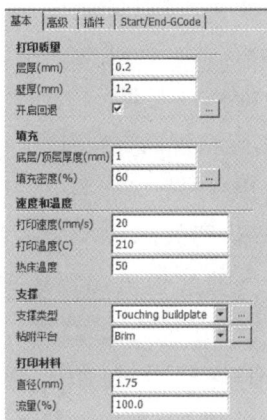

图 15-7 "基本"选项卡

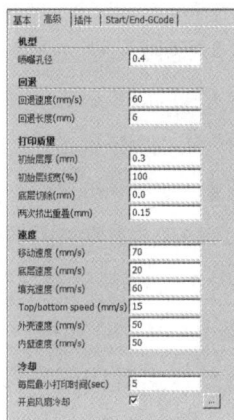

图 15-8 "高级"选项卡

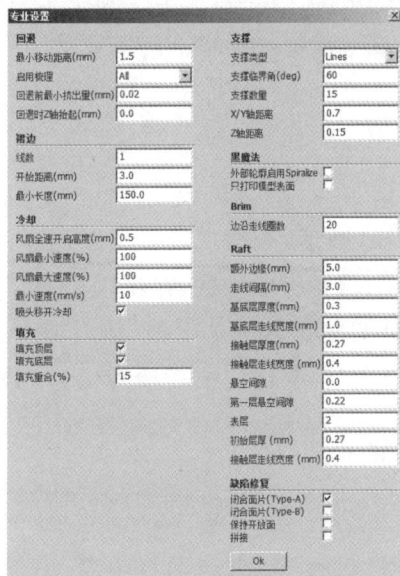

图 15-9 "专业设置"对话框

图 15-10 调平螺母

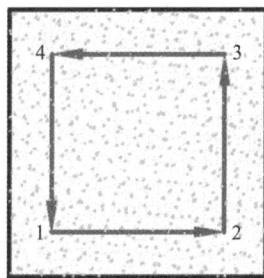

图 15-11 喷头移动轨迹

任务实施 2:调试 3D 打印机打印前方红外传感器(圆形)支架,清理保养 3D 打印机

(1)在 3D 打印机工作台上贴一层耐高温美纹胶带,以便打印模型更加贴合工作台,且便于打印完成后移除打印的模型。

(2)调节工作台成水平面。①打开位于 3D 打印机侧边的开关 ■。②如图 15-5 所示,在控制面板主页选择:选择"工具"→"回零"→"ALL"。③选择"返回"→"调平"→"第一点",旋转图 15-10 所示的蝶形螺母,调节工作台与喷头的距离约为一张名片的厚度。④按照图 15-11 所示轨迹移动喷头至 2、3、4 点,分别点击图 15-5 中的第二

点、第三点、第四点按钮,旋转蝶形螺母调节工作台与喷头之间的距离均约为一张名片的厚度。

(3)装入 PLA 材料。①将 PLA 材料料盘挂在打印机料架上,确保没有缠绕、打结等异常情况。②点击"返回"按钮,同知识讲解 2 中的(1)①②③。③点击"进料"按钮。④选择"返回"→"回零"→"ALL"。

(4)打印前方红外传感器(圆形)支架。①选择"返回"→"返回"→"设置"→"文件系统"→"SD 卡或 U 盘",根据实际情况,选择 SD 卡或 U 盘。②将保存有"前方红外传感器(圆形)支架.gcode"文件的 SD 卡或 U 盘插入 3D 打印机。③选择"返回"→"返回"→"打印"→选择"前方红外传感器(圆形)支架.gcode"文件→"确定",打印机开始打印。打印过程中若出现断丝等情况,参考知识讲解 2 处理。④打印完成后,关闭 3D 打印机开关█。

(5)取出打印的零件,清理、保养 3D 打印机。①从 3D 打印机中用铲刀等工具取出图 15-3 所示的前方红外传感器(圆形)支架。②清理 3D 打印机上的残渣杂物,清理耐高温美纹胶带,采用酒精(70%酒精或者 70%异丙醇)清洁工作台,保持工作台清洁。③保养 3D 打印机。比如,定期给 3D 打印机四周光轴打机油,注意:中间两根十字光轴不可上机油,否则容易损坏直线轴承;定期清理喷头、送丝器齿轮等零部件上的残渣异物;定期拉紧皮带等。

5. 任务总结

(1)在 Solidworks 2017 软件中,绘制前方红外传感器(圆形)支架三维模型图,并将其保存为".stl"格式的文件。(2)在 Cura-15.02.1 软件中,设置打印参数,并将模型保存为".gcode"格式的文件。(3)完成贴耐高温美纹胶带、调节工作台成水平面、装入 PLA 材料等操作,调试 3D 打印机打印前方红外传感器(圆形)支架,打印完成后清理保养 3D 打印机。

6. 课后复习与拓展

(1)试采用 3D 打印机一次打印 3 个前方红外传感器(圆形)支架。(2)打印大、小型零件时可能出现翘边、不易成型等问题,试分析其原因及解决方法。

第 2 模块　电子模块

项目 4　机器人电子元器件选型与应用

任务 16：机器人电子元器件选型

1. 思政元素与课前准备

系统观念首先是一种思想方法，即指从整体的、联系的、辩证的、发展的观念来认识事物和处理问题，从而统筹认识和把握事物发展规律。系统观念也是一种工作方法，指在推进工作中要兼顾工作的方方面面，做好综合平衡、整体推进。在实际运用中，大到统筹推进"五位一体"总体布局等，具体到每一项重点工程，如北斗卫星导航系统等，都需要用系统观念、系统方法进行处理。系统观念是思想方法和工作方法的统一。

系统性地认识世界，中华民族先民早已有之。带有朴素思想的系统观念，在《易经》中就有深刻论述，以不易、变易、简易的"三重"思想，把世界看成一个由基本矛盾关系所规定的阴阳结合的循环演化系统。中华民族先民这种朴素系统观念充分体现在其宇宙观、中医学说、军事理论、农业生产和大型工程实践之中。中华民族先民早期的整体思维和朴素的系统思想，在长期的历史积淀中，逐渐形成了中华民族注重整体和系统处理问题的思维方法。[①]

课前准备：计算机 1 台、电子元器件相关书籍资料等。

2. 任务描述

查阅电子元器件相关参数，选择合适的电子元器件组成机器人电子元器件系统，分析各电子元器件的电压与电流等参数，调整电子元器件以满足机器人电子元器件系统的要求，使机器人具备实现在图 1-2 所示路线上运动的功能。

---

① 摘自："坚持系统观念"是马克思主义中国化理论上的再推进.长江日报,2021 年 06 月 12 日.

3. 知识讲解

知识讲解1：电子元器件

电子元器件是机器、仪器的重要组成部分，其本身常由若干零件构成，可以在同类产品中通用；常指电器、无线电、仪表等工业的某些零件，是电容、晶体管、游丝、发条等电子器件的总称。

电子元器件主要包括电阻、电容、电感、电位器、电子管、散热器、机电元件、连接器、半导体分立器件、电声器件、激光器件、电子显示器件、光电器件、传感器、电源、开关、微特电机、电子变压器、继电器、印制电路板、集成电路、各类电路、压电、晶体、石英、陶瓷磁性材料、印刷电路用基材基板、电子功能工艺专用材料、电子胶（带）制品、电子化学材料及部品等。电子元器件在质量认证方面，国内有 CQC 认证，国外有欧盟的 CE 认证、美国的 UL 认证、德国的 VDE 和 TUV 认证等。

知识讲解2：串、并联电路的特点

(1)串联电路中，电流处处相等，电路两端的总电压等于各用电器两端电压之和。(2)并联电路中，干路电流等于各支路电流之和，各支路两端电压相等。(3)不论是串联电路还是并联电路，电路消耗的总电能等于各用电器消耗的电能之和，电路的总电功率等于各用电器消耗的电功率之和，电路产生的总电热等于各用电器产生的电热之和。(4)注意：绝对不能用导线将电源短路。

4. 任务实施

任务实施1：分析机器人电子元器件连接关系

如图 16-1 所示为以航模锂电池（大）为输入端的电子元器件连接关系，如图 16-2 所示为以航模锂电池（小）为输入端的电子元器件连接关系。

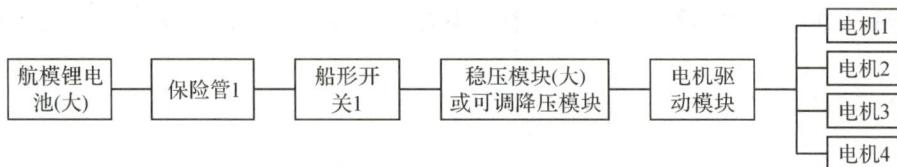

图 16-1　以航模锂电池（大）为输入端的电子元器件连接关系

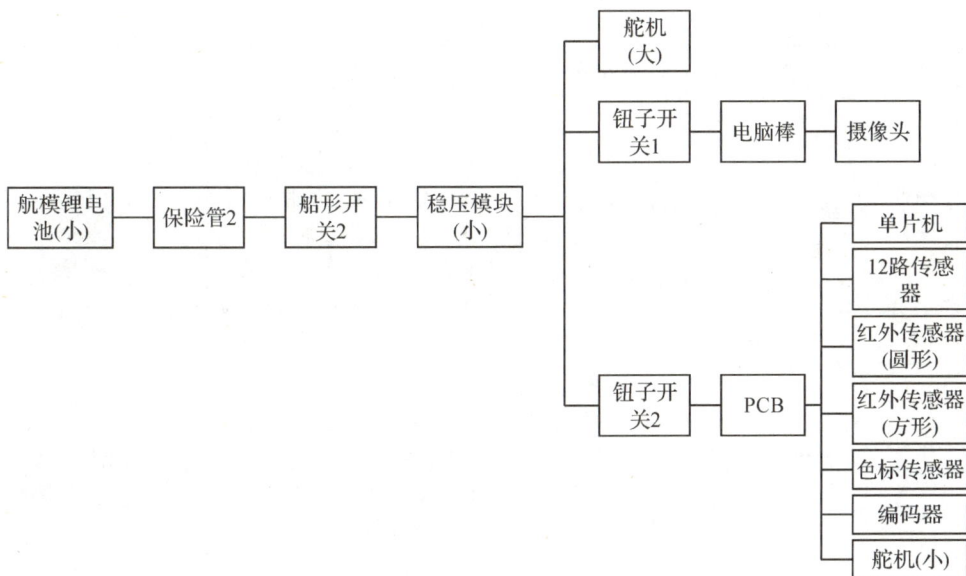

图 16-2　以航模锂电池(小)为输入端的电子元器件连接关系

这里需要说明的是,在航模锂电池(大)断电但 PCB 带电时,电机驱动模块的输入端会给稳压模块(大)输出端加载约 1.4V 的电压。必要情形下,为防止稳压模块(大)带电,可采用船形开关断开电机驱动模块和稳压模块(大)。

任务实施 2:查阅资料,选择电子元器件

利用网络、手册等,查阅电子元器件相关资料,得到电子元器件及其相关参数如表 16-1 所示。

表 16-1　电子元器件及其相关参数

序号	名称	功能	参数	接线说明	数量	实物图
1	航模锂电池(大)	为以航模锂电池(大)为输入端的电子元器件供电	22.2V(充满25.2V),70C,3300mAh	共 9 根线:输出端为红色正极端、黑色负极端,可用于充电(视充电器型号而定),红色正极端接保险管座中的保险管 1,黑色负极端接稳压模块(大)或可调降压模块;另外 7 根线用于充电或检测电量	1	
2	保险管 1	保障电路安全运行	10A、250V	装入保险管座中,连接航模锂电池(大)与船形开关 1	1	
3	船形开关 1	通断电路	6A、250V;10A、125V	连接保险管 1 与稳压模块(大)的红色正极端	1	

续表

序号	名称	功能	参数	接线说明	数量	实物图
4	稳压模块(大)	输出19V的稳定电压	输入电压为24V,输出电压为19V,最大输出电流为20A	共4根线:输入端为红色正极端、黑色负极端,分别连接船形开关、航模锂电池(大);输出端为黄色正极端、黑色负极端,连接电机驱动模块	1	
	可调降压模块	输出稳定的电压	输入电压为7~50V,输出电压为0~36V连续可调,最大输出电流为20A	共4个接线柱:Vin+(正极输入端)、Vin-(负极输入端)、Vout+(正极输出端)、Vout-(负极输出端),其连接可参考稳压模块(大)	1	
5	电机驱动模块	驱动电机转动	输入电压为24V,连续输出电流为20A,最大输出电流为50A,峰值电流可达200A	共18个引脚:输入端2个引脚,连接稳压模块(大)的黄色正极端、黑色负极端;或输入端连接可调降压模块;输出端8个引脚分别连接电机1-电机4;另外8个引脚连接PCB	1	
6	电机1-电机4	机器人的动力源	24V,900转/分,空载电流约0.6A,堵转电流约35A	每个电机均有2个引脚;电机上红点附近的引脚接电源正极	4	
7	航模锂电池(小)	为以航模锂电池(小)为输入端的电子元器件供电	14.8V(充满16.8V),2200mAh,35C	共7根线:输出端为红色正极端、黑色负极端,可用于充电(视充电器型号而定),分别连接保险管座中的保险管2、稳压模块(小);另外5根线用于充电或检测电量	1	
8	保险管2	保障电路安全运行	1A、250V	装入保险管座中,连接航模锂电池(小)与船形开关2	1	
9	船形开关2	通断电路	6A、250V;10A、125V	连接保险管2与稳压模块(小)的红色正极端	1	

序号	名称	功能	参数	接线说明	数量	实物图
10	稳压模块（小）	输出 5V 的稳定电压	12V 或 24V 转 5V，最大电流为 10A	共 4 根线：输入端为红色正极端、黑色负极端，分别连接船形开关 2、航模锂电池（小）；输出端为黄色正极端、黑色负极端，黄色正极端连接舵机（大）的红色正极端、钮子开关 1 和钮子开关 2，黑色负极端连接舵机（大）的棕色负极端、电脑棒的负极端、PCB 的负极端	1	
11	舵机（大）	伺服转动舵机轴至某一位置或某一角度	工作电压为 4.8～6.8 V，电流可达 2A	共 3 根线：红色正极端、棕色负极端，接稳压模块（小）；黄色信号端接 PCB	2	
12	钮子开关 1	通断电路	125V，6A	两端分别连接稳压模块（小）、电脑棒	1	
13	电脑棒	运行 Halcon12 软件，计算处理数据	5V，2A	共 2 根线：连接稳压模块（小）	1	
14	摄像头	识别图像	5V，约 0.04A	连接电脑棒	1	
15	USB 转 TTL 模块	用于电脑棒与单片机之间数据通信	5V 或 3.3V	共 6 根线：两端分别连接电脑棒与 PCB	1	
16	钮子开关 2	通断电路	125V，6A	两端分别连接稳压模块（小）、PCB	1	

续表

序号	名称	功能	参数	接线说明	数量	实物图
17	PCB	连接单片机、12路传感器等元器件	工作电压为5V	共2根线；连接钮子开关2、稳压模块（小）	1	
18	单片机	单片微控制器，可读取传感器等元器件的信号，控制机器人运动	工作电压为1.8～3.6V，有5V接口	插至PCB	1	
19	12路传感器	检测白线，用于机器人巡线	4～7V，约0.15A	共20根线，连接PCB	1	
20	红外传感器（圆形）	光电传感器，主要用于检测距离等	5V，0.1A	共3根线：红色正极端、绿色负极端、黄色信号端，连接PCB	2	
21	红外传感器（方形）	光电传感器，主要用于检测距离等	5V，0.01A	共3根线：红色正极端、黑色负极端、黄色信号端，连接PCB	2	
22	色标传感器	主要用于识别颜色	5V，0.1A	共3根线：红色正极端、绿色负极端、黄色信号端，连接PCB	4	
23	编码器	主要用于测量轮子转动的速度与距离等	5V或3.3V，0.1A	共6根线：V＋、GND、正交脉冲输出A（B）、电机两端电极M1（M2），连接PCB	1	
24	舵机（小）	伺服转动舵机轴至某一位置或某一角度	5～8.4V，约0.5A	共3根线：红色正极端、棕色负极端、黄色信号端，连接PCB	3	

任务实施3：分析各元器件的电压、电流，调整元器件以满足电路要求

（1）分析以航模锂电池（大）为输入端的电子元器件的电压、电流等参数。①查阅表16-1可知，航模锂电池（大）、保险管1、船形开关1、稳压模块（大）或可调降压模块、电机驱动模块、电机1-电机4能够满足电压要求。②综合分析机器人场地等运行环境，若一个电机的工作电流为5A，4个电机的工作电流为20A；查阅表16-1可知，电机驱动模块、稳压模块(大)或可调降压模块能够满足电流要求;计算船形开关 1、保险管 1 的最大功率分别为 1500W、2500W,24V 直流电压下其最大允许电流分别为 62.5A、104.2A,能够满足电流要求;航模锂电池(大)最大可提供 $3.3×70＝231(A)$ 的电流,可以满足电流要求。

(2)分析以航模锂电池(小)为输入端的电子元器件的电压、电流等参数。①查阅表 16-1 可知,航模锂电池(小)、保险管 2、船形开关 2、稳压模块(小)可以配合连接,输出 5V 的电压,能够满足舵机(大)等元器件的电压要求。②计算图 16-2 中 PCB 上元器件的电流约为 2.47A,钮子开关 2 满足电流要求;电脑棒、摄像头的电流约为 2.04A,钮子开关 1 满足电流要求;连接稳压模块(小)的元器件的电流约为 8.51A,因此稳压模块(小)、船形开关 2、保险管 2 均满足电流要求;航模锂电池(小)最大可提供 $2.2×35＝77(A)$ 的电流,满足电流要求。

5. 任务总结

(1)分别分析以航模锂电池(大)、航模锂电池(小)为输入端的电子元器件的连接关系。(2)查阅相关资料,系统选择机器人电子元器件及其相关参数。(3)分别分析以航模锂电池(大)、航模锂电池(小)为输入端的电子元器件的电压、电流等参数,调整元器件以满足机器人电子元器件系统的要求。

6. 课后复习与拓展

(1)试分析航模锂电池上标注的放电倍率 C 的具体含义,它与电池可提供的最大电流有什么关系?(2)试分析 USB 转 TTL 模块中的 TXD、RXD 引脚分别与单片机的哪些引脚相连接?

任务 17:抑制机器人电子元器件中的干扰

1. 思政元素与课前准备

"十四五"规划纲要明确提出"加强环境噪声污染治理",这是环境噪声污染治理有关内容首次纳入国民经济和社会发展规划。同时,全国人大常委会已将修改环境噪声污染防治法列入 2021 年度立法工作计划。据悉,修改将围绕强化规划源头防控、明确相关部门监管职责、准确界定防治对象、完善主要噪声源管理措施、强化违法处罚等方面展开,力争解决困扰噪声污染防治的问题,为社会生产生活的安静环境保驾护航。另外,噪声污染防治技术与产业快速发展,降噪沥青、高速声屏障等环境噪声与振动控制新技术、新设备、新材料的研究开发和工程应用,也为城市安宁提供了有力支撑。

在我国生态环境逐步向好的过程中,不受噪声污染,已经成为提升人民群众获得感幸福感安全感必不可少的一部分。政府、企业与社会齐心协力、共同防治,并在实现城市高质量发展的进程中妥善处理公共利益和个人利益的关系,才能让城市告别噪声污染,让更多人获得平静与安宁。[①]

习近平总书记在党的二十大报告中指出,深入推进环境污染防治。坚持精准治污、科学治污、依法治污,持续深入打好蓝天、碧水、净土保卫战。加强污染物协同控制,基本消除重污染天气。统筹水资源、水环境、水生态治理,推动重要江河湖库生态保护治理,基本消除城市黑臭水体。加强土壤污染源头防控,开展新污染物治理。提升环境基础设施建设水平,推进城乡人居环境整治。全面实行排污许可制,健全现代环境治理体系。严密防控环境风险。深入推进中央生态环境保护督察。[②]

课前准备:计算机 1 台、机器人样机 1 台等。

2. 任务描述

查阅资料,试分析机器人电子元器件中形成干扰的原因及抑制干扰的方法,并分析上拉、下拉电阻的接法及阻值。

3. 知识讲解

知识讲解 1:电磁干扰及其分类

(1)电磁干扰是干扰电缆信号并降低信号完好性的电子噪声。(2)电磁干扰主要包括传导干扰和辐射干扰两种。传导干扰是指通过导电介质把一个电网络上的信号耦合(干扰)到另一个电网络。辐射干扰是指干扰源通过空间把其信号耦合(干扰)到另一个电网络。传导干扰在低频中十分常见,而辐射干扰在高频中更为常见。(3)对于传导干扰而言,可以将电路理论和数学知识结合起来,分析电磁干扰对各种元器件特性的影响;对于辐射干扰而言,由于电路中存在不同干扰源的综合作用,又涉及电磁场等理论,需要综合分析。

知识讲解 2:反射式滤波器与吸收式滤波器

(1)反射式滤波器,在电磁信号传输路径上形成阻抗特性不连续,使大部分电磁能量反射回信号源处。主要采用电感 L、电容 C 等元件组成的无源网络,在低通滤波器中,通过并联一个低阻抗电容,减小负载的干扰电流,通过串联一个高阻抗电感,减小负载的干扰电压。(2)吸收式滤波器,采用有损耗的滤波元件,使干扰信号能量消耗在滤波器中,以达到抑制干扰的目的。吸收式滤波器可避免反射式滤波器因寄生参数效应或阻抗不匹配引起的谐振,但其频率选择性较差。可采用以下方法构建吸收式滤波器:①铁

---

① 摘自:防治噪声污染须久久为功(人民时评).人民日报,2021 年 07 月 14 日 05 版.

② 摘自:习近平:高举中国特色社会主义伟大旗帜 为全面建设社会主义现代化国家而团结奋斗——在中国共产党第二十次全国代表大会上的报告.新华社,2022 年 10 月 16 日.

氧体磁心,将导线穿过或缠绕在铁氧体材料上,滤除高频电磁干扰;②抗干扰电缆,将铁氧体材料填充在同轴电缆的内、外导体之间,滤除高频电磁干扰。

知识讲解3:接地技术

(1)所谓接地,是将某点与一个等电位点或等电位面用低电阻导体连接起来,构成一共基准电位。接地的目的在于消除公共地线阻抗所产生的共阻抗耦合干扰,避免磁场和电位差的影响,即避免形成地电流环路。(2)接地分为一点接地和多点接地,如图17-1所示,其中,A_1、A_2 和 A_3 为需要接地的电路;当信号工作频率小于 1MHz 时,信号电流通过电路产生的感抗、容抗较小,可采用一点接地;当信号工作频率大于 10MHz 时,信号对电感和电容较为敏感,可采用多点接地;当信号工作频率为 1～10MHz 时,若地线长度不超过波长的 1/20,采用一点接地,否则采用多点接地。(3)可选用高性能的地线,提升抗干扰性能。

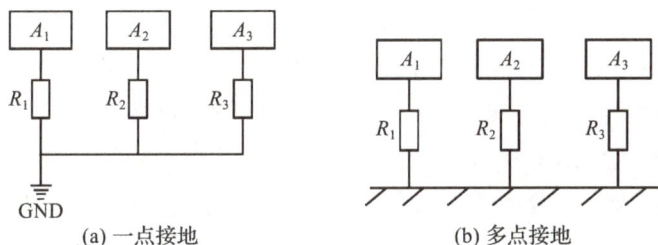

图 17-1 接地方式

4. 任务实施

任务实施1:分析机器人电子元器件中形成干扰的原因

如图17-2所示,形成干扰的三要素为干扰源、传播通道和受扰对象。

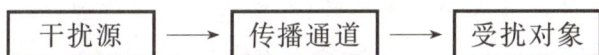

图 17-2 形成干扰的三要素

1.干扰源

(1)根据来源,干扰源可分为自然干扰源和人为干扰源。(2)自然干扰源主要体现为自然现象,例如,雷雨天的闪电雷击,以及静电放电等,可能会产生强大的瞬间电流和电磁脉冲。(3)人为干扰源主要来自以下几个方面:①不稳定的供电系统,比如,由于过压、欠压、浪涌、瞬变脉冲、尖峰脉冲等产生的干扰;②设备运行时的干扰,大功率的电气设备产生的磁场及高压高频电气设备产生的电场都可能产生干扰信号;③设备启停时的干扰,比如,数字电路的门电路频繁的导通、截止产生的高频电磁干扰,通断电子设备时急剧变化的电流,产生的具有较宽频谱的干扰等。

2.传播通道

干扰传播通道主要包括:(1)来自电网的干扰,将不稳定供电系统的干扰进行传播;

(2)来自地线的干扰,许多电子元器件往往共用一个直流电源,当各电路的电流流过地线导体电阻时便会产生电压降,从而产生噪声干扰信号;(3)来自信号通道的干扰,周围空间电磁场、信号线间的串扰(尤其是信号频率相近时)等因素,导致信号发生畸变或失真。电磁干扰采用传导干扰和辐射干扰的形式传播,具体可参考知识讲解1。

3.受扰对象

下述原因可能导致电子元器件成为受扰对象:(1)电子元器件质量差,抗干扰能力低;(2)元器件驱动功率不足或处于临界状态;(3)远距离数据传输导致加载在电子元器件上的电压偏低。

任务实施2:分别针对干扰源、传播通道和受扰对象抑制机器人电子元器件中的干扰

1.针对干扰源抑制干扰

(1)采用电源滤波技术,为机器人提供稳定的电源。(2)采用屏蔽技术,防止干扰源向外辐射干扰电磁波:①采用铜、铝等材料做成的屏蔽罩包裹干扰源,利用涡电流产生的反磁场抵消高频电磁场的干扰,抑制磁通穿出罩外;②将屏蔽罩外壳接地,屏蔽罩外壳无电流变化,防止电力线穿出罩外;③干扰电磁波频率越高,屏蔽罩需越严密。

2.针对传播通道抑制干扰

(1)针对电网干扰,配置滤波电路滤除干扰。常见的滤波电路主要包括电容滤波、电感滤波与复式滤波等。(2)采用接地技术,滤除来自地线的干扰,参考知识讲解3,根据信号工作频率、地线长度与波长选择一点接地或多点接地。(3)针对信号通道的干扰,可采取如下抗干扰方法:①采用屏蔽线屏蔽干扰,以抑制电磁波的辐射和传导以及高次谐波引发的噪声电流,屏蔽线的末端需要退出绝缘层2~4mm做拉直或90°弯曲处理,且屏蔽层应可靠接地;传输高频信号的屏蔽线要远离电源线和其他脉冲信号线。②采用抗干扰磁环抑制干扰,抗干扰磁环直接卡在电源线上,对于消除电路中开关引起的瞬变电流或寄生振荡产生的高频振荡较为有效;在抑制高频干扰时,宜选用镍锌铁氧体,反之则用锰锌铁氧体,在同一束电缆上同时套上镍锌和锰锌铁氧体,可抑制的干扰频段较宽;磁环内径一定要紧包电缆,避免漏磁;磁环的安装位置应靠近干扰源,即紧靠电缆的进出口。(4)其他方法,比如,减少布线回路面积,避免出现大环形,降低感应噪声;电源线和地线的性能良好,降低耦合噪声;噪声敏感线不要与高速线、大电流线平行。

3.针对受扰对象抑制干扰

(1)选购一级品的元器件,特别是单片机、晶振、RAM等;使用先进材料,减少传输过程中自身的损耗。(2)采用大功率、高稳定、低阻抗的电源,减少电源产生的纹波及谐波干扰,以及电源开启、切断时瞬时过电流的冲击。(3)电路中相互关联的器件应该尽量靠近,避免远距离传输,降低传输过程中的损耗,若接线超过0.8m,最好提高传送的电压或电流,以减少信号的衰减或减少干扰引起的信号失真。工作频率接近或电平相差大的元器件需远离,以免相互干扰。(4)远离干扰源或加屏蔽罩,且屏蔽罩接地,可减少电磁辐射的干扰。(5)利用滤波技术降低干扰,比如,反射式滤波器或吸收式滤波器等滤波器、滤波算法等。

任务实施 3：上拉、下拉电阻及其阻值

上拉或下拉就是将不确定的信号通过一个电阻钳位在高电平或低电平。如图 17-3 所示，为了增强单片机输出引脚 1 或输出引脚 2 的驱动能力，使得输出引脚的电压稳定在高电平或低电平，引入上拉电阻 R_1 或下拉电阻 R_2。上拉电阻 R_1 的一端接 V_{CC}，另一端接信号端；下拉电阻 R_2 的一端接 GND，另一端接信号端。

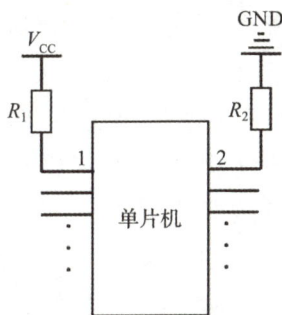

图 17-3　上拉电阻与下拉电阻示意图

选择上拉电阻阻值的原则主要包括以下几个方面：(1)从节约功耗及芯片的灌电流能力考虑，电阻应当足够大；电阻大，电流则会较小。(2)从确保足够的驱动电流考虑，电阻应足够小，电流则会较大。(3)对于高速电路，过大的上拉电阻可能会导致上拉图形边沿变平缓。综合考虑以上方面，上拉电阻阻值一般为 $1\sim10\,k\Omega$。常用的上拉电阻阻值为 $4.7\,k\Omega$、$5.1\,k\Omega$ 和 $10\,k\Omega$，本机器人中选取 $4.7\,k\Omega$ 的上拉电阻。下拉电阻的选择和上述上拉电阻相类似，这里不再赘述。

5. 任务总结

(1)从干扰源、传播通道和受扰对象三方面，分析机器人电子元器件中形成干扰的原因。(2)针对干扰源、传播通道和受扰对象，分别分析抑制机器人电子元器件干扰的方法。(3)分析上拉、下拉电阻的作用、接法及阻值。

6. 课后复习与拓展

(1)试分析电容滤波、电感滤波与复式滤波等常见滤波电路的特点。(2)试分析 RC-π 型滤波中电容与电阻的具体连接方式。

任务 18：电机与舵机

1. 思政元素与课前准备

青年最具创新热情、最具创新动力。青年的创造活力能否竞相迸发、青年的聪明才智能否充分涌流,关乎党和国家事业的兴衰成败,关乎民族复兴宏伟目标能否顺利实现。站立时代潮头,新时代青年要开拓进取、锐意创新。要认真学习马克思主义理论特别是党的创新理论,掌握马克思主义看家本领,形成洞悉社会和人生、时代和世界的科学视野和敏锐眼光;提升专业素养、丰富专业知识,提高专业能力、增强专业本领,敢于到前沿领域创新创造,实现新突破,取得新成果;坚持马克思主义群众观点,放下架子、扑下身子、沉到一线,向群众学习、做群众的学生,把基层的广阔天地作为创新创造的舞台,以创新创造成果为群众解难题、办实事,让创造力永不枯竭。

实现第二个百年奋斗目标的宏大画卷已经徐徐铺开。当代青年要在画卷上书写怎样的精彩?党和人民都殷切期待。激发青春的能动力和创造力,践行"请党放心、强国有我"的青春誓言,在实现中华民族伟大复兴的时代洪流中踔厉奋发、勇毅前进,新时代青年一定能以青春之我创造更加美好的中国。①

课前准备:电机 1 个、舵机(小)1 个、舵机(大)1 个等。

2. 任务描述

分析本机器人中电机与舵机的关键参数及选择要求。分析常见电机与舵机的类型及特点。在上述基础上,选择机器人所需的电机与舵机。

3. 知识讲解

知识讲解 1：电动机及其分类

(1)电机泛指能使机械能转化为电能、电能转化为机械能的一切机器,特指发电机和电动机。(2)发电机是将其他形式的能源转换成电能的机械设备,它由水轮机、汽轮机、柴油机或其他动力机械驱动,将水流、气流、燃料燃烧或原子核裂变产生的能量转化为机械能传给发电机,再由发电机转换为电能。从原理上发电机分为同步发电机、异步发电机、单相发电机、三相发电机。从产生方式上发电机分为汽轮发电机、水轮发电机、柴油发电机、汽油发电机等。从能源上分,发电机分为火力发电机、水力发电机等。(3)电动机是将电能转换成机械能的一种设备,它是利用通电线圈(也就是定子绕组)产生旋

---

① 摘自:激发青春的能动力和创造力(思想纵横).人民日报,2022 年 06 月 28 日 09 版.

转磁场并作用于转子(如鼠笼式闭合铝框),形成磁电动力旋转扭矩。按照供电电源类型,电动机的分类如图 18-1 所示。

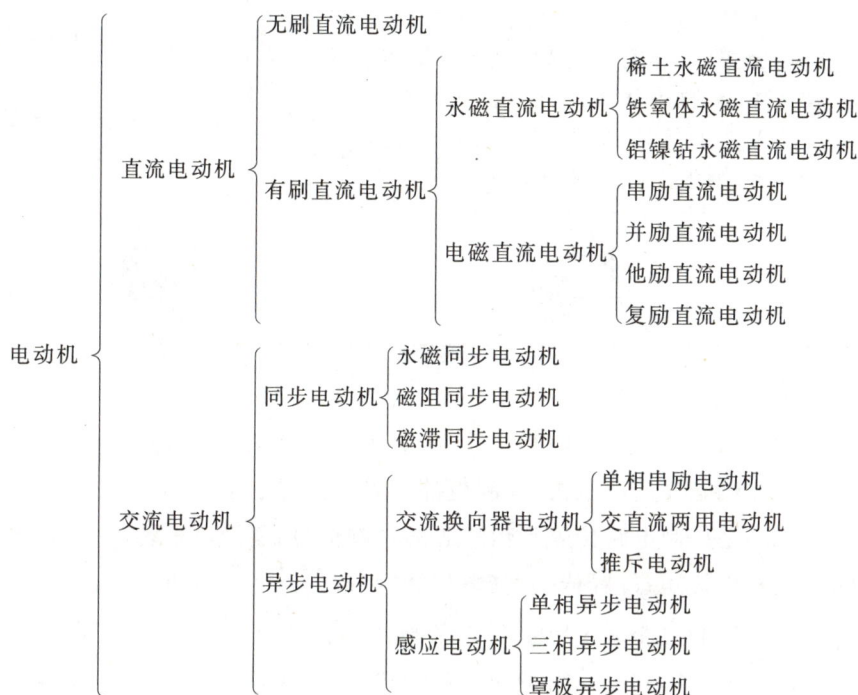

图 18-1　电动机的分类

知识讲解 2:有刷直流电动机与无刷直流电动机

有刷直流电动机与无刷直流电动机的区别,如表 18-1 所示。

表 18-1　有刷直流电动机与无刷直流电动机的区别

直流电动机类型	有刷直流电动机	无刷直流电动机
组成	由主磁极(常连接在外壳上)、转子、换向器等组成,一般是内转子构造,转子极数有 3 极、5 极、7 极、10 极、12 极等	由定子、转子、换向器等组成,采用内转子构造或外转子构造,极数有 6 槽 4 极、9 槽 6 极、10 槽 8 极、12 槽 10 极等
连线	2 根线,交换正负极连线,不会烧坏电动机,电动机会反转;电压升高,则转速增快,力矩增大	常见 5 根线,由正极线、负极线、正反转控制线、调速控制线、FG 信号线(输出脉冲)等组成;正负极不能接错,否则会烧毁驱动器

续表

直流电动机类型	有刷直流电动机	无刷直流电动机
换向器形式及特点	机械式换向器,在高速旋转中,易磨损,且会产生火花,故具有噪声大、电磁干扰大、寿命短、损耗大、效率低等缺点;同时具有结构简单、便于控制、价格低等优点	电子式换向器,无火花,故具有噪音小、干扰小、寿命长、效率高等优点;同时具有结构较复杂、价格高等缺点
示意图		

知识讲解 3:舵机

(1)舵机是一种位置(角度)伺服的驱动器,主要用于位置(角度)需要不断变化,并可以保持的场合。(2)舵机主要是由电机、控制电路、齿轮组、位置传感器(电位计)与外壳等组成。(3)工作原理是控制电路接收到信号源的控制信号,驱动电机转动;齿轮组降低输出轴的转速,增大输出扭矩;位置传感器(电位计)和齿轮组的末级齿轮一起转动,电位计的电阻会发生变化;控制电路通过电阻变化精确调节转动的角度,控制舵机转动并保持至目标角度。(4)①舵机中的齿轮组主要包括塑料齿轮、金属齿轮、混合齿轮等。②塑料齿轮成本低、噪声小,但强度较低。③金属齿轮强度高,但成本高,当装配精度不高时会产生较大噪声。④小扭矩舵机、微舵、扭矩大但功率密度小的舵机一般采用塑料齿轮,功率密度较高的舵机一般采用金属齿轮,混合齿轮的性能介于塑料齿轮和金属齿轮之间。(5)180°舵机与 360°舵机:①180°舵机可以控制角度,360°舵机只能控制速度和方向;②180°舵机不能连续、完整转一圈,360°舵机可以连续、完整转多圈。

4. 任务实施

任务实施 1:分析机器人电机与舵机的关键参数及选择要求

电机的关键参数主要包括外形尺寸、额定转矩、堵转转矩、额定电压、额定转速、额定电流等。选择机器人电机时,需考虑以下要求:(1)外形尺寸与安装尺寸要能够满足空间要求,重量要轻;(2)具有较大的额定转矩与堵转转矩;(3)电机的额定电压能够匹配稳压模块(大)或可调降压模块的输出电压;(4)额定转速能满足要求;(5)与机器人其他元件能够配合连接,比如,电机的电流能够与航模锂电池(大)的最大电流相匹配等。

舵机的关键参数主要包括外形尺寸(mm)、扭矩(kg·cm)、工作电压(V)、转速(sec/60°)及重量(g)等。选择机器人舵机时,需考虑以下要求:(1)外形尺寸与安装尺寸要能够满足空间要求,重量要轻;(2)能够带动零部件的转动,扭矩有 150%甚至更高的余量;(3)能与稳压模块(小)等元器件相匹配。

任务实施2：分析常见的电机与舵机

1. 微型直流电机

微型直流电机是输出或输入为直流电能的旋转电机,一般具有如下特点:(1)它通常只有两根引线;(2)增加电压即可提高转速,但不可超过最大允许电压;(3)交换正、负接线可改变转动方向;(4)驱动电路可由单片机控制,实现正反转和调速;(5)体积一般都比较小,特别适合安装于空间较小的场合;(6)可在微型直流电机上增加减速箱,增大输出扭矩。

2. 步进电机

(1)步进电机是一种将脉冲信号转变为角位移或线位移的开环控制的电机。可通过控制脉冲个数控制角位移量,由于是开环控制,转动角度可能会存在一定偏差,因此可考虑安装编码器实现闭环反馈控制,提高转动精度。(2)步距角是指驱动器接收到一个脉冲信号,驱动步进电机按设定的方向转动一个固定的角度,比如,电机转一圈为200步,则步距角为$1.8°(360°/200=1.8°)$。步距角越小,步进电机旋转精度越高,对控制系统要求也越高。

3. 伺服电机

(1)采用伺服控制电路、传感器或编码器等闭环控制电机的转速与位置,即伺服电机接收到一个脉冲信号就会旋转一个脉冲对应的角度,每旋转一个角度就会产生对应数量的脉冲,从而闭环控制电机精确转动,精度可达0.001mm,可适用于高速场合。(2)伺服电机在某个电机上加了反馈控制,若该电机为直流电机则为直流伺服电机,若该电机为交流电机则为交流伺服电机。直流伺服电机可分为有刷直流伺服电机和无刷直流伺服电机等类型。

步进电机和伺服电机的区别主要有:(1)控制原理不同。步进电机采用开环控制,伺服电机采用闭环控制。(2)控制方式不同。步进电机通过控制脉冲的个数控制转动角度,伺服电机通过控制脉冲时间的长短控制转动角度。(3)低频特性不同。步进电机在低速时易出现低频振动现象,一般采用阻尼技术或细分技术克服,伺服电机在低速时不会出现振动现象。(4)矩频特性不同。步进电机的输出扭矩随转速升高而下降,伺服电机在额定转速内为恒力矩输出,在额定转速以上为恒功率输出。(5)应用场合不同。步进电机适合需要精确定位和低速运动控制的场合,而伺服电机则适合需要高速、高精度、复杂运动控制的场合。

4. 舵机

(1)舵机相当于一个低端的伺服电机系统,其类型主要包括模拟舵机、数字舵机和总线舵机等。(2)数字舵机与模拟舵机:①控制电路上,数字舵机的控制电路比模拟舵机多了微处理器和晶振;②输入信号方式上,数字舵机只需要发送一次PWM信号就能保持至设定位置,模拟舵机需要发送多次PWM信号才能够保持至设定位置;③数字舵机比模拟舵机反应更快,定位精度更高,抗干扰能力更强。(3)总线舵机,即串行总线智能舵机,可理解为数字舵机的衍生品,布线结构美观,占用端口少,控制精准,能反馈位置、温度、负载、速度及电压等数据。

任务实施 3：选择机器人所需的电机与舵机

本机器人中有 4 个电机，查阅微型直流电机、步进电机与伺服电机等电机的外形尺寸、额定转矩、堵转转矩、额定电压、额定转速与额定电流等关键参数，最终选择微型直流电机如图 18-2(a) 所示，该电机外形尺寸为 88mm×30mm×46.5mm，堵转扭矩可达 12N·m（约 120kg·cm），额定电压 24V，额定转速 900 转/分，空载电流约 0.6A，堵转电流 35A。

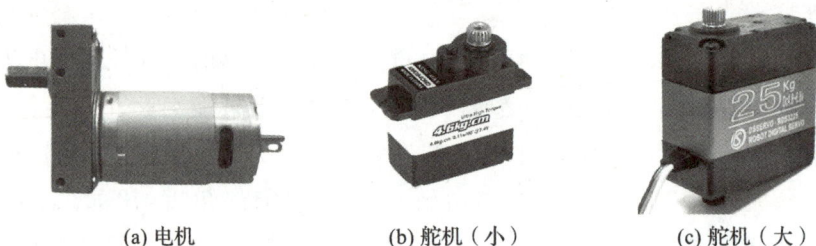

(a) 电机　　　　　　　(b) 舵机（小）　　　　　(c) 舵机（大）

图 18-2　机器人的电机与舵机

分析数字舵机、模拟舵机与总线舵机的功能，查阅舵机的外形尺寸、扭矩、工作电压、转速及重量等关键参数，舵机（小）和舵机（大）均选择数字舵机。选择的舵机（小）如图 18-2(b) 所示，其外形尺寸为 32.05mm×11.5mm×29.25mm，工作电压 5～8.4V，工作电压为 5V 时扭矩 0.05N·m（约 0.5kg·cm），工作电压为 5V 时转速为 0.14sec/60°，重量 13g。选择的舵机（大）如图 18-2(c) 所示，其外形尺寸为 40mm×20mm×40.5mm，工作电压为 5～8.4V，工作电压为 5V 时扭矩为 2.2N·m（约 22kg·cm），工作电压为 5V 时转速 0.15sec/60°，重量为 65g。

5. 任务总结

(1)分析机器人电机与舵机的关键参数及选择要求。(2)分析常见的微型直流电机、步进电机、伺服电机与舵机的特点。(3)在上述基础上，选择机器人所需的电机与舵机。

6. 课后复习与拓展

(1)请问如何计算直流电动机的额定功率与额定转矩？(2)请问如何在直流电动机上安装编码器？

任务 19：航模锂电池

1. 思政元素与课前准备

(1)①2020 年 9 月 22 日，在第七十五届联合国大会一般性辩论上，国家主席习近平向全世界郑重宣布——中国"二氧化碳排放力争于 2030 年前达到峰值,努力争取 2060 年前实现碳中和"。②碳达峰是指某个地区或行业年度二氧化碳排放量达到历史最高值,然后经历平台期进入持续下降的过程,是二氧化碳排放量由增转降的历史拐点。达峰目标包括达峰年份和峰值等内容。③碳中和是指国家、企业、产品、活动或个人在一定时间内直接或间接产生的二氧化碳或温室气体排放总量,通过植树造林、节能减排等形式,实现正负抵消,达到相对"零排放"。(2)二氧化碳是一种温室气体,大量排放导致全球平均气温正以前所未有的速度上升,全球平均气温的上升导致冰川融化,海平面上升,生态系统遭到严峻的挑战。为了人类赖以生存的地球环境,为了我们赖以生存的家园,人类必须做出行动,控制二氧化碳的排放,努力实现碳达峰和碳中和。(3)①实现碳达峰碳中和的目标,需要统筹协调、明确路径、综合施策,能源体系改革是根本途径,重点领域转型是重要抓手,技术创新是关键引擎,碳汇能力提升是重要补充,治理体系变革是基础保障。②作为个人,我们可以从衣、食、住、行做起,比如,衣服尽量做到够穿就行,节约资源;节约每一粒粮食,少用一次性餐具;节约水资源和电能源,生活垃圾分类处理;短途出行尽量骑自行车或步行,长途出行尽量乘坐公共交通工具,私家车尽量选用新能源汽车等。

习近平总书记在党的二十大报告中指出,积极稳妥推进碳达峰碳中和。实现碳达峰碳中和是一场广泛而深刻的经济社会系统性变革。立足我国能源资源禀赋,坚持先立后破,有计划分步骤实施碳达峰行动。完善能源消耗总量和强度调控,重点控制化石能源消费,逐步转向碳排放总量和强度"双控"制度。推动能源清洁低碳高效利用,推进工业、建筑、交通等领域清洁低碳转型。深入推进能源革命,加强煤炭清洁高效利用,加大油气资源勘探开发和增储上产力度,加快规划建设新型能源体系,统筹水电开发和生态保护,积极安全有序发展核电,加强能源产供储销体系建设,确保能源安全。完善碳排放统计核算制度,健全碳排放权市场交易制度,提升生态系统碳汇能力,积极参与应对气候变化全球治理[①]。

课前准备:航模锂电池(大)1 块、航模锂电池(小)1 块、iMax B6AC 充电器 1 个、T 插并充板 1 块、XT60 插并充板 1 块、T 插转 XT60 插 1 根、BB 响低压报警器 1 个等。

2. 任务描述

根据机器人电流、电压等参数的要求,选择航模锂电池(大)和航模锂电池(小)。以 iMax B6AC 充电器为例,给出航模锂电池正常充电、长时间停用时充电、长时间停用时放电的具体操作步骤及注意事项。设置 BB 响低压报警器的报警电压,并检验航模锂电池的电量。

---

① 摘自:习近平:高举中国特色社会主义伟大旗帜 为全面建设社会主义现代化国家而团结奋斗——在中国共产党第二十次全国代表大会上的报告. 新华社,2022 年 10 月 16 日。

3. 知识讲解

知识讲解 1：航模电池的分类

(1)航模电池可分为镍镉电池、镍氢电池、锂电池等。镍镉电池、镍氢电池有记忆效应，能量密度比锂电池小，锂电池在航模中具有广泛应用。(2)根据锂电解质的不同，锂电池可分为液态锂离子电池(LiB)和聚合物锂离子电池(LiP)两种，聚合物锂离子电池在航模中应用最为广泛。聚合物锂离子电池单节电芯由铝箔软包封装，具有超薄化特征，可以将多种容量的电池制成不同的形状，从而满足产品外形的要求。

知识讲解 2：航模锂电池的参数

(1)电压。航模锂电池单节电芯的电压须保持在 3.7～4.2V 范围内使用。若低于2.75V 会膨胀，内部的化学液体会结晶，可能会刺穿内部结构层造成短路，甚至锂电电压变为零。单节电芯的充电电压不得超过限制电压 4.2V，4.25V 为最高极限充电电压，若超过此电压，航模锂电池内部化学反应过于激烈，会鼓气膨胀，若继续充电则可能会发生燃烧。(2)容量。航模锂电池的容量决定了最大工作时间，容量越大提供的电能也越大，但重量和体积也会越大。单位通常用 mAH(毫安时)或 AH(安时)表示，例如某电池容量是 2600mAH，表示能以 2600mA(2.6A)的电流放电一个小时，或者以 26A 的电流放电 0.1 个小时(6 分钟)。(3)节数。①单节电芯标称电压是 3.7V，若要获得更高电压就要串联多节电芯。通常采用字母"S"表示电芯串联，如 2S 表示 2 节电芯串联(电压是7.4V)。②电芯串联能增加电池电压但容量不变，增加容量需要并联，通常用字母"P"表示电芯并联，如将 2 个 2600mAH 的电芯并联后，容量为 5200mAH，但电压不变。(4)最大放电倍率(C)。放电倍率是指电池放电电流的数值为额定数值的倍数，用 1C 放电倍率的电池可以持续放电 1 小时。采用最大电流持续放电时的放电倍率为最大放电倍率(C 数)，电池最大持续放电电流等于容量乘以最大放电倍率(C 数)。若一个 2600mAH的电池最大放电倍率为 25C，最大持续放电电流为 2600mA×25＝65000mA＝65A，持续放电时间为 60/25＝2.4(分钟)。(5)内阻。①锂离子电池在工作时，电流流过电池内部所受阻力的大小，可用内阻表示。②电池内阻大，会产生大量焦耳热，引起电池温度升高，导致电池放电电压降低，放电时间缩短，会对电池性能、寿命等产生严重影响。③锂电池内阻通常在几毫欧到几十毫欧之间。内阻小的电池大电流放电能力强(最大放电倍率大)，内阻大的电池大电流放电能力弱。④成品电池尽量用内阻接近的单节电芯组合，以免影响电池性能。

知识讲解 3：平衡充

(1)平衡充是一种能为锂电池充电的充电器，能使串联的各节电芯达到彼此相对平衡的状态。(2)如图 19-1 所示的 iMax B6/B6AC 充电器是一款多功能智能充电器，它支持 6S 聚合物锂离子电池的平衡充电方式，充电电流可达 6A(80W)，放电电流可达 2A(10W)。(3)如图 19-1(a)所示为 iMax B6 充电器，须外连电源适配器。如图 19-1(b)所示为 iMax B6AC 充电器，其电源适配器是内置的，无需再外接适配器。如图 19-1(c)为iMax B6AC 充电器的按键。

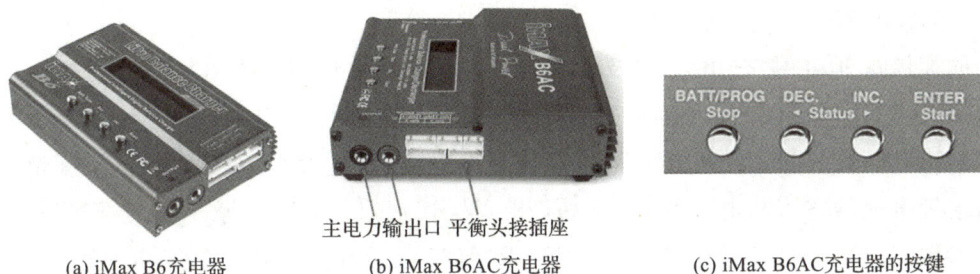

主电力输出口　平衡头接插座

(a) iMax B6充电器　　(b) iMax B6AC充电器　　(c) iMax B6AC充电器的按键

图 19-1　iMax B6/B6AC 充电器及其按键

4. 任务实施

任务实施 1：选择航模锂电池

综合分析机器人电流、电压等参数，参考任务 16 机器人电子元器件选型的相关内容，选择航模锂电池（大）、航模锂电池（小），如图 19-2 所示。注意：航模锂电池若出现鼓胀、破裂、漏液等情况，必须立即停止使用。

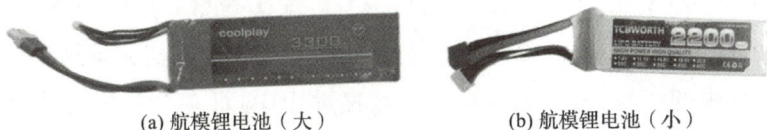

(a) 航模锂电池（大）　　　　(b) 航模锂电池（小）

图 19-2 航模锂电池

任务实施 2：以 iMax B6AC 充电器为例，给出航模锂电池充、放电步骤

(1)硬件连接。

①将航模锂电池的平衡头（7 根线或 5 根线的插头），插入图 19-1(b)所示 iMax B6AC 充电器的平衡头接插座。②在图 19-1(b)所示 iMax B6AC 充电器的主电力输出口中，插入 XT60 插主线或 T 插主线的圆形插口端，XT60 插主线或 T 插主线的另一端插入航模锂电池（大）或航模锂电池（小）。注意：一定要正确连接锂电池的正负极，否则会导致烧毁、起火等事故。③将 220V 电源线插入 iMax B6AC 充电器中。④根据具体情况，可选择图 19-3 所示的 T 插转 XT60 插、T 插并充板或 XT60 插并充板完成充电。

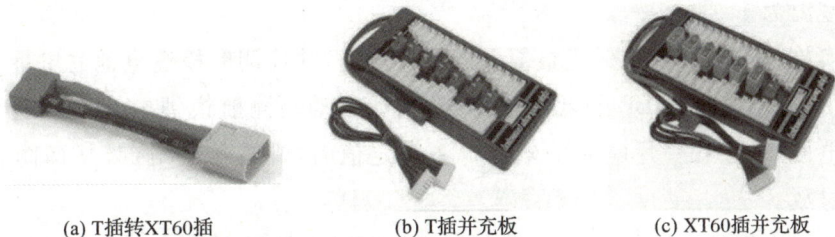

(a) T插转XT60插　　　　(b) T插并充板　　　　(c) XT60插并充板

图 19-3　T 插转 XT60 插与并充板

（2）按键操作。

航模锂电池正常充电步骤及注意事项：①按下"BATT/PROG"键，选择"LiPo BATT"→按下"ENTER"键，多次按下"DEC"键，选择"LiPo BALANCE"→按下"ENTER"键、按"DEC"键与"INC"键，设定充电电流（这里设为 1.0A），根据实际情形设定航模锂电池的电压与电芯片数，比如，22.2V(6S)、14.8V(4S) 等→短按"ENTER"键确认参数，长按"ENTER"键，短按"ENTER"键确认后开始充电。②充电过程中，按下"DEC"键与"INC"键，可以查看电压等参数。③充电结束后会有提示，按"BATT/PROG"键，然后断开电源，拔出连线并整理器件。④注意：当发现电池表面温度超过 50℃时，应立即停止充电；充电电流不得超过说明书中规定的最大充电电流（建议不超过 0.5～1.0C，比如，2200mAH 的电池，建议电流不超过 1.1～2.2A）；单节电芯的充电电压不得超过限制电压 4.2V，4.25V 为单节电芯充电电压的最高极限值。

航模锂电池长时间（比如，3 个月以上，具体以说明书为准）停用时的充电步骤及注意事项：①按下"BATT/PROG"键，选择"LiPo BATT"→按下"ENTER"键，多次按下"DEC"键，选择"LiPo STORAGE"→按下"ENTER"键、按"DEC"键与"INC"键，设定充电电流（这里设为 1.0A），根据实际情形设定航模锂电池的电压与电芯片数，比如，22.2V(6S)、14.8V(4S) 等→短按"ENTER"键确认参数，长按"ENTER"键，短按"ENTER"键确认后开始充电。②充电过程中查看电压等参数与充电结束后的操作步骤同正常充电步骤中的②与③；③电池在长期贮存过程中，每 3 个月需充放电一次以保持活性，保证单节电芯的电压在 3.7～3.9V；④建议将电池贮存在气温为 10～25℃且无腐蚀性气体的环境中。

航模锂电池长时间（比如，3 个月以上，具体以说明书为准）停用时的放电步骤及注意事项：①按下"BATT/PROG"键，选择"LiPo BATT"→按下"ENTER"键，按下"DEC"键，选择"LiPo DISCHARGE"→按下"ENTER"键、"DEC"键与"INC"键，设定放电电流（这里设为 0.2A），根据实际情形设定航模锂电池的电压与电芯片数→短按"ENTER"键确认参数，长按"ENTER"键开始放电。②放电过程中查看电压等参数与放电结束后的操作同正常充电步骤中的②与③。③注意：放电电流不得超过说明书中规定的最大放电电流（一般为 1.0A），过大的放电电流会导致锂电池容量剧减并导致过热膨胀；放电时单节电芯的电压不得低于 3.6V；当锂电池表面温度超过 70℃时要暂停使用，直到锂电池冷却至室温为止。

任务实施 3：设置 BB 响低压报警器的报警电压，并检测航模锂电池的电量

如图 19-4(a) 所示为 BB 响低压报警器，它能自动检测航模锂电池单节电芯的电压和电池总电压，当任意一片电芯的电压低于设定值时，蜂鸣器会响起，从而防止航模锂电池电量过放。

设置报警电压的方法：①将 BB 响低压报警器插入航模锂电池。如图 19-4(a) 所示，BB 响低压报警器的数字显示面朝上，航模锂电池平衡头红色线在右边，沿左侧第一个针脚插入。②如图19-4(b)所示,2个喇叭中间的黑色按钮为设定电压按钮,按一下则会显示设定值,再次按下则会调整设定值,设定范围为2.7～3.7V。显示相应值后会自动保存设定值,几秒后会显示当前的实时电压。③BB响低压报警器的报警功能可关闭,显示OFF即为关闭。

　　BB响低压报警器插入航模锂电池会显示如下内容:①BB响低压报警显示"ALL",接着显示测量出的总电压,比如,"23.2"表示电池总电压是23.2V;②然后显示"NO1",表示第一节电芯的电压,接着显示第一节电芯实际测量出的电压,比如,"3.12"表示测量出的第一节电芯电压为3.12V;③显示"NO2"及对应的电压、"NO3"及对应的电压、"NO4"及对应的电压、"NO5"及对应的电压、"NO6"及对应的电压,分别表示第2、3、4、5、6节电芯的电压;④上述为6S航模锂电池的显示过程,若是4S航模锂电池则不显示NO5与NO6,以此类推。注意:航模锂电池长时间不用时,BB响低压报警器不能长时间插在航模锂电池上,以免电量过放造成损坏。

(a) BB响低压报警器及其连线　　　(b) BB响低压报警器的电压设定按钮端

图 19-4　BB 响低压报警器

5. 任务总结

　　(1)根据机器人电流电压等参数要求,分别选择航模锂电池(大)和航模锂电池(小)。(2)以 iMax B6AC 充电器为例,完成航模锂电池与充电器的硬件连接,分别给出航模锂电池正常充电、长时间停用时充电、长时间停用时放电的操作步骤及注意事项。(3)设置BB响低压报警器的报警电压,并实时检测航模锂电池的电量。

6. 课后复习与拓展

　　(1)试分析6S航模锂电池正常工作时,其电压范围为多少?(提示:正常使用时,单片电芯的电压范围为3.7～4.2V,6S的电压范围为单片电芯的6倍,即22.2～25.2V)(2)请问航模锂电池对使用环境有哪些要求?(提示:比如,环境最高温度不得高于50℃,对于大电流工作的航模锂电池必须通风降温等)

任务 20:光电传感器

1. 思政元素与课前准备

鲁迅经典名言:(1)愿中国青年都摆脱冷气,只是向上走,不必听自暴自弃者流的话;(2)但以为即使艰难,也还要做;愈艰难,就愈要做;(3)什么是路? 就是从没路的地方践踏出来的,从只有荆棘的地方开辟出来的;(4)做一件事,无论大小,倘无恒心,是很不好的。

"横眉冷对千夫指,俯首甘为孺子牛。"这是鲁迅先生一生的真实写照,面对白色恐怖,他不顾自己的安危,担心的是革命青年。面对战友的离去,他虽感苦闷,但依然奋起,用笔端来叹息劳苦大众的命运。面对深爱的恋人,他感到自己的所惜与被惜。在生命的最后岁月,鲁迅先生感到了前所未有的存在感,他洞悉了生活的本义。就在这对世界的感悟,对人生的反思中,一个民族魂在灵枢中安息了⋯⋯

课前准备:色标传感器 1 个、红外传感器(圆形)1 个、红外传感器(方形)1 个、12 路传感器 1 个、一字小螺丝刀 1 把等。

2. 任务描述

查阅资料,选择机器人所需的光电传感器。分析所选色标传感器的使用范围,调试色标传感器,说明安装使用色标传感器时的注意事项。分别分析红外传感器(圆形)、红外传感器(方形)与 12 路传感器的性能特点,并调试上述传感器。

3. 知识讲解

知识讲解 1:光电效应

(1)光电效应是在光线作用下,物体吸收光能量而产生相应电效应的一种物理现象。它主要包括外光电效应和内光电效应。(2)外光电效应指在光线作用下,物体内的电子逸出物体表面向外发射的现象。基于外光电效应的光电元件有光电管、光电倍增管等。(3)内光电效应是被光激发所产生的载流子(自由电子或空穴)仍在物质内部运动,使物质的电导率发生变化或产生光生伏特的现象。基于内光电效应的光电元件有光敏电阻、光电池、光敏晶体管等。

外光电效应具有如下特性:(1)产生外光电效应时,每种金属均存在一极限频率(或称截止频率),照射光的频率不能低于上述极限频率,相应的波长称为极限波长。(2)光电子的速度与光的频率有关,而与光的强度无关。(3)入射光的强度只影响光电流的强弱,即只影响在单位时间、单位面积内逸出的光电子数目;一般而言,入射光越强,一定时间内发射的电子数目越多,电流也随之越大。(4)电子的射出方向不是完全定向的,大部分垂直于金属表面射出,与光照方向无关。(5)瞬时性,即响应时间不超过 10^{-9} 秒(1ns)。

知识讲解 2:光电传感器的工作原理

光电传感器是基于光电效应,把被测物理量转换为光信号,再把光信号转换为电信号的一种器件。光电传感器将输入电流在发射器上转换为光信号射出,接收器再根据接收到的光线强弱或有无对目标物体进行探测。光电传感器的工作原理如图 20-1 所示,多数光电传感器选用的是波长接近可见光的红外线光波。光电传感器的发射器多采用中频(40kHz 左右)窄脉冲电流驱动的半导体发光二极管(LED)作为光源,发射调制光脉冲信号。接收光敏元件(光电三极管)的输出信号经 40kHz 选频交流放大器及专用的解调芯片处理,可以有效防止太阳光、日光灯的干扰,又可减少发射 LED 的功耗。

光电传感器的主要类型包括漫反射式光电传感器、镜反射式光电传感器、对射式光电传感器、槽式光电传感器和光纤式光电传感器。其中,漫反射式光电传感器是一种集发射器和接收器于一体的传感器,当有被检测物体经过时,物体将发射器发射的足够量的光线反射到接收器,于是光电传感器就产生了信号。当被检测物体的表面较明亮或反光率较高时,漫反射式光电传感器是首选的检测模式。

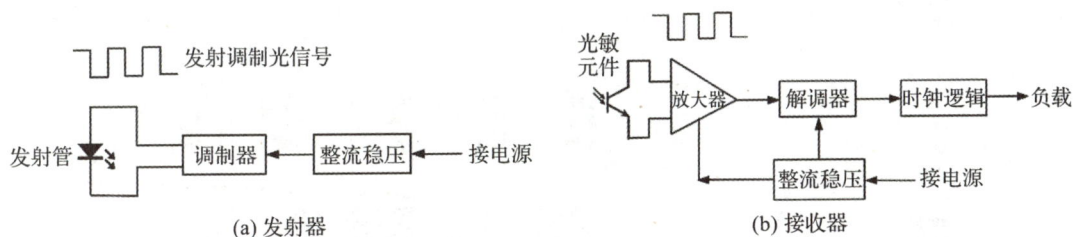

图 20-1　光电传感器的工作原理

4. 任务实施

任务实施 1:选择光电传感器

选择的光电传感器,应能检测或辨别被测物体,具有足够的测量范围,具有牢固的连接方式等。参考任务 16 机器人电子元器件选型的相关内容,选择的色标传感器、红外传感器(圆形)、红外传感器(方形)与 12 路传感器如图 20-2 所示。

(a) 色标传感器　　　　　　　(b) 红外传感器（圆形）　　　　(c) 红外传感器（方形）

(d) 12路传感器

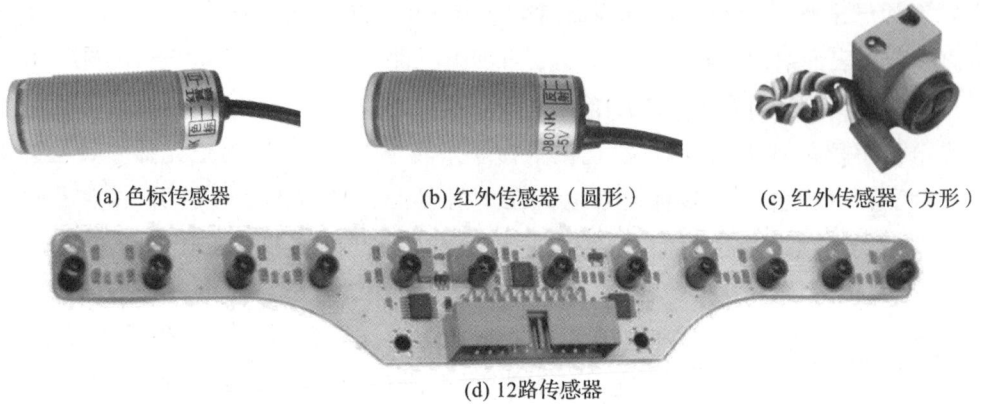

图 20-2　光电传感器

任务实施2：分析色标传感器的使用范围，并说明安装使用时的注意事项

色标传感器通过检测颜色对光束的反射量或吸收量，区分不同的颜色，可应用于物品定位、颜色识别等场合。型号为 E18－F10NK 的色标传感器如图 20-3 所示，其感应距离为 30～100mm，直径为 18mm，长度为 45mm，引线长度为 0.4m。如图 20-3 所示，该色标传感器对黑色、蓝色、绿色最敏感，对白色、红色、黄色不敏感，敏感和不敏感颜色组合即能识别颜色。

E18-F10NK 色标传感器	能识别的颜色	感应距离：30~100mm	黑	白	蓝	白	绿	白	黄	蓝	黄	绿
		感应距离：50~80mm	蓝	红	绿	红	黑	红	黑	黄		
	不能识别的颜色		黑	绿	黑	蓝	黄	红	黄	白	红	白	蓝	绿

图 20-3　E18-F10NK 色标传感器及其性能参数

调节传感器尾部的电位器旋钮，可调节传感器的感应范围，顺时针旋转时感应距离变长，逆时针旋转时感应距离变短。注意：传感器的指示灯亮不一定表明检测到了物体，也可能是指示灯发生了故障，可采用万用表简单判别传感器是否损坏，步骤如下：(1)在传感器正、负接线端加 5V 的电源电压。(2)万用表选择电压档，红笔接信号线，黑笔接GND。(3)若万用表显示为 5V 左右的电压(不同厂家环境，可能略有区别)，则表明传感器没有检测到物体；若万用表显示为 0.6V 左右的电压(不同厂家环境，可能略有区别)，则表明传感器检测到了物体。此外，还可以采用功率调节器判别色标传感器是否损坏。

安装使用色标传感器时,需注意以下事项:(1)若两个传感器距离太近,某一传感器发射的信号可能被另一传感器接收,因此传感器之间需保持足够远的距离;(2)机器人中其他元器件可能对传感器造成干扰,必要时可采用抗干扰磁环等措施减少干扰;(3)传感器在粗糙面物体上的识别效果比在光滑面物体上的识别效果好。

任务实施 3:分析红外传感器、12 路传感器的性能特点,并调试上述传感器

红外传感器的信号反射强度与红外传感器距离被测物体间的远近有关,因此可将红外传感器作为一种光电开关应用于机器人避障等场合。型号为 E18－D80NK 的红外传感器(圆形)如图 20-2(b)所示,其检测距离为 30～800mm,直径为 17mm,长度为45mm。红外传感器(圆形)的调节、安装等事项可参考色标传感器。类似任务实施 2,当采用万用表简单判别传感器是否损坏时,电压为 3.55V 左右(不同厂家环境,可能略有区别)表明没有检测到物体,电压为 0.07V 左右(不同厂家环境,可能略有区别)表明检测到了物体。

选择的红外传感器(方形)如图 20-2(c)所示,其检测范围为 50～800mm,三种信号频率分别用红、黄、绿三种颜色的指示灯表示,设置不同的频率可避免相邻传感器间信号误接收。当前方有障碍物时,输出高电平,指示灯亮。红外传感器(方形)的调节、安装等事项可参考色标传感器。类似任务实施 2,当采用万用表简单判别传感器是否损坏时,电压为 5V 左右(不同厂家环境,可能略有区别)表明没有检测到物体,电压为 0V 左右(不同厂家环境,可能略有区别)表明检测到了物体。

选择的 12 路传感器如图 20-2(d)所示,其外形尺寸为 180.2mm × 26.1mm ×16.0mm,探测距离(对管底部离地距离)为 8～25mm,推荐 10～15mm。该传感器发射管采用高亮白色聚光 LED,其亮度可采用 PWM 调节。当检测颜色与白色有较大区别时,越容易分辨所检测的颜色,比如,绿白色,黑白色等。当 12 路传感器照射到具有较高灰度值的物体时,输出电压范围为 0.4～3.0V(视环境情况略有差别)。

5. 任务总结

(1)根据机器人实际需求,选择合适的光电传感器。(2)分析说明色标传感器的使用范围、调试方法与安装注意事项等。(3)分析说明红外传感器(圆形)、红外传感器(方形)、12 路传感器的性能特点、调试方法与安装注意事项等。

6. 课后复习与拓展

(1)试分析色标传感器与红外传感器在外观上有什么区别?(2)试查阅资料,分析制作单路光电传感器的步骤,并尝试制作单路光电传感器。

任务 21：磁电编码器

1. 思政元素与课前准备

王阳明(1472—1529)，名守仁，字伯安，世称阳明先生，浙江宁波余姚人，我国明代著名哲学家、教育家、政治家和军事家。王阳明在哲学上提出"致良知""知行合一"的命题，最终集"心学"之大成。"致良知"的思想内涵是，把一定的社会道德规范转化为人的自觉的意识和行为，强调主观立志和主体精神的力量，强调人的自我更新，倡导学习要自求自得。王阳明提出了"知行合一"，他认为知之真切笃实处，即是行，行之明觉精察处，即是知；他强调一念发动处便即是行，要人们在修养上防于未萌之先，克于方萌之际，重视对意念的克制工夫。

王阳明身上体现出的实事求是的态度，以及在实践中发现问题、在客观事实中总结规律、最后再以此指导实践的行事风格，应当为我们所传承。历史的潮流滚滚向前，客观规律一直存在于哲人箴言中。敢于面对、勇于担当、实事求是地发现问题、思考研究和解决问题，无论何时都值得我们学习。

课前准备：电机 1 个、编码器 1 个等。

2. 任务描述

基于霍尔效应，试分析磁电编码器的工作原理与特点。试分析选择编码器时需考虑的因素，并为机器人选择合适的编码器。试分析磁电编码器的线路连接、安装注意事项与常见故障。

3. 知识讲解

知识讲解 1：编码器的分类

编码器是将转角运动或直线运动变换为数字信号进行测量的一种传感器。(1)按工作原理，编码器可分为光电式、磁电式和触点电刷式等类型。(2)按码盘的刻孔方式，编码器可分为增量型和绝对值型两类。①增量型编码器将位移转换成周期性的电信号，再把这个电信号转变成计数脉冲，用脉冲的个数表示位移的大小。一般意义上的增量型编码器内部无存储器件，故不具有断电数据保持功能。②绝对值型编码器的每一个位置对应一个确定的数字码，因此它的示值只与测量的起始位置和终止位置有关，而测量的中间过程无关。绝对值型编码器为每个测量位置分配了唯一的二进制代码或字，即使断电也能够跟踪编码器的位置。(3)按信号的输出类型，编码器可分为电压输出、集电极开路输出、推拉互补输出和长线驱动输出等类型。(4)按机械安装形式，编码器可分为有轴型和轴套型等类型,有轴型又可分为夹紧法兰型、同步法兰型和伺服安装型等,轴套型又可分为半空型、全空型和大口径型等。

知识讲解 2:霍尔效应

如图 21-1(a)所示,在扁平长方形导体两端施加电压,让其在一个方向上(如较长方向)产生电流。如图 21-1(b)所示,如果在通电导体上方再施加一个与导体平面垂直的磁场,受磁场感应产生的洛伦兹力的作用,导体上流动的电荷会发生流通路径的偏移。如图 21-1(c)所示,正、负电荷在磁场中以相反的偏移方向流通,即当有电流流经磁场中的这个扁平导体时,其正、负电荷会分别沿着左、右两条路径从中穿过。如图 21-1(d)所示,在导体的两侧会产生电势差。

霍尔效应是美国物理学家霍尔(E. H. Hall,1855－1938)于 1879 年在研究金属的导电机制时发现的。当电流垂直于外磁场通过半导体时,载流子发生偏转,垂直于电流和磁场的方向会产生一附加电场,从而在半导体的两端产生电势差,这一现象就是霍尔效应,这个电势差称为霍尔电势差。

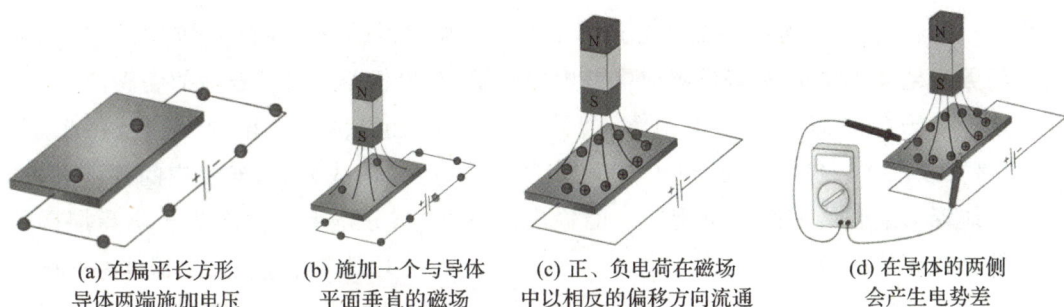

(a) 在扁平长方形　(b) 施加一个与导体　(c) 正、负电荷在磁场　(d) 在导体的两侧
导体两端施加电压　平面垂直的磁场　中以相反的偏移方向流通　会产生电势差

图 21-1　霍尔效应示意图

4. 任务实施

任务实施 1:分析磁电编码器的工作原理与特点

如图 21-2(a)所示,基于霍尔效应,如果让施加在导体上的磁场以电流流经路径为轴线,按照图中箭头所示的方向旋转,那么霍尔电势差就会因为磁场与导体之间角度的变化而变化,霍尔电势差的变化趋势是一条正弦曲线。因此,基于霍尔电势差可反推计算磁场旋转的角度。

如图 21-2(b)所示,磁电编码器主要由磁鼓、传感器、调节电路等组成。在磁鼓圆周刻录等间距的小磁极,磁极被磁化后,旋转时产生周期分布的空间漏磁场。传感器检测磁盘旋转时磁场的变化,并将此信息转换为正弦波。传感器可以是感应电压变化的霍尔效应器件,也可以是感应磁场变化的磁阻器件。调节电路对信号倍增、分频或内插以产生所需的输出,实现磁电编码器的编码功能。

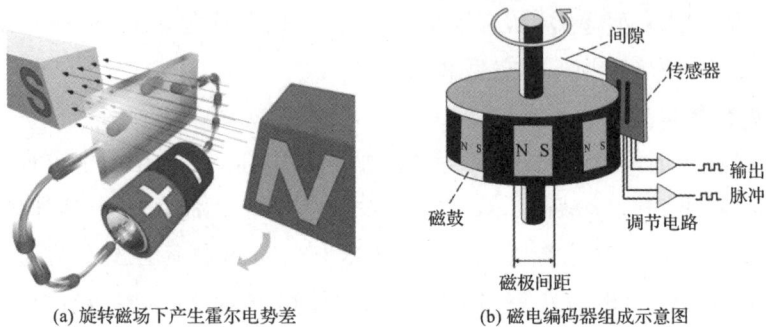

(a) 旋转磁场下产生霍尔电势差　　　　(b) 磁电编码器组成示意图

图 21-2　磁电编码器工作原理的示意图

磁电编码器具有如下优点：(1)对灰尘、污垢、液体和油脂等污染物不敏感,磁盘和传感器之间的气隙要求不需要像光电编码器那样清洁和透明,只要不存在任何含铁材料,就会检测到脉冲;(2)抗震动和抗振动能力强;(3)相对于光学编码器,磁电编码器不需要有复杂的码盘和光源,结构简单紧凑,安装调试简便;(4)易于小型化,重量轻,价格低廉。磁电编码器缺点有:(1)容易受到电磁干扰的影响,需要采取补偿和保护措施,避免温度漂移;(2)一般而言,磁电编码器的分辨率不如光电编码器的分辨率高。

任务实施 2:分析选择编码器时需考虑的因素,并为机器人选择合适的编码器

选择编码器时需考虑以下因素:(1)工作环境。包括震动、振动、灰尘、污垢等。(2)机械安装尺寸。包括定位止口、轴径、安装孔位、电缆出线方式、安装空间等。(3)分辨率。体现为编码器工作时每旋转一圈输出的脉冲数,分辨率主要取决于磁盘周围的磁极数和传感器的数量。(4)接口类型。编码器的接口类型应与其相连元器件相匹配。

充分考虑编码器的工作环境、机械安装尺寸、分辨率及接口类型等因素,选择增量式磁电编码器如图 21-3 所示。该编码器能够适应如下要求:(1)满足机器人工作环境的要求。(2)能够牢固安装在电机上,满足机械安装尺寸要求。(3)满足分辨率的要求。磁鼓中包含 13 对磁极,电机减速比为 44,因此电机输出轴旋转一圈可输出 $13 \times 44 = 572$ (个)物理脉冲。(4)满足接口类型的要求。

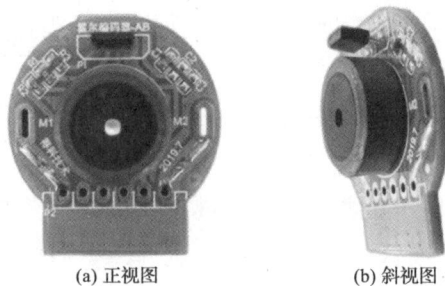

(a) 正视图　　　　　　　(b) 斜视图

图 21-3　磁电编码器

任务实施 3:分析磁电编码器的线路连接、安装注意事项与常见故障

不同型号的增量型磁电编码器输出脉冲的相数也不同,旋转编码器可输出 A、B、Z

三相脉冲,或 A、B 两相脉冲或只有 A 相脉冲等。其中,A 相、B 相为相互延迟 1/4 周期 (90°)的脉冲输出,其中一相可用于测量脉冲数,根据延迟关系可以区别正反转,可以通过取 A 相、B 相的上升沿和下降沿实现 2 倍频或 4 倍频;Z 相为单圈脉冲,即每圈发出一个脉冲。

如图 21-3 所示的磁电编码器共有 6 个引脚,V+、V-、正交脉冲输出 A(B)、电机两端电极 M1(M2)。其中,V+、V-分别连接电源的正极、负极,正交脉冲输出 A(B)与单片机相连接,电机两端电极 M1(M2)与电机的两个输出端连接。安装编码器时,需要调节传感器至磁鼓附近位置。

磁电编码器常见故障主要包括:(1)编码器的元器件故障。编码器的元器件出现故障,导致其不能产生和输出正确的波形。(2)编码器连线故障。通常为连线或开焊引起的断路、短路或接触不良等。(3)编码器供电电压较低。主要原因是供电电源故障或连线阻值较大等。(4)外界干扰引起的故障。必要时可采取屏蔽措施,并将屏蔽线接地。(5)编码器安装松动等。

5.任务总结

(1)分别分析磁电编码器的工作原理、优点与缺点。(2)分析选择编码器时需考虑的因素,选择合适的编码器。(3)分别分析磁电编码器的接线方式、安装注意事项与常见故障。

6.课后复习与拓展

(1)信号"地"又称参考"地",是零电位的参考点。试分析直流地、交流地、功率地、模拟地与数字地分别指什么?(2)试分析电气设备为什么接大地(电气地)?

项目5　机器人视觉技术应用

任务22:摄像头连接与 Blob 分析

1.思政元素与课前准备

我国货币历史悠久,种类丰富,绚丽多彩。人民币在我国货币文化历史中占有重要地位,我国已发行五套人民币,流通中人民币现金券别主要是第五套人民币。中国人民银行负责人民币的设计、印制和发行。据环球银行金融电信协会(SWIFT)数据显示,2024 年 8 月,人民币在全球支付中占比为 4.69%,2023 年 11 月以来,人民币连续十个月成为全球第四位支付货币。2024年8月,人民币在全球贸易融资中的占比为5.95%,是全球第二位贸易融资货币。[1] 习近平总书记在党的二十大报告中指出,有序推进人民币国际化。[2]

《中华人民共和国人民币管理条例》第二十六条规定,禁止下列损害人民币的行为:故意毁损人民币;制作、仿制、买卖人民币图样;未经中国人民银行批准,在宣传品、出版物或者其他商品上使用人民币图样;中国人民银行规定的其他损害人民币的行为。人们的生活离不开人民币,保持人民币的整洁、维护人民币的信誉和正常流通,是我们每位公民的神圣职责。因此,人们要切实做到人民币尽量平铺整理,不要揉折;不要在人民币上乱写乱画,保持票面整洁;人民币硬币不要穿孔、磨边和剪口;不要随意撕毁人民币;遇到残缺和污损的人民币,要及时到银行兑换,不要再进行流通;遇到损害人民币的行为,要及时制止。每位公民都是人民币的使用者,让我们从自身做起,爱护人民币,保持人民币整洁与完整。

课前准备:计算机1台、Halcon12软件、USB接口摄像头1个、1元硬币1枚等。

2. 任务描述

(1)将图22-1所示的摄像头插入计算机USB接口,在Halcon12软件中完成摄像头连接相关设置。(2)采用摄像头采集并保存图22-2所示的1元硬币图像。(3)读取保存的1元硬币图像,采用Blob分析方法提取出1元硬币的区域。

图22-1　摄像头　　　　　　　　图22-2　1元硬币

3. 知识讲解

知识讲解1:Blob分析

计算机视觉中的Blob是指图像中具有相似颜色、纹理等特征所组成的一块连通区域。Blob分析是对图像中相同像素的连通区域进行分析,其过程是将图像二值化,分割得到前景和背景,然后进行连通区域检测,从而得到Blob块的过程。简单来说,Blob分析就是在一块"光滑"区域内提取"灰度突变"的小区域。

Blob分析步骤主要包括获取图像及预处理、分割图像、提取特征及显示等。(1)获

---

[1]　摘自:我国人民币跨境收付41.6万亿元.人民日报,2024年10月08日07版。
[2]　摘自:习近平.高举中国特色社会主义伟大旗帜 为全面建设社会主义现代化国家而团结奋斗——在中国共产党第二十次全国代表大会上的报告.新华社,2022年10月16日。

取图像主要有三种方法：①代码获取，比如，read_image（Image1，'C:/Users/ding/Desktop/1.jpg'）；②选择"文件"→"读取图像"；③选择"助手"→"打开新的 Image Acquisition"，或按快捷按钮"打开新的 Image Acquisition" 📷。预处理需要完成图像去噪等操作。(2)分割图像技术主要包括二元阈值、空间量化误差、软件二元阈值和像素加权、相关阈值、阈值图像等。(3)提取特征及显示。提取的特征主要包括区域特征与灰度特征等。

知识讲解2：灰度直方图与特征直方图

(1)灰度可以反映像素的明暗程度。灰度直方图是将图像中的所有像素，按照灰度级数值，统计其出现的频率。单击"打开灰度直方图"图标 📈，弹出图 22-3 所示的灰度直方图窗口，其中，横坐标 0~255 表示灰度值的范围，纵坐标表示在不同灰度值下像素的个数。

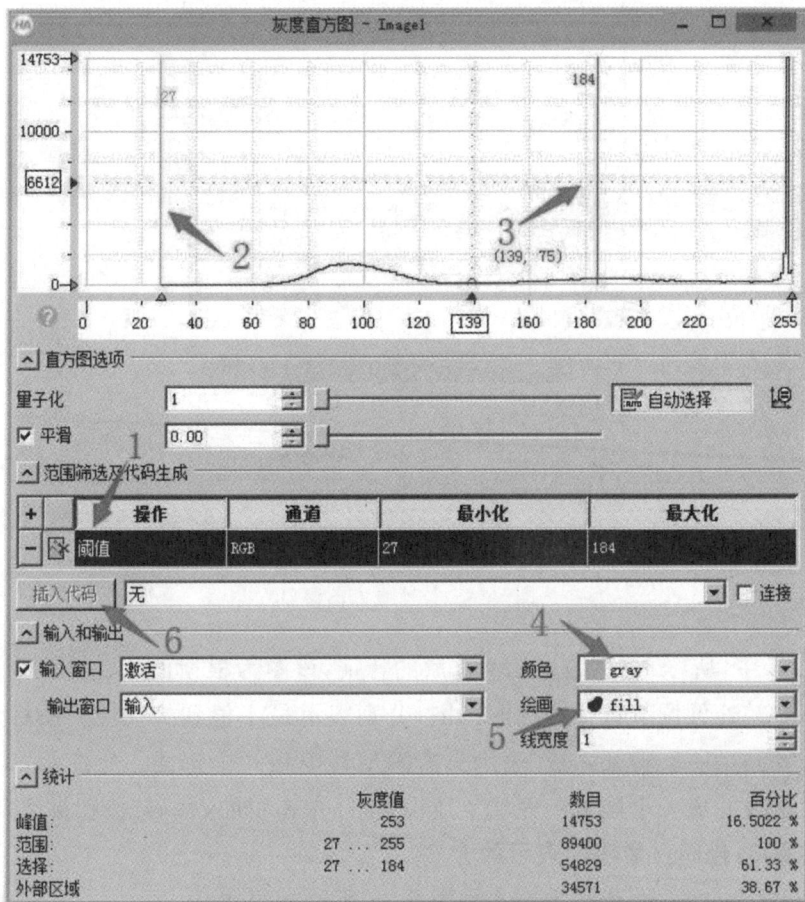

图 22-3　灰度直方图窗口

单击图 22-3 灰度直方图窗口中所标示"1"处，在弹出的下拉菜单中可以选择"阈值"，也可以选择"缩放"，阈值主要用于设置某一区间的灰度值，缩放主要用于调整图像对比度。当选择所标示"1"处为"阈值"时，拖拉所标示"2"处的绿线确定图像中的最小灰度值,拖拉所标示"3"处的红线确定图像中的最大灰度值,区间范围即为图像显示部分。所标示"4"处可选择显示感兴趣区域的颜色。所标示"5"处表示显示部分是否填充,fill表示区域内填充,margin 表示区域轮廓。当选出感兴趣区域后,单击所标示"6"处"插入代码"按钮即可生成阈值分割函数,若"插入代码"按钮为灰色,单击该图中"阈值"前的图片按钮即可。对于所标示"1"处的"缩放"与"阈值"相类似,这里不再赘述。

(2)阈值分割完成后,进一步选择感兴趣的区域,可单击"打开特征直方图"按钮 ,打开图 22-4 所示的特征直方图窗口。特征直方图主要用于统计某些特征出现的频率。注意:在使用特征直方图前,需要采用 connection 算子连接图像中的区域。

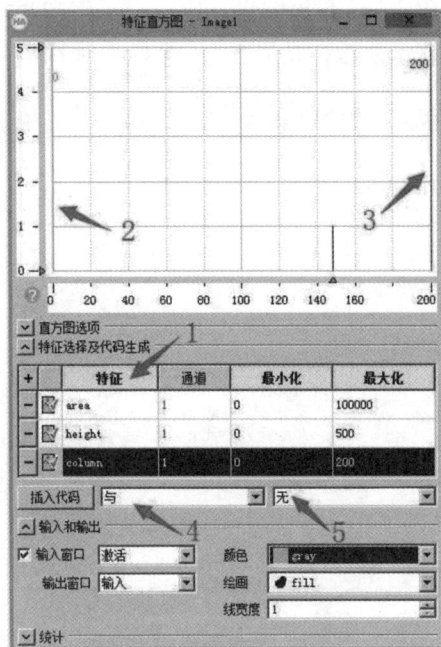

图 22-4　特征直方图窗口

在图 22-4 中,所标示"1"处表示需选取的特征,该图为根据面积、高度、列坐标选择。所标示"2"和"3"处可调节特征的选取范围,分别表示最小值和最大值。所标示"4"处的"与"表示需要满足所有特征,"或"表示只需满足其中某一个特征。所标示"5"处表示是否将各个区域合并成一个区域。完成上述设置后,单击"插入代码"按钮插入代码。

知识讲解 3:代码前箭头所表示的含义

在 Halcon12 软件中,代码前会出现图 22-5 所示的绿色箭头和黑色箭头,它们表示的具体含义如下:(1)绿色箭头表示接下来代码从该句开始执行;(2)黑色箭头表示光标所在行;(3)执行绿色箭头到黑色箭头之间的代码:"执行"→"执行行到指针插入位置"。

图 22-5　代码前的箭头

4. 任务实施

任务实施 1:连接摄像头硬件,完成相关设置,采集并保存硬币图像

(1)将图 22-1 所示的摄像头插入计算机的 USB 口。

(2)①单击菜单栏中"助手"→"打开新的 Image Acquisition"。②弹出图 22-6(a)所示的 Image Acquisition 窗口,单击"资源"选项卡下的"自动检测接口"按钮 [自动检测接口(I)] 自动检测接口。③如图 22-6(b)所示,单击"连接"选项卡下的"实时"按钮 [实时(V)] 实时显示图像。④将 1 元硬币置于摄像头下适合拍照的位置。⑤待图像稳定后,单击"采集"按钮 [采集(S)] 采集图像,在图形窗口中,显示采集到的 1 元硬币图像。⑥如图 22-6(c)所示,在 "代码生成"选项卡下,"控制流"下拉菜单中选择"采集单幅图像","采集模式"下拉菜单中选择"同步采集",然后单击"插入代码"按钮 [插入代码(C)] ,将代码插入到程序编辑器中。

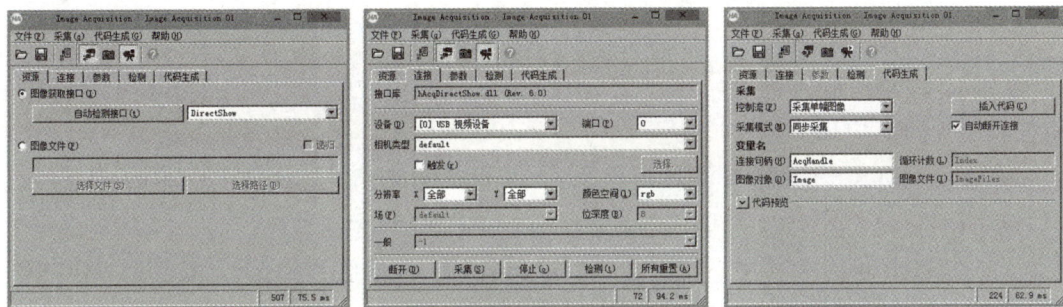

| (a)"资源"选项卡下的窗口 | (b)"连接"选项卡下的窗口 | (c)"代码生成"选项卡下的窗口 |

图 22-6　Image Acquisition 窗口

(3)采用代码 write_image 保存图像。

本任务实施的代码如下:

```
* Image Acquisition 01:Code generated by Image Acquisition 01
open_framegrabber ('DirectShow', 1, 1, 0, 0, 0, 0,'default', 8,'rgb', -1,'false','default','[0] USB 视频设备', 0, -1, AcqHandle)
grab_image (Image, AcqHandle)
* Image Acquisition 01:Do something
close_framegrabber (AcqHandle)
write_image(Image,'jpg', 0 ,'coin image')
```

任务实施 2:读取保存的图像,采取 Blob 分析方法提取出 1 元硬币的区域

(1)代码及注释如下:

```
*关闭窗口
dev_close_window()
*打开指定大小的窗口
```

```
dev_open_window (0,0,670,280,'black', WindowHandle)
```

* 读取保存的图像

```
read_image (Image,'coin image.jpg')
```

* rgb 转灰度

```
rgb1_to_gray (Image, GrayImage)
```

* 采用灰度直方图把目标区域提取出来,操作步骤可参考知识讲解 2,其中最小、最大阈值分别为 133、243

```
threshold (GrayImage, Regions, 133, 243)
```

* 连接连通域

```
connection (Regions, ConnectedRegions)
```

* 采用特征直方图提取圆形

```
select_shape (ConnectedRegions, SelectedRegions,'area','and',8305.79,8691.46)
```

* 区域填充与显示

```
fill_up (SelectedRegions, RegionFillUp)
area_center (RegionFillUp, Area, Row, Column)
disp_message (WindowHandle, '面积:' + Area + '坐标:' + Row + ',' + Column,'
window',0,0,'black','true')
```

(2)在 Halcon12 软件中,选择"执行"→"运行"或工具栏中的"执行"按钮▶或快捷键 F5,执行任务实施 1 和任务实施 2 中的代码。执行完成后,变量窗口如图 22-7 所示。选中相应的图像变量后,可采用灰度直方图或特征直方图对其处理。

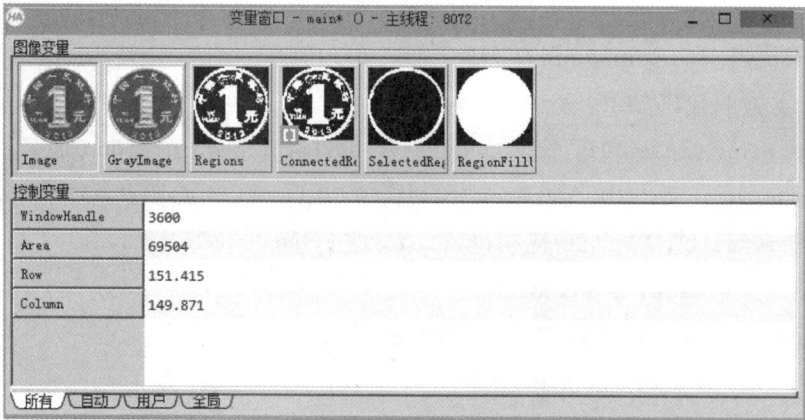

图 22-7　变量窗口

采用灰度直方图处理后的图像,如图 22-8 所示。采用特征直方图处理后的图像,如图 22-9 所示。注意:在采用灰度直方图或特征直方图处理时,需要单击灰度直方图或特征直方图窗口内的图标▣。

图 22-8　采用灰度直方图处理后的图像

图 22-9　采用特征直方图处理后的图像

5. 任务总结

(1)将摄像头插入计算机的 USB 口,在 Halcon12 软件中完成图像采集相关设置。(2)采集并保存 1 元硬币的图像,生成代码。(3)读取保存的图像,采用 Blob 分析方法提取出 1 元硬币的区域。

6. 课后复习与拓展

(1)请问在 Halcon12 软件中,有哪些常用的快捷键?(例如,Ctrl＋E:打开浏览例程;F1:查看帮助;按住"Ctrl"键,把鼠标指针移动到图像中的某一位置,可显示其坐标值和像素值等)(2)请问图像中的 RGB 和 HSV 分别指什么?(提示:红(Red)、绿(Green)、蓝(Blue);色调(Hue)、饱和度(Saturation)、色明度(Value))

任务 23:识别车牌

1. 思政元素与课前准备

交通安全关系到每个人的生命安全和家庭幸福,让我们从自身做起,远离交通违法,远离交通事故,做文明交通的践行者、倡导者、传播者,接下来我们从行人交通安全、电动自行车交通安全和机动车驾驶交通安全等方面介绍需要注意的事项。

行人交通安全:(1)走路时,要集中注意力,随时观察路面情况,注意过往车辆,不要戴耳机听音乐、看手机、打电话等。(2)横过车行道时须走人行道;有交通信号控制的人行道,应做到红灯停,绿灯行;没有交通信号控制的人行道,注意来往车辆,不要追逐猛跑。(3)横过没有人行道的车行道,要看清情况,让车辆先行,不要在车辆临近时突然横穿。(4)不要在道路上强行拦车、追车、扒车或抛物击车。(5)不要钻越、跨越人行护栏或道路隔离设施。(6)不要进入高速公路、高架道路或者有人隔离设施的机动车专用道。

电动自行车交通安全:(1)骑乘电动自行车出行,要正确佩戴安全头盔,扣好帽扣。(2)电动自行车应当在非机动车道内行驶,通过路口时,要遵守路口交通让行规定,遇到让行标志要停车让行,转弯要让直行车辆。(3)电动自行车应当严格按照交通信号通行,不得闯红灯、逆向行驶。(4)电动自行车严禁非法拼装、加装、改装动力装置或者拆除、改装电动自行车限速装置。(5)电动自行车应当在室外充电场所(充电桩或充电柜)充电,严禁在楼内公共区域停放和充电,不私拉电线"飞线"充电。

机动车驾驶交通安全:(1)冰雪天气行车安全。行驶中,方向转动不得过猛,以防偏出车辙打滑或下陷。转弯时,车速要慢,转弯半径适当增大,如发生侧滑甩尾,可将方向盘适当转向甩尾方向,以控制甩尾。(2)雨雾天气行车安全。要保证雨刮器、灯光工作正常,并根据需要使用,确保视线良好。遇大雨、浓雾天气,能见度极差时,应选择安全地点停车并打开警示灯,雾天行车应打开防雾灯或小灯,行驶中严禁超车。(3)大风天气行车安全。要适当放慢车速,正确辨认风向,握稳方向盘,注意车辆横向稳定性,防止行驶路线因受风力影响而偏移。逆风行驶时,应注意风向突然改变或道路出现较大弯度,风阻突然减小,使车速猛增导致意外。(4)夜间行车安全。要及时开启前照灯,车内灯尽量不要打开,防止在挡风玻璃前产生影像影响观察。会车时,及时换近光灯,不要直视对面来车的灯光。要留意前方停靠车辆、障碍物、急转弯或陡坡等,避免措手不及。(5)高速公路行车安全。注意保持安全车距,车速超过 100 公里/小时,行车间距在 100 米以上;车速低于 100 公里/小时,与前车距离可以适当缩短,但不得短于 50 米。严禁在高速公路上随意停车、倒车或调头逆行。(6)城市道路行车安全。要注意观察交通标志、交通信号和道路交通情况,控制车速,保持车距,严禁占道行驶、随意变道、越线超车。遇上下班高峰期要礼让行车,通过路口变为黄灯时,严禁抢行通过,注意避让抢行的行人车辆。(7)山区道路行车安全。要加强出车前和途中的检查,尤其是对车辆的转向、制动、传动和行驶系统进行检查。下长坡时,尽量利用发动机的牵阻作用控制车速,禁止空档或熄火滑行,不可连续制动,避免刹车片高温失灵。

课前准备:计算机 1 台、Halcon12 软件、车牌图片 1 张等。

2. 任务描述

在 Halcon12 软件中编写程序,对图 23-1 所示的车牌进行预处理、离线训练 OCR 分类器等操作,然后分别识别车牌中的汉字、字母和数字,并显示出识别的结果。

图 23-1　车牌

3. 知识讲解

知识讲解 1:形态学处理

(1)结构元素、腐蚀与膨胀

在腐蚀与膨胀操作中都需要用到结构元素,在算子参数中它的名称为StructElement。结构元素一般由 0 和 1 的二值像素组成。结构元素越大,被腐蚀消失或被膨胀增加的区域也越大。结构元素的形状可以为圆形、矩形、椭圆形以及指定的多边形等,可以采用

gen_circle、gen_rectanglel、gen_ellipse、gen_region_polygon 等算子创建。

　　腐蚀是一种对所选区域"收缩"的操作,其原理是使用一个自定义的结构元素,如矩形、圆形等,在二值图像上进行类似于"滤波"的滑动操作,然后对比二值图像的像素点与结构元素的像素点,从而得到腐蚀后的图像。经过腐蚀操作,相连的部分可能会断开,可用于消除边缘的杂点。腐蚀操作常用的算子有 erosion_circle 算子和 erosion_rctanglel 算子等。

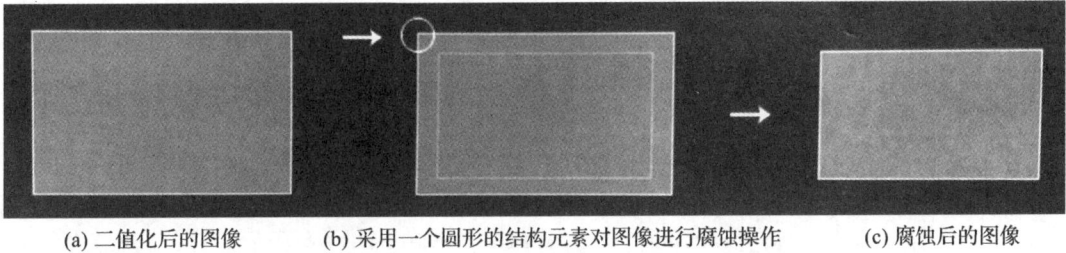

| (a) 二值化后的图像 | (b) 采用一个圆形的结构元素对图像进行腐蚀操作 | (c) 腐蚀后的图像 |

图 23-2　采用结构化元素腐蚀图像(一)

　　与腐蚀相反,膨胀是一种对所选区域"扩大"的操作。经过膨胀操作,不相连的部分可能会连接起来。膨胀操作常用的算子有 dilation_circle 算子和 dilation_rctanglel 算子等。

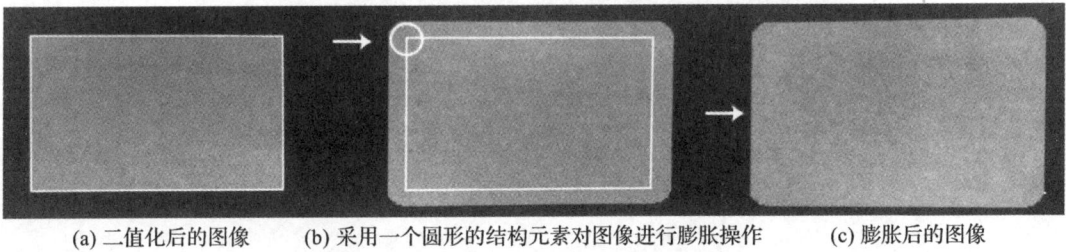

| (a) 二值化后的图像 | (b) 采用一个圆形的结构元素对图像进行膨胀操作 | (c) 膨胀后的图像 |

图 23-3　采用结构化元素膨胀图像(二)

　　(2)开运算与闭运算

　　开运算是先腐蚀、后膨胀的过程。通过腐蚀运算可以去除小的非关键区域,也可以分离距离较近的元素,再通过膨胀填补过度腐蚀留下的空隙。开运算可以去除一些孤立的、细小的点,平滑毛糙的边缘线,同时原区域面积也不会发生明显的改变,起到类似"去毛刺"的效果。常见的算子有 opening 算子、opening_circle 算子、opening_rectanglel 算子等。图 23-4(a)为原始图像,目标是提取图中正方形较亮区域;图 23-4(b)为经阈值处理后提取的较亮区域,其中有一些杂点和毛边;图 23-4(c)为开运算后的图像,可见杂点和毛边已被移除。

(a) 原始图像　　　　　　(b) 经阈值处理后提取的较亮区域　　　　(c) 开运算后的图像

图 23-4　开运算效果

　　闭运算是先膨胀、后腐蚀的过程。闭运算可以将区域内部的空洞或外部孤立的点连接成一体，区域的外观和面积不会发生明显的改变，起到类似"填空隙"的效果。与单独的膨胀操作不同的是，闭运算在填空隙的同时，不会加粗图像边缘轮廓。常见的算子有 closing 算子、closing_circle 算子、closing_rectangle1 算子等。图 23-5(a)中的灰色部分为经阈值处理后提取的图像；图 23-5(b)为闭运算后的图像，可以发现三角形区域中小的空洞、四边形部分缺失区域得到了填充。

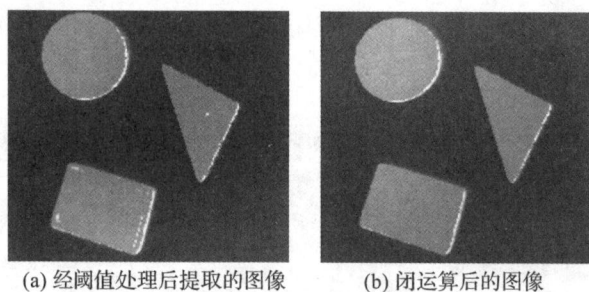

(a) 经阈值处理后提取的图像　　　　(b) 闭运算后的图像

图 23-5　闭运算效果

　　(3)顶帽运算与底帽运算

　　原始的二值图像减去开运算的图像，即为顶帽运算的图像。顶帽运算主要用于提取开运算中移除的区域。由图 23-6(c)可以发现，它为开运算中移除的边缘和杂点。

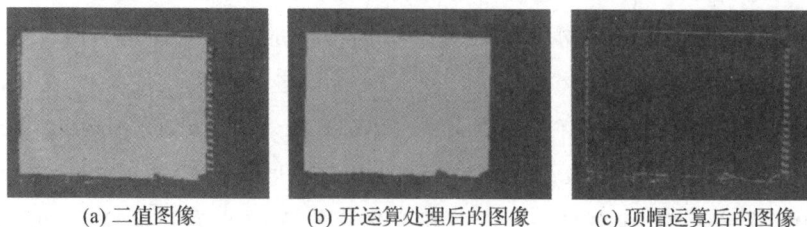

(a) 二值图像　　　　　　(b) 开运算处理后的图像　　　　　(c) 顶帽运算后的图像

图 23-6　顶帽运算效果

原始的二值图像减去闭运算的图像,即为底帽运算的图像(见图 23-7)。底帽运算主要用于提取闭运算中填补的区域。

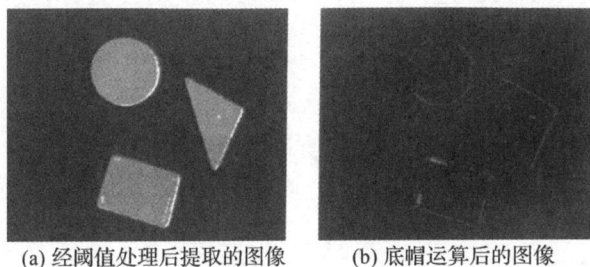

(a) 经阈值处理后提取的图像　　　　(b) 底帽运算后的图像

图 23-7　底帽运算效果

知识讲解 2:光学字符识别(Optical Character Recognition,OCR)

字符包括汉字、数字、字母、特殊符号等。字符识别主要有两种方式:一种是通过 Halcon 自带的分类器识别常见的数字或符号等;另一种是使用字符图像离线训练 OCR 分类器,然后使用 OCR 分类器识别字符,主要包括以下步骤:

(1)离线训练。①读取样本图像,分割图像中已知字符的区域。可以采用 draw_rectangle1 等算子选择单个字符的区域。②将分割出的区域和对应的字符名称存储到训练文件中。可以采用 append_ocr_trainf 算子,将字符区域存储在后缀名为". trf"的训练文件中,并确认训练文件中图像与字符名称一一对应。③创建分类器并进行训练。可以采用 create_ocr_class_mlp 算子训练基于 MLP 的分类器,采用 trainf_ocr_class_mlp 算子训练基于"trf"文件的分类器,得到分类器句柄 OCRHandle。④保存分类器。采用 write_ocr_class_mlp 算子保存句柄为 OCRHandle 的分类器,分类器的后缀名为 ".omc"。⑤清除分类器。

(2)在线检测。①读取分类器。采用 read_ocr_class_mlp 算子读取后缀名为 ".omc"的分类器文件。②分割待检测字符的区域,提取出各字符区域。③使用分类器分类字符区域。其中,MLP 分类器采用 do_ocr_multi_class_mlp 算子分类。④清除分类器。

知识讲解 3:Halcon 语法

(1)选择语句

①if 语句是一个条件选择语句,即根据不同条件选择执行不同的主体语句。if 语句的结构如下:

```
if(条件)
    主体语句
elseif(条件)
    主体语句
else
```

　　　　　主体语句

endif

②switch 语句是一个条件选择语句,当 if 语句多层嵌套时,可以用 switch 语句代替。switch 语句的结构如下:

switch(条件)

case 常量表达式一:

　　主体语句

　　break

case 常量表达式二:

　　主体语句

　　break

default:

　　主体语句

endswitch

(2)循环语句

在编程中经常会用到循环语句实现循环往复操作。

①for 循环语句的结构如下:

for Index: = StartNumber to EndNumber by Step

　　循环体语句

endfor

其中,Index 是循环变量,每次循环结束都会加上 Step 的值;StartNumber 是开始的数值;EndNumber 是结束的数值;当 Index 大于 EndNumber 时循环结束。

②while 循环语句的结构如下:

while(条件)

　　循环体语句

endwhile

(3)中断语句

与 C 语言相类似,continue 语句的作用是结束本次循环开始执行下一次循环,break 语句的作用是跳出当前循环体。

4. 任务实施

任务实施 1:预处理图片,离线训练 OCR 分类器

(1)将待识别车牌图片命名为"license plate image",并将其保存至程序所在的文件夹下。

(2)新建 Halcon 文件,编写代码离线训练 OCR 分类器,代码及注释如下:

＊关闭窗口

dev_close_window ()

＊打开指定大小的窗口

dev_open_window (0,0,670,280,'black',WindowHandle)

＊读取保存的图像

read_image (Image,'license plate image.jpg')

＊得到图像大小

get_image_size(Image,Width,Height)

＊显示图像

dev_display (Image)

＊设置字体

set_display_font (WindowHandle,48,'mono','true','false')

＊定义区域填充模式

dev_set_draw ('fill')

＊设置线宽

dev_set_line_width (3)

＊rgb 转灰度

rgb1_to_gray (Image,GrayImage)

＊采用灰度直方图提取目标区域

threshold (GrayImage,Regions,140,255)

＊连接连通域

connection (Regions,ConnectedRegions)

＊采用特征直方图提取区域

select_shape (ConnectedRegions,SelectedRegions,'area','and',169.83,2100)

＊膨胀

dilation_circle (SelectedRegions,RegionDilation,5)

＊合并连通域

union1 (RegionDilation, RegionUnion)

＊腐蚀

erosion_circle (RegionUnion,RegionErosion,3.5)

＊连接连通域

connection (RegionErosion, ConnectedRegions1)

＊区域排序

sort_region (ConnectedRegions1, SortedRegions,'first_point','true','column')

＊计算区域坐标

```
area_center(SortedRegions, Area1, Row, Column)
```
* 离线训练参数
```
chart:=['京','A','F','0','2','3','6']
Chars:=''
count_obj(SortedRegions,Number2)
for Index1:=1 to Number2 by 1
```
    * 选择字符区域
```
    select_obj(SortedRegions, ObjectSelected2, Index1)
```
    * 缩小图像的定义域
```
    reduce_domain(GrayImage, ObjectSelected2, ImageReduced1)
```
    * 采用灰度直方图提取字符区域
```
    threshold(ImageReduced1, Region,140,255)
```
    * 离线训练
```
    append_ocr_trainf(Region,Image,chart[Index1-1],'str.trf')
    read_ocr_trainf_names('str.trf',CharacterNames,CharacterCount)
    create_ocr_class_mlp(8,10,'constant','default',CharacterNames,80,'
    none',10,42,OCRHandle)
    trainf_ocr_class_mlp(OCRHandle,'str.trf',200,1,0.01,Error,ErrorLog)
    write_ocr_class_mlp(OCRHandle,'str.omc')
endfor
```

(3)训练完成 OCR 分类器后,在文件夹下生成了 str.omc 文件和 str.trf 文件。

任务实施 2:采用离线训练的 OCR 分类器,识别并显示车牌

(1)代码及注释如下:

* 关闭窗口
```
dev_close_window()
```
* 打开指定大小的窗口
```
dev_open_window(0,0,670,280,'black',WindowHandle)
```
* 读取保存的图像
```
read_image(Image,'license plate image.jpg')
```
* 得到图像大小
```
get_image_size(Image,Width,Height)
```
* 显示图像
```
dev_display(Image)
```
* 设置字体
```
set_display_font(WindowHandle,48,'mono','true','false')
```

```
* 定义区域填充模式
dev_set_draw ('fill')
* 设置线宽
dev_set_line_width (3)
* rgb 转灰度
rgb1_to_gray (Image,GrayImage)
* 采用灰度直方图提取目标区域
threshold (GrayImage,Regions,140,255)
* 连接连通域
connection (Regions,ConnectedRegions)
* 采用特征直方图提取区域
select_shape (ConnectedRegions,SelectedRegions,'area','and',169.83,2100)
* 膨胀
dilation_circle (SelectedRegions,RegionDilation,5)
* 合并连通域
union1 (RegionDilation,RegionUnion)
* 腐蚀
erosion_circle (RegionUnion,RegionErosion,3.5)
* 连接连通域
connection (RegionErosion,ConnectedRegions1)
* 区域排序
sort_region (ConnectedRegions1,SortedRegions,'first_point','true','column')
* 计算区域坐标
area_center (SortedRegions,Area1,Row,Column)
Chars: = ''
count_obj (SortedRegions,Number2)
for Index1: = 1 to Number2 by 1
    * 选择字符区域
    select_obj (SortedRegions,ObjectSelected2,Index1)
    * 缩小图像的定义域
    reduce_domain (GrayImage,ObjectSelected2,ImageReduced1)
    * 采用灰度直方图提取字符区域
    threshold (ImageReduced1, Region, 140, 255)
    * 读取本地字符集
    read_ocr_class_mlp ('str.omc', OCRHandle)
```

＊字符识别

do_ocr_multi_class_mlp (Region, Image, OCRHandle, Class, Confidence)

Chars : = Chars + Class

Confidences[Index1 - 1] : = Confidence

endfor

＊显示

dev_display (Image)

dev_display (SelectedRegions)

disp_message (WindowHandle, Chars, 'image', 10, 10, 'yellow', 'false')

(2)在 Halcon12 软件中,选择"执行"→"运行"或工具栏中的"执行"按钮或快捷键 F5,执行任务实施 1 和任务实施 2 中的代码。执行完上述代码后,图形窗口和变量窗口 如图 23-8 所示,从中可以发现,已正确识别并显示出车牌中的汉字、字母与数字。

(a) 图形窗口　　　　　　　　　　　　(b) 变量窗口

图 23-8　图形窗口和变量窗口

5. 任务总结

(1)完成图像的预处理等操作,比如,rgb 转灰度,提取目标区域,连接连通域,膨胀、腐蚀等。(2)编写代码离线训练 OCR 分类器,生成 str. omc 文件和 str. trf 文件。(3)使用离线训练的 OCR 分类器,识别并显示车牌中的汉字、字母与数字。

6. 课后复习与拓展

(1)试采用 Halcon 自带的分类器,比如,read_ocr_class_mlp ('DotPrint_0 - 9A - Z _NoRej.omc', OCRHandle)等,识别车牌中的字母与数字。(2)试将所有常见车牌中的汉字、字母、数字作为训练参数,离线训练 OCR 分类器。

任务24：识别二维码

1. 思政元素与课前准备

较之传统犯罪，电信网络诈骗成本低、迷惑性强、传播速度快。诈骗分子多经过培训，谙熟说话技巧和被骗人心理，甚至为受骗群体定做诈骗"剧本"，大学生稍不留神就会陷入圈套。高校常见的诈骗类型主要包括校园贷诈骗、网络交友类诈骗、电商客服物流诈骗、刷单返利类诈骗、通信诈骗、冒充公检法犯罪、伪装熟人诈骗、娱乐项目中奖诈骗、网络赌博诈骗等。

面对花样百出的诈骗形式，大学生要增强防范意识，努力做到"8个凡是、6个一律、3个绝对不可能、1个绝对不要做"。8个凡是：(1)凡是自称公检法要求汇款的，不能相信；(2)凡是叫你汇款到"安全账户"的，不能相信；(3)凡是通知中奖、领奖要你先交钱的，不能相信；(4)凡是通知"家属"出事要先汇款的，不能相信；(5)凡是在电话中索要银行卡信息及验证码，或是让你开通网银接受检查的，不能相信；(6)凡是自称提供无担保、低息，让你先交手续费的，不能相信；(7)凡是领导要求汇款的，不能相信；(8)凡是陌生网站要求登记银行卡信息的，不能相信。6个一律：(1)陌生电话，一谈到转接公检法的，一律挂掉；(2)陌生电话一提到"安全账户"的，一律挂掉；(3)陌生电话，一谈到银行卡一律挂掉；(4)所有短信，但凡让点击链接的，一律不点；(5)微信、QQ不认识的人发来的链接，一律不点；(6)网络交易平台使用非官方平台的，一律拒绝。3个绝对不可能：(1)警方绝对不可能在电话中向你通报案情；(2)警方绝对不可能通过手机向你发送警官证；(3)警方绝对不可能通过微信向你发送通缉令。1个绝对不要做：所有电话、QQ、微信中陌生人要求转账汇款的，绝对不要做。

大学生遇到可疑情况，要第一时间向相关部门求助，学会运用法律武器保护自身合法权益，为营造全民反诈、全社会反诈的浓厚氛围贡献力量。

课前准备：计算机1台、Halcon12软件、二维码图片1张等。

2. 任务描述

试在Halcon12软件中编写代码，实现如下功能：(1)读取图24-1所示的包含两个二维码的图像；(2)创建二维码模型，设置二维码模型参数；(3)如图24-2所示，打印显示文字"识别结果如下："，画出二维码边框，在二维码下方分别显示"robot"、"QR code"；(4)保存结果。

识别结果如下：

图 24-1　待识别的二维码

robot　　　　QR code

图 24-2　二维码识别结果

3. 知识讲解

知识讲解 1：二维码及其分类

二维码是用某种特定的几何图形，按一定规律在平面（二维方向）上分布的黑白相间、记录数据符号信息的图形。依据码制的编码原理，二维码一般可分为堆叠式二维码、矩阵式二维码等类型。

堆叠式二维码建立在一维条码基础上，按需要堆积成两行或多行。矩阵式二维码是在一个矩形空间内，通过黑、白像素在矩阵中的不同分布进行编码。在矩阵相应元素位置上，用"点"表示二进制"1"，用"空"表示二进制"0"，"点"和"空"的排列组成代码。与其他二维码相比，QR Code 具有识读速度快、数据密度大、占用空间小等优点，因此具有广泛应用。

知识讲解 2：二维码识别流程与常见算子

在 Halcon12 软件中识别二维码的流程，如图 24-3 所示。

创建二维码模型 → 设置参数 → 读取二维码模型

图 24-3　在 Halcon12 软件中识别二维码的流程

二维码相关算子如下：

（1）create_data_code_2d_model(::SymbolType, GenParamNames, GenParamValues: DataCodeHandle)

它的功能为创建二维码模型。SymbolType：二维码类型。GenParamNames：二维码模型可调整的通用参数名称。GenParamValues：二维码模型可调整的通用参数值。DataCodeHandle：使用和访问二维码模型的句柄，该句柄用于条形码的下一步操作，比如，修改模型、读取符号或访问符号搜索的结果等。

（2）set_data_code_2d_param(::DataCodeHandle, GenParamNames, GenParamValues:)

它的功能为设置二维码模型的选定参数。DataCodeHandle：二维码模型的句柄。GenParamNames：二维码可调整的通用参数名称。GenParamValues：二维码可调整的通用参数值。

（3）find_data_code_2d(Image：SymbolXLDs：DataCodeHandle，GenParamNames，GenParamValues：ResultHandles，DecodedDataStrings)

它的功能为检测并读取二维码标志结果。Image:输入图像,如果图像区域缩小为一个局部区域,则搜索时间变少,但同时也可能出现由于条形码不完整而导致无法找到二维码的情况。SymbolXLDs:被成功解码二维码周边的 XLD 轮廓。DataCodeHandle:二维码模型句柄。GenParamNames:可设置的参数名称。GenParamValues:可设置的参数值。ResultHandles:所有成功解码的二维码的句柄。DecodedDataStrings:在图像中搜索到的二维码解码字符结果。

在调用 find_data_code_2d 算子之前,需要使用 create_data_code_2d_model 算子或 read_data_code_2d_model 算子创建与图像中二维码类型相匹配的模型。find_data_code_2d 算子被执行后,会自动返回二维码 XLD 轮廓和解码结果句柄,解码结果句柄包括二维码附加信息、搜索方式以及解码结果等。

（4）clear_data_code_2d_model(:：DataCodeHandle：)

它的功能为删除二维码模型并释放分配的内存。DataCodeHandle:二维码模型句柄。

4. 任务实施

任务实施 1:在 Halcon12 软件中编写代码识别二维码

在 Halcon12 软件中编写代码及注释如下:

* 关闭窗口更新

dev_update_off ()

* 关闭显示窗口

dev_close_window ()

* 打开指定大小的窗口

dev_open_window (0，0，670，280，'black'，WindowHandle)

* 读取保存的图像

read_image (Image,'QR code image.jpg')

* 得到图像大小

get_image_size (Image，Width，Height)

* 设置显示字体的格式与大小

set_display_font (WindowHandle，16，'mono'，'true'，'false')

* 设置线宽

dev_set_line_width (3)

* 创建二维码模型

create_data_code_2d_model ('QR Code'，[]，[]，DataCodeHandle)

* 设置二维码模型的选定参数

set_data_code_2d_param (DataCodeHandle，'polarity'，'dark_on_light')

```
set_data_code_2d_param (DataCodeHandle,'default_parameters','maximum_
recognition')
```
* 显示图像
```
dev_display (Image)
```
* 二维码个数
```
NumSymbols := 2
```
* 识别二维码
```
find_data_code_2d (Image, SymbolXLDs, DataCodeHandle,'stop_after_
result_num', NumSymbols, ResultHandles1, DecodedDataStrings)
```
* 设置显示颜色
```
dev_set_color ('green')
```
* 显示 XLD
```
dev_display (SymbolXLDs)
```
* 显示文字
```
disp_message (WindowHandle,'识别结果如下:','window',8,8,'blue','false')
```
* 计算各个二维码的最小外接矩形
```
smallest_rectangle1_xld (SymbolXLDs, Row1, Column1, Row2, Column2)
```
* 通过判断数组的个数,判断识别出的二维码的个数,并显示识别结果
```
if(|DecodedDataStrings| == 1)
    set_tposition (WindowHandle, Row2 + 10, (Column1 + Column2)/2 - 20)
    write_string (WindowHandle, DecodedDataStrings)
elseif(|DecodedDataStrings| > 1)
    for i:= 0 to |DecodedDataStrings| - 1 by 1
        set_tposition (WindowHandle, Row2[i] + 10, (Column1[i] + Column2[i])
        /2 - 20)
        write_string (WindowHandle, DecodedDataStrings[i])
    endfor
endif
```
* 保存窗口图像
```
dump_window (WindowHandle,'png','识别结果图')
```
任务实施 2：执行代码，显示识别的二维码结果

在 Halcon12 软件中，选择"执行"→"运行"或工具栏中的"执行"按钮▶或快捷键
F5，执行任务实施 1 中的代码。执行完上述代码后，图形窗口和变量窗口如图 24-4 所
示，从中可以发现，已打印显示文字"识别结果如下："，已画出二维码边框，已识别显示出
两个二维码信息"robot""QR code"

(a) 图形窗口　　　　　　　　　　　　(b) 变量窗口

图 24-4　图形窗口和变量窗口

5. 任务总结

(1)在 Halcon12 软件中编写代码,读取二维码图像,创建二维码模型并设定其参数,绘制二维码边框,识别二维码。(2)执行代码,在图形窗口中,显示文字、边框与二维码信息等内容。

6. 课后复习与拓展

(1)在 QR code 的三个转角处,分别有一个像"回"字的正方图案,试分析其作用是什么?(2)试在 Halcon12 软件中编写代码,读取并识别一维码图片,并显示出一维码的信息。

任务 25:模板匹配

1. 思政元素与课前准备

12 月 3 日,党中央决定,授予周永开、张桂梅同志和追授于海俊、李夏、卢永根、张小娟、加思来提·麻合苏提同志"全国优秀共产党员"称号。榜样的力量是无穷的,这力量温暖人、鼓舞人、启迪人。7 位同志获此光荣称号,必将激励和引导广大党员、干部忠实践行习近平新时代中国特色社会主义思想,不忘初心、牢记使命,勇于担当、砥砺奋进,努力创造无愧于时代、无愧于人民、无愧于历史的业绩。

习近平总书记指出,向先进典型学习,可学者多矣!最关键的是要学精神、学品质、学方法。周永开等 7 位同志是在"不忘初心、牢记使命"主题教育中涌现出来的共产党员的先进典型,他们秉持理想信念、保持崇高境界、坚守初心使命、敢于担当作为,以实际行动诠释了共产党人的崇高精神和优秀品质。周永开和卢永根同志一辈子听党话、跟党走,始终如一坚守"党是一生的追随""把一切献给党和祖国"的初心誓言;张桂梅同志把全部身心投入到边疆民族地区教育事业和儿童福利事业,为孩子们留住用知识改变命运的机会;于海俊、李夏和张小娟同志坚守在艰苦偏远地区,奋战在党和人民最需要的地方,执着奉献直至献出自己宝贵的生命;加思来提·麻合苏提同志坚定站在反分裂斗争一线,旗帜鲜明跟党走,一直战斗到生命最后一刻。他们在不同的岗位上,干出了共产党员应有的好样子,赢得了人民群众的信任与爱戴;他们如同一面面旗帜,共同展现着新时代的精神力量。

"崇尚英雄才会产生英雄,争做英雄才能英雄辈出。"标杆是干出来的,学习标杆就要在干中学。广大党员、干部要以先进典型为镜子,找参照、找差距,要像他们那样牢记宗旨、心系群众,始终保持在思想上行动上对党忠诚、信念坚定;像他们那样苦干实干、担当奉献,越是艰险越向前;像他们那样严于律己、坦荡无私,永葆共产党人的政治本色。学习标杆还要在知行合一上下功夫,把他们的崇高精神和优良作风内化于心、外化于行,真正像他们那样去奋斗。人人起而行之,人人奋勇争先,就一定能汇聚成干事创业的时代洪流,把我们的伟大事业不断推向前进。[①]

课前准备:计算机 1 台、Halcon12 软件、模板图片 1 张、检测图片 1 张等。

2. 任务描述

试在 Halcon12 软件中,完成如下功能:(1)读取图 25-1 所示的图片并对其处理,分别采用 XLD 轮廓与匹配助手等方法创建模板;(2)分别读取图 25-1 中的模板图片与图 25-2 中的检测图片,设置模型参数,并与模板图片对比,检测是否匹配成功;(3)若匹配成功,则显示"与模板一致",若匹配不成功,则显示"与模板不一致"。

图 25-1　模板图片　　　　　　　　　图 25-2　检测图片

3. 知识讲解

知识讲解 1:模板匹配的流程

如图 25-3 所示,模板匹配的流程主要包括图像预处理、生成模板图像、创建模板、匹配图像与结果显示等。

---

① 摘自:像优秀共产党员那样去奋斗.人民日报,2020 年 12 月 04 日 01 版.

```
┌──────────┐      ┌──────────┐      ┌──────────┐      ┌──────────┐      ┌──────────┐
│ 图像预处理 │ ───▶ │ 生成模板 │ ───▶ │ 创建模板 │ ───▶ │ 匹配图像 │ ───▶ │ 结果显示 │
│          │      │  图像    │      │          │      │          │      │          │
└──────────┘      └──────────┘      └──────────┘      └──────────┘      └──────────┘
```

图 25-3　模板匹配的流程

（1）图像预处理与生成模板图像。主要提取感兴趣的区域并对其裁切,裁切后的图像即为模板图像。（2）创建模板。模板图像只是原始数据,可以通过调节参数实现旋转、缩放等效果。（3）匹配图像。检测图像与模板图像相匹配,得到匹配结果,在匹配过程中,可以通过修改匹配分值门限和匹配个数等参数调节匹配结果。（4）结果显示。匹配结果可以通过图表的形式展现,以便用户作出正确判断。

知识讲解 2:模板匹配的方法

常见模板匹配的方法及其适用场景如表 25-1 所示。

表 25-1　常见模板匹配的方法及其适用场景

匹配目标	匹配方法	适用场景
搜索 2D 目标（正交视点）	基于灰度值的模板匹配	适用于目标区域灰度值比较稳定,检测图像与模板图像相似度较高,且具有相同外界条件的场景。不适用于杂乱场景、遮挡、光照变化、尺寸缩放及多通道图像
	基于相关性的模板匹配	适用于失焦图像、轻微形变、线性光照变化及轮廓模糊的图像,尤为支持纹理图像。不适用于杂乱场景、遮挡、非线性光线变化、大幅的旋转、尺寸缩放和多通道图像
	基于形状的模板匹配	适用于目标轮廓比较清晰的场景。适用于杂乱场景、遮挡、非线性光照变化、尺寸缩放、失焦和轻微形变的图像,以及多通道图像和多个模板的同步匹配。不适用于纹理复杂的图像
	基于组件的模板匹配	适用于多个目标的匹配场景。适用于杂乱场景、遮挡、非线性光照变化的图像,以及多通道图像和多个模板的同步匹配。不适用于纹理复杂的图像,以及失焦和形变的图像
	基于局部形变的模板匹配	适用于杂乱场景、遮挡、非线性光照变化、尺寸缩放和轻微局部形变的图像,以及多通道图像
搜索 2D 模板（透视视点）	基于透视形变的模板匹配	适用于杂乱场景、遮挡、非线性光照变化、尺寸缩放、失焦和透视形变的图像,以及多通道图像,但对纹理图像的支持不够好
	基于描述符的模板匹配	适用于杂乱场景、遮挡、非线性光照变化、尺寸缩放、轻微局部形变、透视形变的图像,以及有纹理的图像。不适用于失焦和多通道图像
搜索匹配的点	基于点的模板匹配	适用于在多幅部分重合的图像之间建立对应的关系

在二维匹配中,基于形状的匹配和基于相关性的匹配应用较为广泛,需根据检测图像的特征进行选择。比如,相对于模板图像,检测图像可能出现大幅缩放,则可以选择基于形状的匹配。又比如,检测图像的尺寸与模板图像的尺寸几乎相同,但形状可能出现轻微的变化,则可以选择基于相关性的匹配。

知识讲解 3:匹配助手

使用 Halcon 匹配助手,可以方便地选择模板图像,设置匹配参数,并测试匹配结果。Halcon 匹配助手支持基于形状的匹配、基于互相关的匹配、基于描述符的匹配、基于可变形的匹配等方式。

使用 Halcon 匹配助手的过程如下:

(1)选择匹配方法。在菜单栏中选择"助手"→"打开新的 Matching",弹出图 25-4 所示的"Matching"对话框,在下拉菜单中选择匹配方法。

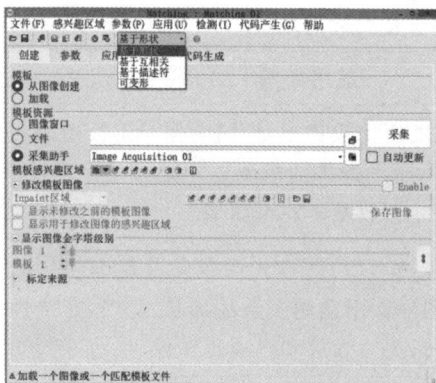

图 25-4 "创建"选项卡下的窗口

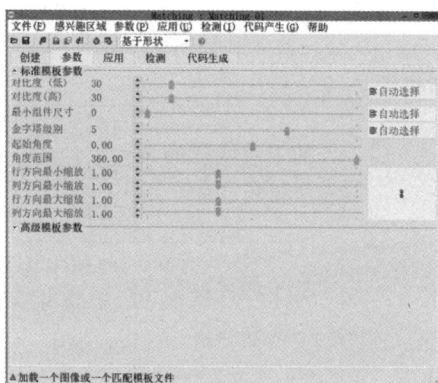

图 25-5 "参数"选项卡下的窗口

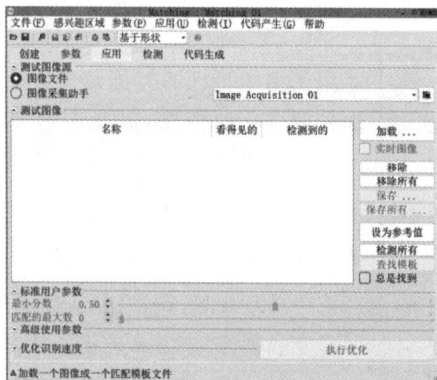

图 25-6 "应用"选项卡下的窗口

(2)创建模板。如图 25-4 所示,选择"创建"选项卡,在"模板"栏中,可以选择"从图像创建"或"加载"单选框;在"模板资源"栏中,单击"文件"单选框,选择图像所在的路径,或单击"采集助手"单选框连接摄像头,实时拍摄图像创建模板;然后从"模板感兴趣区域"中选择合适的工具,如圆形、椭圆形等选择区域,单击右键确认;在"显示图像金字塔级别"

栏中设置级别。

单击"参数"选项卡,弹出图 25-5 所示的页面,设置各参数,可以选择"自动选择"按钮自动设置,也可以手动设置各参数值。不同模板匹配方法,对应"参数"选项卡中的页面也不同。

完成参数设置后,选择图 25-5 中"文件"→"保存模板",或单击"保存"按钮 ▣ 保存模板。

(3)检测模板。保存模板后,单击"应用"选项卡,如图 25-6 所示,在"测试图像源"栏中选择"图像文件"或"图像采集助手"单选框,加载图像或连接摄像头实时采集图像;在"测试图像"栏中,单击"加载"按钮 [加载 …],加载测试图像,选择"总是找到"复选框可以显示找到的模板图像;然后在"标准用户参数"栏中设置"最小分数"与"匹配的最大数";在"高级使用参数"栏中设置贪心算法等参数。

选择"检测"选项卡,单击"执行"按钮,显示匹配的结果,如识别率、分值、时间等。

(4)优化匹配参数并插入代码。根据匹配结果优化匹配参数。在"应用"选项卡中的"优化识别速度"栏中,单击"执行优化"按钮,将自动优化搜索的参数。手动修改匹配参数时,需考虑识别的准确性与速度。修改后应再次测试匹配结果,可优先保证匹配的准确性,再考虑优化识别速度。

单击"代码生成"选项卡,完成"选项""基于形状模板匹配变量名""代码预览"栏中的设置,单击"插入代码"按钮插入代码。

4. 任务实施

任务实施 1:采用匹配助手生成代码

(1)将模板图片、检测图片分别命名为"template image""test image",并将其保存至编写程序的文件夹下。

(2)参考知识讲解 3 中的匹配助手内容,选择"基于形状"的匹配方法,其他操作参考知识讲解 3,生成代码。

(3)编辑生成的代码,编辑后的代码如下:

```
gen_rectangle1 (ModelRegion, 37.3129, 26.9324, 544.939, 531.068)
reduce_domain (Image, ModelRegion, TemplateImage)
create_scaled_shape_model (TemplateImage, 6, rad(0), rad(360), rad(0.3724),
0.9, 1.1, 0.0065, ['point_reduction_high','no_pregeneration'],'
use_polarity', [10,16,15], 4, ModelID)
get_shape_model_contours (ModelContours, ModelID, 1)
area_center (ModelRegion, ModelRegionArea, RefRow, RefColumn)
vector_angle_to_rigid (0, 0, 0, RefRow, RefColumn, 0, HomMat2D)
affine_trans_contour_xld (ModelContours, TransContours, HomMat2D)
```

```
dev_display (Image)

dev_set_color ('green')

dev_display (TransContours)

stop ()
```

任务实施 2：编写并执行代码，显示识别结果

利用上述代码，编写代码及注释如下：

```
* 打开自动更新

dev_update_on()

* 关闭窗口

dev_close_window ()

* 读取图像

read_image (Image, 'template image.jpg')

* 得到图像大小

get_image_size(Image, Width, Height)

* 打开指定大小的窗口

dev_open_window (0, 0, 670, 280, 'black', WindowHandle)

* 清空窗口

dev_clear_window ()

* 设置字体

set_display_font (WindowHandle, 36, 'mono', 'true', 'false')

* 显示图像

dev_display (Image)

* 若 if 中的条件为 true,则执行 if 下的代码,使用 XLD 轮廓创建模板。若 if 中的
* 条件为 false,则执行 else 下的代码,使用模板匹配助手生成的代码创建模板。

if(true)

    rgb1_to_gray (Image, Image)

    binary_threshold (Image, Region, 'max_separability', 'dark', UsedThreshold)

    paint_region (Region, Image, ImageResult, 0, 'fill')

    binary_threshold (ImageResult, Region1,'max_separability', 'light',
    UsedThreshold1)

    paint_region (Region1, ImageResult, ImageResult1, 255,'fill')

    edges_sub_pix (ImageResult1, Edges, 'canny', 1,20,40)

    create_scaled_shape_model_xld (Edges, 'auto', -0.39,0.79, 'auto',0.9,
    1.1, 'auto', 'auto', 'ignore_local_polarity',5,ModelID)

    get_shape_model_contours (ModelContours, ModelID, 1)
```

```
    dev_display (Image)
    dev_set_color ('green')
    dev_display (Edges)
    stop ()
else
    gen_rectangle1 (ModelRegion, 37.3129, 26.9324, 544.939, 531.068)
    reduce_domain (Image, ModelRegion, TemplateImage)
    create_scaled_shape_model (TemplateImage, 6, rad(0), rad(360), rad(0.3724),
    0.9, 1.1, 0.0065, ['point_reduction_high', 'no_pregeneration'], 'use_po-
    larity', [10,16,15], 4, ModelID)
    get_shape_model_contours (ModelContours, ModelID, 1)
    area_center (ModelRegion, ModelRegionArea, RefRow, RefColumn)
    vector_angle_to_rigid (0, 0, 0, RefRow, RefColumn, 0, HomMat2D)
    affine_trans_contour_xld (ModelContours, TransContours, HomMat2D)
    dev_display (Image)
    dev_set_color ('green')
    dev_display (TransContours)
    stop ()
endif
* 采用基于形状的模板匹配方法匹配图像
TestImages := ['template image.jpg','test image.jpg']
for T: = 0 to 1 by 1
    read_image (Image, TestImages[T])
    find_scaled_shape_model (Image, ModelID, rad(0), rad(360), 0.9, 1.1, 0.5, 0,
    0.5, 'least_squares', [6,1], 0.75, Row, Column, Angle, Scale, Score)
    dev_display (Image)
    if(|Score| = = 1)
        hom_mat2d_identity (HomMat2D)
        hom_mat2d_scale (HomMat2D, Scale, Scale, 0, 0, HomMat2D)
        hom_mat2d_rotate (HomMat2D, Angle, 0, 0, HomMat2D)
        hom_mat2d_translate (HomMat2D, Row, Column, HomMat2D)
        affine_trans_contour_xld (ModelContours, TransContours, HomMat2D)
        dev_set_color ('green')
        dev_display (TransContours)
        disp_message (WindowHandle, '与模板一致', 'image',10, 10, 'black', 'true')
```

```
    else
        disp_message (WindowHandle, '与模板不一致', 'image', 10, 10, 'black', 'true
        ')
    endif
    stop ()
endfor
clear_shape_model (ModelID)
```

任务实施 3：执行代码，显示识别结果

在 Halcon12 软件中，选择"执行"→"运行"或工具栏中的"执行"按钮或快捷键 F5，执行任务实施 2 中的代码。代码执行完成后，图像窗口如图 25-7 所示。从中可以发现，已打印显示文字"与模板不一致""与模板一致"。

图 25-7 图像窗口

变量窗口已显示所有变量，具体如图 25-8 所示。

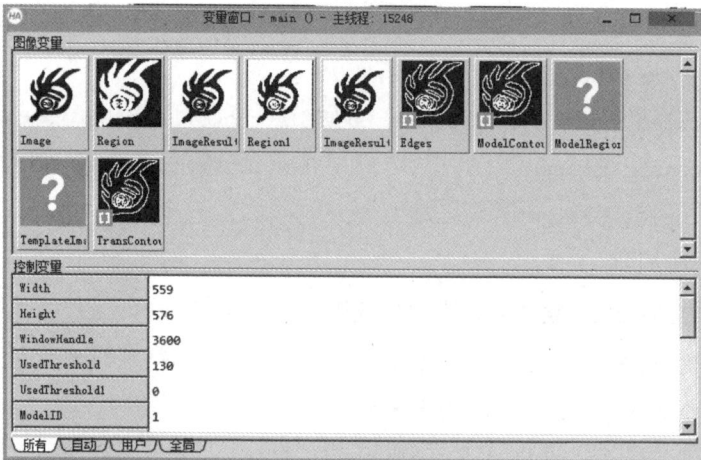

图 25-8 变量窗口

5.任务总结

(1)读取并处理图片,分别采用 XLD 轮廓与匹配助手的方法创建模板。(2)读取检测图片,设置模型参数,将检测图片与创建的模板相对比,确认是否匹配成功。(3)若匹配成功,则显示"与模板一致",否则显示"与模板不一致"。

6.课后复习与拓展

(1)原始图像在第1层(最底层),第2层图像大小仅为第1层的1/4,然后不断迭代,形成一个从大到小、自下而上的图像金字塔模型。试分析在确定金字塔的层级数时,应考虑哪些因素?(2)试在 Halcon12 软件中编写代码,采用摄像头实时读取图像,并与模板图像相匹配,若匹配成功,采用 USB 转 TTL 模块将匹配成功的信息发送至单片机。

项目6　机器人电路板设计与制作

任务 26:建立元件的原理图库

1.思政元素与课前准备

信息时代,集成电路无处不在。大到航空航天、高铁船舶,小到手机电脑、智能手表,集成电路都是关键"部件"。甚至传统农业工业,也正在通过集成电路实现信息化、智能化。集成电路技术改变着人类的生产方式和生活方式,成为社会信息化的"引擎",兼具经济价值和战略意义。

今天,集成电路关系到许多传统企业、新兴企业乃至行业的核心竞争力。比如在汽车领域,芯片在发动机控制系统(如点火、变速传动)、底盘控制系统(如转向、驻车)、智能驾驶系统(如摄像、雷达、驾驶员监控)、车身及舒适安全系统(如车门、灯光、座椅、气囊、空调、音响)、信息联网系统(如导航)等部分广泛应用,每部汽车约需要 1000～2000 块集成电路。普通乘用车中,汽车电子(包括集成电路和分立器件)成本占比已达 40%,在纯电动汽车中更是达到 65% 以上。

2020 年,国务院印发《新时期促进集成电路产业和软件产业高质量发展的若干政策》,力推集成电路产业高质量发展。"十四五"规划和 2035 年远景目标纲要提出:"瞄准人工智能、量子信息、集成电路、生命健康、脑科学、生物育种、空天科技、深地深海等前沿领域,实施一批具有前瞻性、战略性的国家重大科技项目。"这 8 个领域均与集成电路相关，也深刻说明集成电路的研发、生产和应用是一项关键而复杂的社会工程。可以说，集成电路已经成为引领新一轮科技革命和产业变革的关键技术。

手机、电脑、卫星、高铁、工业机器人中的集成电路类型千差万别，但都做着类似的事：信息的获取、存储、处理和传输。以集成电路与软件构成的信息中枢，已经融入当今人类生产生活的各个领域，成为构筑信息社会的基石。在抗击新冠疫情中，为更准确地进行流调，手机扫码成为生活中的常态，而手机的核心组件正是集成电路。

未来，集成电路将在更多维度和更大空间发展起来，前景广阔，信息化社会和数字时代需要这样的"引擎"。世上无难事，只要肯登攀。相信这一朝阳产业将从多维度、多方面推动我国信息化和数字化发展。[1]

课前准备：计算机 1 台、Altium Designer 15. 1. 16 软件等。

2. 任务描述

按照表 26-1 所示的机器人元件，绘制原理图符号，创建原理图库。

表 26-1　机器人元件

序号	元件名称	元件流水号	描述说明	数量
1	Con2 稳压模块（小）接线端子	进 P1	"进 P1"在用	1
2	Header3 传感器接线端子	传 P2	"传 P2－传 P10"在用，"传 P11"备用	10
3	Header3 舵机接线端子	舵 P12	与传感器不通用，"舵 P12－舵 P15"在用，"舵 P16"备用	5
4	Header4 串口接线端子	串 P17	"串 P17"在用，"串 P18"备用	2
5	Header6 编码器接线端子	编 P19	"编 P19、编 P20"在用	2
6	Header4×2 驱动接线端子	驱 P21	"驱 P21"在用	1
7	Header10×2 传感器接线端子	传 P22	"传 P22"在用	1
8	Header30×2 单片机接线端子1(2)	单 P23	"单 P23"在用	1
9	电阻端子	R1	"R1－R10"在用，均为 4.7K	10
10	钮子开关孔位	K1	K1：PCB 开关	1
11	船形开关孔位	K2	K2：稳压模块（小）开关，K3：稳压模块（大）或可调降压模块开关	2

---

① 摘自：集成电路——社会信息化的"引擎"（开卷知新）．人民日报，2022 年 05 月 13 日 20 版。

3. 知识讲解

知识讲解 1：设计 PCB 的一般流程

设计 PCB 的一般流程，如图 26-1 所示。

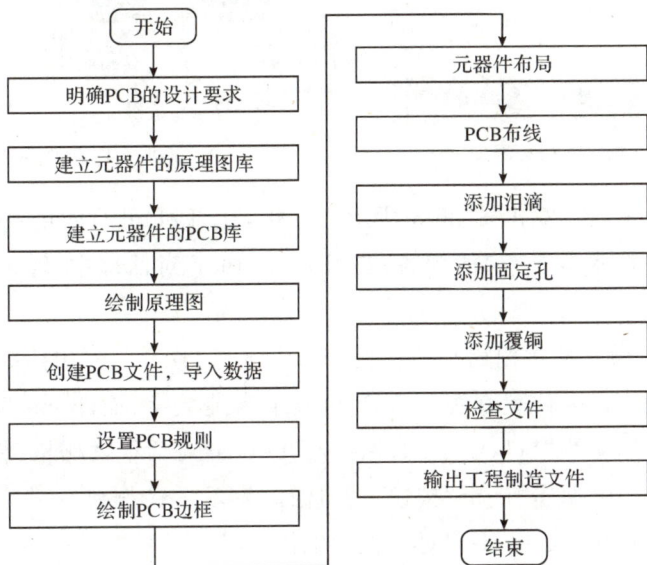

图 26-1　设计 PCB 的一般流程

知识讲解 2：引脚的类型

Passive：用于连接电容、电阻等被动器件的引脚。Power：电源供电电路，用于供电引脚和接地引脚。Input：信号输入。I/O：信号输入/输出。Output：信号输出。Open Collection：集电极开路。Open Emitter：射极开路。

4. 任务实施

任务实施 1：创建工程文件、原理图、原理图库、PCB 与 PCB 库等，设置捕捉栅格

（1）创建工程文件。选择"文件"→"New"→"Project"→在"Project Types"对话框中选择"PCB Project"→在"Project Templates"对话框中选择"Default"→在"Name"中输入"PCB_Project"，在"Location"中输入文件位置→点击"OK"按钮。

（2）分别给工程添加原理图、原理图库、PCB 与 PCB 库。在"PCB_Project.PrjPcb"图标 PCB_Project.PrjPcb 上单击鼠标右键→"给工程添加新的"→分别选择"Schematic""PCB""Schematic Library""PCB Library"→单击"保存"按钮保存。注意：删除工程文件时，需要在文件夹中删除。

（3）在原理图库中创建元件文件。单击右下角"SCH"按钮 SCH，切换至图 26-2 所示的 SCH Library 初始界面。单击"添加"按钮，按照表 26-1 中"元件名称"一列，添加新的元件，操作完成后如图 26-3 所示。

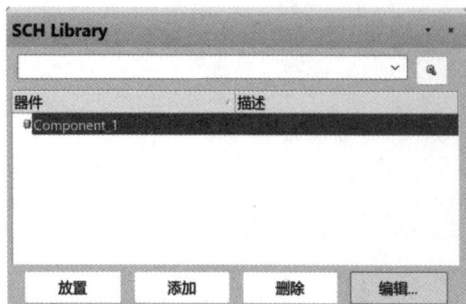

图 26-2　SCH Library 初始界面

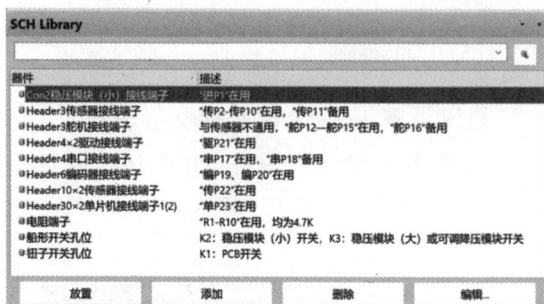

图 26-3　添加元件后的 SCH Library 界面

（4）编辑元件属性。双击图 26-3 所示的元件，在"Default Designator"对话框中，输入表 26-1 中"元件流水号"一列的内容；在"Description"对话框中，输入表 26-1 中"描述说明"一列的内容。

（5）切换单位、设置捕捉栅格与跳转栅格。①选择"察看"→"切换单位"，将单位切换至 mil，切换完成后，鼠标位置在窗口左下角显示为纯数字，而非 cm 单位。②单击"工具"→"文档选项..."，弹出"Schematic Library Options"对话框，"栅格"框中"捕捉"与"可见的"栏，均设置为 10，单击"确定"按钮。③选择"察看"→"栅格"→"设置跳转栅格..."，在弹出的"choose a snap grid size"对话框中输入"10"。

任务实施 2：建立引脚类元件接线端子的原理图库

（1）绘制矩形。分别选中图 26-3 所示的"Con2 稳压模块（小）接线端子、Header3 传感器接线端子、Header3 舵机接线端子、Header4 串口接线端子、Header6 编码器接线端子、Header4×2 驱动接线端子、Header10×2 传感器接线端子、Header30×2 单片机接线端子 1(2)"，选择"放置"→"矩形"，将矩形框放至编辑区第四象限，为清楚显示文字，宽度可设置为 40mil 或 60mil，高度根据元件引脚个数确定，单击鼠标左键确认矩形框大小。

（2）放置引脚并设置属性。①分别选中上述绘制的矩形。②选择"放置"→"引脚"或实用工具栏中的放置引脚按钮或采用快捷键"P＋P"放置引脚；放置引脚前按下"TAB"键，弹出"管脚属性"对话框，在"逻辑的"选项卡下的"显示名字"框中输入"＋5V、GND"等名称，在"标识"框中输入"1、2、…"等数字；"＋5V、GND、3V3"的类型设置为"Power"。③按下空格键调整引脚方向，完成引脚放置。

（3）建立的引脚类元件原理图库如图 26-4 所示。单击各引脚，在弹出的对话框中，若取消勾选"显示名称"或"标识"栏后"可见的"复选框，则设置名称或标识不可见。

	1	+5V	
	2	GND	

(a) Con2稳压
模块(小)接线端子

	1	+5V	
	2	GND	
	3	P*	

(b) Header3传感器
接线端子

	1	P*	
	2	+5V	
	3	GND	

(c) Header3舵机
接线端子

	1	+5V	
	2	P*	
	3	P*	
	4	GND	

(d) Header4串口
接线端子

	1	*	
	2	P*	
	3	GND	
	4	+5V	
	5	P*	
	6	*	

(e) Header6编码器接线端子

	1	+5V	+5V	8	
	2	PA1	PA0	7	
	3	PA3	PA2	6	
	4	GND	GND	5	

(f) Header4×2驱动接线端子

	1	+5V	GND	20	
	2	*	PB9	19	
	3	PC0	PC1	18	
	4	PC2	PC3	17	
	5	PA4	PA6	16	
	6	PA5	PA7	15	
	7	PC4	PC5	14	
	8	PB0	PB1	13	
	9	*	*	12	
	10	*	*	11	

(g) Header10×2传感器接线端子

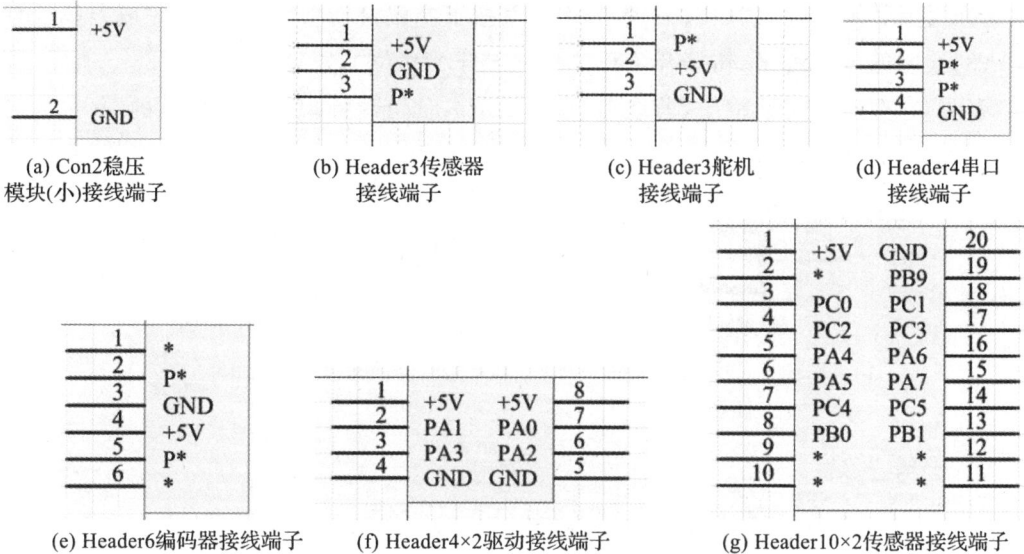

	1	3V3	3V3	60		61	+5V	GND	120	
	2	BT0	BT1	59		62	3V3	GND	119	
	3	GND	VREF	58		63	PB13	PB12	118	
	4	PB11	PB10	57		64	PB15	PB14	117	
	5	PE15	PE14	56		65	PD9	PD8	116	
	6	PE13	PE12	55		66	PD11	PD10	115	
	7	PE11	PE10	54		67	PD13	PD12	114	
	8	PE9	PE8	53		68	PD15	PD14	113	
	9	PE7	PG1	52		69	PG3	PG2	112	
	10	PG0	PF15	51		70	PG5	PG4	111	
	11	PF14	PF13	50		71	PG7	PG6	110	
	12	PF12	PF11	49		72	PC6	PG8	109	
	13	PB2	PB1	48		73	PC8	PC7	108	
	14	PB0	PC5	47		74	PA8	PC9	107	
	15	PC4	PA7	46		75	PA10	PA9	106	
	16	PA6	PA5	45		76	PA12	PA11	105	
	17	PA4	PA3	44		77	PA14	PA13	104	
	18	PA2	PA1	43		78	PC10	PA15	103	
	19	PA0	PC3	42		79	PC12	PC11	102	
	20	PC2	PC1	41		80	PD1	PD0	101	
	21	PC0	PF10	40		81	PD3	PD2	100	
	22	PF9	PF8	39		82	PD5	PD4	99	
	23	PF7	PF6	38		83	PD7	PD6	98	
	24	PF5	PF4	37		84	PG10	PG9	97	
	25	PF3	PF2	36		85	PG12	PG11	96	
	26	PF1	PF0	35		86	PG14	PG13	95	
	27	PC13	PE6	34		87	PB3	PG15	94	
	28	PE5	PE4	33		88	PB5	PB4	93	
	29	PE3	PE2	32		89	PB7	PB6	92	
	30	PE1	PE0	31		90	PB9	PB8	91	

(h) Header30×2单片机接线端子

图 26-4　引脚类元件的原理图库

任务实施 3：建立电阻端子、钮子开关孔位与船形开关孔位的原理图库

(1)绘制电阻端子、钮子开关孔位与船形开关孔位的符号。选择"放置"→"线"，或者在按钮下拉菜单中，单击"放置线"按钮绘制线段，高度设置为 20mil。选择"放置"→"Full Circle"，绘制圆，直径设置为 20mil。在绘制的图形上，单击鼠标右键，选择"Properties..."，在弹出的对话框中可以修改颜色。

(2)放置引脚并设置属性。①选中电阻端子，选择"放置"→"引脚"或实用工具栏中的放置引脚按钮或采用快捷键"P＋P"放置引脚；放置引脚前按下"TAB"键，弹出属性对话框,在"标识"框中输入"1、2、…"等数字。②按下空格键调整引脚方向,完成引脚放置。

(3)绘制的电阻端子、钮子开关孔位与船形开关孔位的原理图库如图 26-5 所示。单击各引脚,在弹出的对话框中,若取消勾选"显示名称"或"标识"栏后"可见的"复选框,则设置名称或标识不可见。

(a) 电阻端子   (b) 钮子开关孔位   (c) 船形开关孔位

图 26-5   电阻端子、钮子开关孔位与船形开关孔位的原理图库

5. 任务总结

(1)分别创建工程文件、原理图、原理图库、PCB、PCB库等,设置捕捉栅格。(2)建立引脚类元件接线端子的原理图库。(3)建立电阻端子、钮子开关孔位与船形开关孔位的原理图库。

6. 课后复习与拓展

(1)请问原理图、原理图库、PCB 图、PCB 图库的后缀名分别是什么?(2)请问在绘制元件原理图库时,如何放大或缩小绘图区域?

任务 27:建立元件的 PCB 库

1. 思政元素与课前准备

全国劳动模范何贝,1998 年从浙西电力技校毕业后,进入国网浙江诸暨市供电公司工作,他从一名普通的资料员,到从事线路运行维护的电力员工,再到供电所所长,最后获得"全国劳动模范"称号。何贝勤奋刻苦、乐于钻研,工作能力突出,业务技能精湛,他以客户满意为目标,用真诚和真心赢得了客户的交口称赞。何贝谦虚地说:"我其实就是一根被拉长了的橡皮筋,实质与其他橡皮筋没有什么两样。今后,我会一如既往地做好本职工作,以更高的标准要求自己,发挥模范带头作用,让用户满意。"何贝的经历完美诠释了"汗水铸就梦想,劳动创造幸福"的奋斗情怀。大学生要发扬学习劳模工匠精神,以更高的标准要求自己,不断在本职工作中锻炼和修行,扣好人生每一粒扣子。

习近平总书记在党的二十大报告中指出,深入实施人才强国战略。培养造就大批德才兼备的高素质人才,是国家和民族长远发展大计。功以才成,业由才广。坚持党管人才原则,坚持尊重劳动、尊重知识、尊重人才、尊重创造,实施更加积极、更加开放、更加有效的人才政策,引导广大人才爱党报国、敬业奉献、服务人民。完善人才战略布局,坚持各方面人才一起抓,建设规模宏大、结构合理、素质优良的人才队伍。加快建设世界重要人才中心和创新高地,促进人才区域合理布局和协调发展,着力形成人才国际竞争的比较优势。加快建设国家战略人才力量,努力培养造就更多大师、战略科学家、一流科技领军人才和创新团队、青年科技人才、卓越工程师、大国工匠、高技能人才。加强人才国际交流,用好用活各类人才。深化人才发展体制机制改革,真心爱才、悉心育才、倾心引才、精心用才,求贤若渴,不拘一格,把各方面优秀人才集聚到党和人民事业中来。[①]

课前准备:游标卡尺 1 把、计算机 1 台、AutoCAD2007 软件、Altium Designer15.1.16 软件、表 26-1 中相关元器件各 1 个等。

2. 任务描述

测量表 26-1 所示的机器人元器件接线端子、电阻、钮子开关、船形开关的外形尺寸,创建其 PCB 库。

3. 知识讲解

知识讲解 1:排针、排母、牛角座

排针与排母在电子、电器、仪表等通用连接器件中具有广泛应用。通常排针与排母配套使用,根据引脚间距大致可分为 0.8mm、1.00mm、1.27mm、2.00mm、2.54mm 等五类,其中 2.54mm 最为常见。牛角座可分为简易牛角座和传统勾角牛角座等,根据间距大致可分为 1.27mm、2.00mm、2.54mm 等三类。计量单位通常采用 mil 或 mm,其换算关系为 1mil=0.0254mm,1mm≈39.37mil。

知识讲解 2:焊盘与过孔

焊盘:(1)焊盘是用于连接电路板和电子元件引脚的小型金属板,其主要功能是放置焊锡、连接导线和焊接元件的管脚。(2)在使用焊盘时,需要综合考虑元件的形状、引脚粗细、放置形式、受热情况、受力方向和振动大小等因素,以确保焊接稳定性与可靠性。

矩形片状元件的焊盘示意图如图 27-1 所示,焊盘内侧间距 $G=L-2(b_1+T)$,焊盘长度 $B=b_1+b_2+T$,焊盘宽度 $A=W+K$,焊盘外侧间距 $D=G+2B$。其中,L 为矩形片状元件的长度,W 为矩形片状元件的宽度,H 为矩形片状元件的厚度,b_1 为焊端内侧延伸长度,b_2 为焊端外侧延伸长度,K 为焊盘宽度修正量。对于矩形片状电阻,b_1、b_2 和 K 的典型值如表 27-1 所示。

[①] 摘自:习近平.高举中国特色社会主义伟大旗帜 为全面建设社会主义现代化国家而团结奋斗——在中国共产党第二十次全国代表大会上的报告.新华社,2022 年 10 月 16 日.

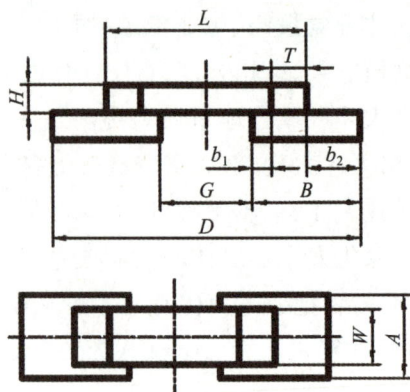

图 27-1 矩形片状元件的焊盘示意图

表 27-1 b_1、b_2 和 K 的典型值

参数	典型值	说明
b_1	0.05mm,0.10mm,0.15mm,0.20mm,0.30mm	元件长度越短者,其值应越小
b_2	0.25mm,0.35mm,0.50mm,0.60mm,0.90mm,1.00mm	元件厚度越薄者,其值应越小
K	—0.10mm,0mm,0.10mm,0.20mm	元件宽度越窄者,其值应越小

过孔:(1)在线路板中,一条线路从板的一面跳到另一面,连接两条连线的孔即为过孔。过孔也称金属化孔,它是在各层需要连通导线的交汇处所钻的公共孔,用于连通各层之间的印制导线。(2)与焊盘不同,过孔边上没有助焊层。(3)过孔的参数主要有孔的外径和钻孔尺寸等。(4)过孔主要包括通孔式过孔和掩埋式过孔等类型。通孔式过孔是指穿通所有敷铜层的过孔。掩埋式过孔是指仅穿通中间几个敷铜层面,仿佛被其他敷铜层掩埋起来的过孔。

4. 任务实施

任务实施 1:测量机器人元器件或元器件端子的外形尺寸

采用游标卡尺等工具测量机器人元器件或元器件端子的外形尺寸,如表 27-2 所示。

表 27-2 机器人元器件或元器件端子的外形尺寸

序号	元器件或元器件端子名称	排针尺寸	示意图/mm
1	Con2 稳压模块(小)接线端子	排针中心距 5mm,排针直径 1mm	

序号	元器件或元器件端子名称	排针尺寸	示意图/mm
2	Header3 传感器接线端子	排针中心距 2.54mm，排针直径 0.8mm	
3	Header3 舵机接线端子	排针中心距 2.54mm，排针直径 0.8mm	
4	Header4 串口接线端子	排针中心距 2.54mm，排针直径 0.8mm	
5	Header6 编码器接线端子	排针中心距 2.54mm，排针直径 0.8mm	
6	Header4×2 驱动接线端子	排针中心距 2.54mm，两排中心距 2.54mm，排针直径 0.85mm	
7	Header10×2 传感器接线端子	排针中心距 2.54mm，两排中心距 2.54mm，排针直径 0.85mm	
8	Header30×2 单片机	排针中心距 2.54mm，两排中心距 2.54mm，排针直径 0.8mm	
9	电阻	/	

续表

序号	元器件或元器件端子名称	排针尺寸	示意图/mm
10	钮子开关	/	φ5.7 φ10.2
11	船形开关	/	12.6 14.8 19 20.8

任务实施 2：新建元件并修改其名称

（1）新建元件。选择后缀名为".PcbLib"的文件，单击右下角的"PCB"按钮 PCB，选中"PCB Library"，弹出图 27-2 所示的对话框，在"元件"框中单击鼠标右键，选择"新建空白元件（N）"，新建 11 个空白元件。

（2）修改元件名称。双击上述新建的元件，在弹出的对话框"名称"栏中，输入表 26-1 所示的元件名称，如图 27-3 所示。

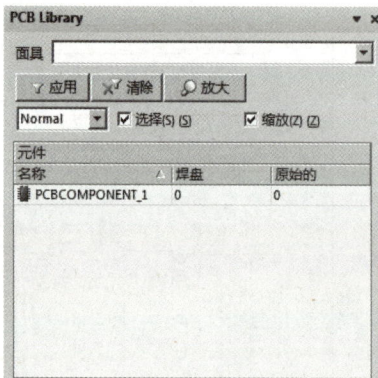

图 27-2 "PCB Library"对话框

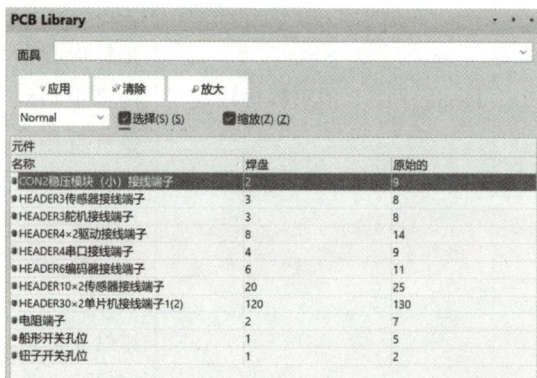

图 27-3 新建元件名称

任务实施 3：创建引脚类元件的 PCB 库

（1）设置跳转栅格与计算尺寸。①设置跳转栅格。选择"察看"→"栅格"→"设置跳转栅格（G）..."，设置为 10mil。②这里对于双层板的圆形焊盘，焊盘孔直径＝排针直径＋0.25mm，焊盘外径＝排针直径＋0.75mm（范围为 0.55～0.95mm）。

（2）放置焊盘。①放置第一个焊盘并设置其属性。选择"放置"→"焊盘"或"放置焊盘"按钮 或快捷键"P＋P"，放置第一个焊盘。双击放置的焊盘，在弹出的对话框中，选

择"Multi-Layer"层,在"通孔尺寸"栏和"尺寸和外形"栏,设置 Con2 稳压模块(小)接线端子为 1.25mm 和 1.75mm,设置 Header4×2 驱动接线端子与 Header10×2 传感器接线端子均为 1.1mm 和 1.6mm,设置其他端子为 1.05mm 和 1.55mm,"标识"栏均修改为"1"。②放置其他焊盘并设置属性。〈ⅰ〉当焊盘数量较少时:选中第一个焊盘,快捷键"Ctrl＋C",单击焊盘中心完成复制,快捷键"Ctrl＋V"放置复制的焊盘与第一个焊盘相重叠。选中第一个焊盘,快捷键"M",选择"通过 X,Y 移动选择...",在"X 偏移量""Y 偏移量"中输入尺寸完成偏移。〈ⅱ〉当等间距焊盘的数量较多时:选中一个焊盘,快捷键"Ctrl＋C"复制该焊盘,单击该焊盘中心;依次按快捷键"E""A",在弹出的"选择性粘贴"对话框中单击"粘贴阵列"按钮 粘贴阵列... ,弹出"设置粘贴阵列"对话框,在"条款计数"栏中设置焊盘数量,选择"线性的"单选框,在"X-Spacing""Y-Spacing"栏设置陈列参数,再次单击该焊盘中心完成阵列。〈ⅲ〉依据表 27-2 输入尺寸,完成所有焊盘的放置。〈ⅳ〉双击放置的焊盘,在"标识"栏修改相应的标识。

(3)绘制丝印。①设置定位中心。选择"编辑"→"设置参考"→"中心",将定位中心放置在元件中心。②选择"Top Overlay 层" □ Top Overlay ,点击"放置"→"走线"或"放置走线"按钮 ╱ 或快捷键"P＋L",在元件中心绘制走线。③设置走线属性,完成走线绘制。双击走线,这里设置线宽为 0.15mm 或 6mil;综合考虑制造测量精度等因素,走线距离元器件外框设置为 0.3mm;参考表 27-2,设置坐标绘制走线,连接上述走线的端点后绘制其他走线,或者采用快捷键"M"通过移动走线的方式完成走线绘制。点击"报告"→"测量距离"或按快捷键"Ctrl＋M",可测量距离。④添加文字标识。点击"放置"→"字符串",双击文字,在弹出的对话框中添加标识"＋"表示正极,这里"Height"设置为0.8mm。

(4)引脚类元件的 PCB 库,如图 27-4 所示。

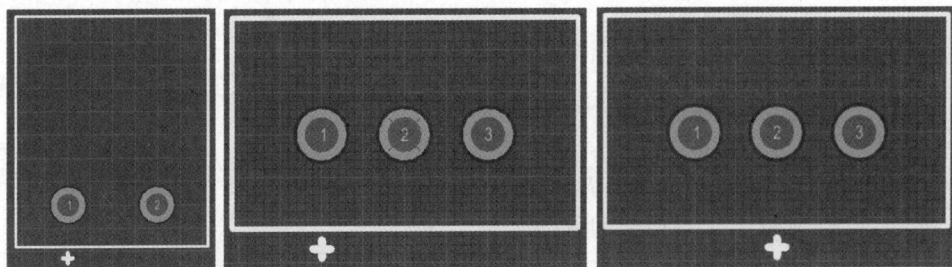

(a) Con2稳压模块(小)接线端子　　(b) Header3传感器接线端子　　(c) Header3舵机接线端子

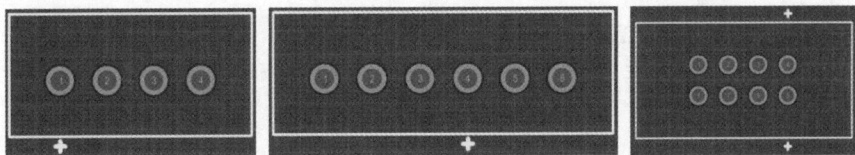

(d) Header4串口接线端子　　(e) Header6编码器接线端子　　(f) Header4×2驱动接线端子

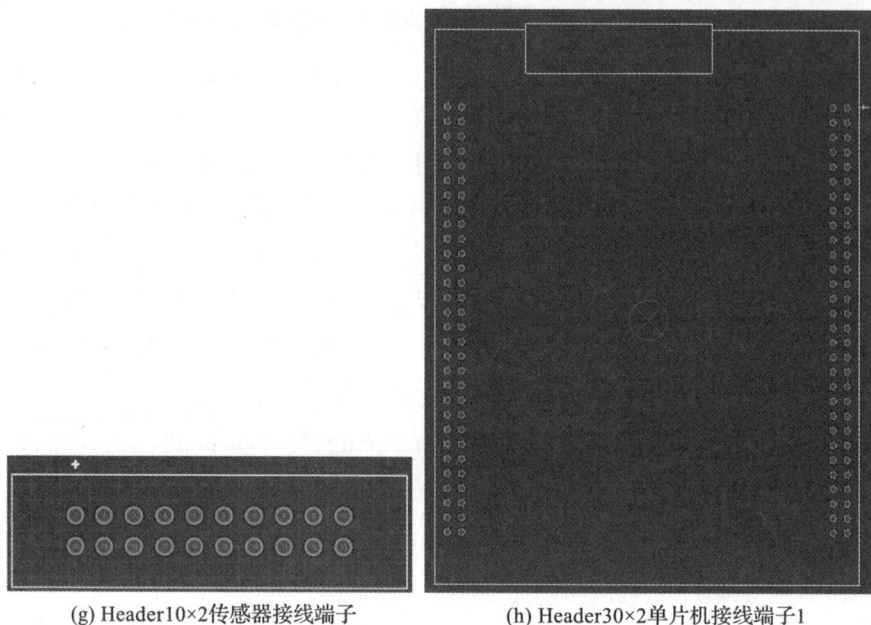

(g) Header10×2传感器接线端子　　　(h) Header30×2单片机接线端子1

图 27-4　引脚类元件的 PCB 库

任务实施 4:创建电阻端子、钮子开关孔位与船形开关孔位的 PCB 库

(1)计算外形尺寸。这里取 $b_1 = 0.15mm$,$b_2 = 0.5mm$,$K = 0.1mm$,可计算得到电阻端子尺寸为 $G = 4.8mm$,$B = 1.25mm$,$A = 3.3mm$,$D = 7.3mm$。这里钮子开关与船形开关的孔位尺寸=钮子开关与船形开关的尺寸+0.25mm。

(2)参考任务实施 3 放置焊盘。①放置电阻端子的焊盘。其中,"通孔尺寸"设置为 0,"层"下拉菜单中选择"Top Layer","X-Size"和"Y-Size"分别设置为 1.25mm 和 3.3mm,"外形"下拉菜单中选择"Rectangular"。②放置钮子开关的焊盘。其中,"通孔尺寸"、"X-Size"、"Y-Size"均设置为 5.95mm,选择"Multi-Layer"层。③放置船形开关的焊盘。其中,"通孔尺寸"和"Y-Size"均设置为 12.85mm,"长度"和"X-Size"均设置为 19.25mm,选择"Multi-Layer"层。

(3)绘制丝印。具体操作可参考任务实施 3。选择"放置"→"圆环"或单击"放置圆环"按钮 ,可绘制钮子开关孔位的丝印。

(4)绘制完成后的电阻端子、钮子开关孔位与船形开关孔位的 PCB 库,如图 27-5 所示。分别双击钮子开关孔位与船形开关孔位,在弹出的对话框中取消勾选"镀金的"复选框。

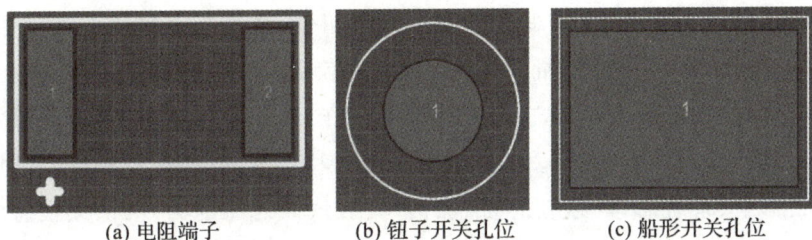

| (a) 电阻端子 | (b) 钮子开关孔位 | (c) 船形开关孔位 |

图 27-5　电阻端子、钮子开关孔位与船形开关孔位的 PCB 库

5. 任务总结

（1）采用游标卡尺等工具测量机器人元器件或元器件端子的外形尺寸。（2）选择后缀名为".PcbLib"的文件，新建元件并修改其名称。（3）分别创建引脚类元件端子、电阻端子、钮子开关孔位与船形开关孔位的 PCB 库，主要包括计算外形尺寸、放置焊盘、绘制丝印等内容。

6. 课后复习与拓展

（1）PCB 的过孔可分为信号过孔、电源过孔和散热过孔等，试分析它们分别适用于哪些场合？（2）PCB 焊盘的种类主要包括常见焊盘（方形焊盘、圆形焊盘、岛形焊盘、多边形焊盘、椭圆形焊盘、开口形焊盘等）和特殊焊盘（梅花焊盘、十字花焊盘、泪滴焊盘等）两大类，试分析它们分别适用于哪些场合？

任务 28：绘制原理图

1. 思政元素与课前准备

马克思主义哲学基本原理主要包括以下内容：（1）辩证唯物论。辩证唯物论研究世界的本质"是什么"的问题，系统论述了辩证唯物主义的物质观、实践观和意识观。（2）唯物辩证法。唯物辩证法回答了"世界怎么样"的问题，其内容可概括为"两个观点、三大规律、五对范畴"。（3）认识论。认识论正确回答了"怎样认识世界"的问题，围绕着实践、认识、真理三个核心，阐述了认识发展过程中实践与认识的辩证关系原理、认识发展律、真理发展律等三大规律相关内容。（4）唯物史观。唯物史观围绕着社会和人两个主题，系统阐述了马克思主义哲学历史唯物论的主要内容。基于马克思主义哲学基本原理，大学生可以更加清晰地认识世界，树立科学的世界观，在学习生活中辩证地对待人生环境，不断调整和完善自我，逐步形成健康完善的人格。

习近平总书记在党的二十大报告中指出，万事万物是相互联系、相互依存的。只有用普遍联系的、全面系统的、发展变化的观点观察事物,才能把握事物发展规律。我国是一个发展中大国,正在经历广泛而深刻的社会变革,推进改革发展、调整利益关系往往牵一发而动全身。我们要善于通过历史看现实、透过现象看本质,把握好全局和局部、当前和长远、宏观和微观、主要矛盾和次要矛盾、特殊和一般的关系,不断提高战略思维、历史思维、辩证思维、系统思维、创新思维、法治思维、底线思维能力,为前瞻性思考、全局性谋划、整体性推进党和国家各项事业提供科学思想方法。[①]

课前准备:计算机 1 台、Altium Designer 15.1.16 软件等。

2. 任务描述

在原理图文件中,完成放置元件、调整元件、连接引脚、绘制标识、编译修正与输出等操作,绘制机器人 PCB 的原理图。

3. 知识讲解

知识讲解 1:绘制原理图的流程

绘制原理图的主要操作是将元器件符号放置在原理图图纸上,然后将元器件符号中的引脚连接起来。连接引脚主要包括两种方式:一种是"物理连接",即直接采用导线连接引脚;另一种是"逻辑连接",即不需要实际的连线操作,而是通过设置网络标号连接引脚。

绘制原理图的流程如图 28-1 所示,一般包括新建原理图、设置图纸、同步原理图库与 PCB 库、放置并调整元器件、连接引脚、绘制标识、编译修正与输出等操作。

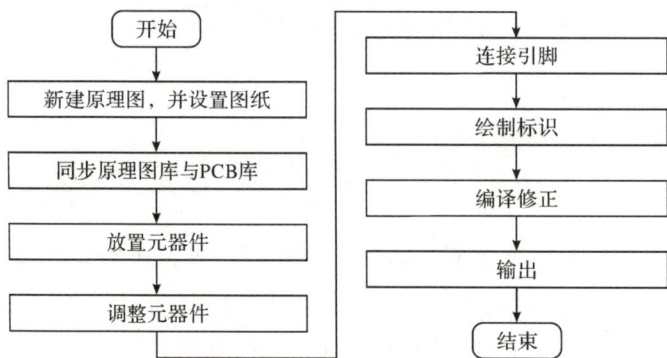

图 28-1　绘制原理图的流程

知识讲解 2:"布线"工具栏与"实用"工具栏中的"放置线"按钮

"布线"工具栏中的"放置线"按钮 ≈ 是电气连接中最基本的连线操作。"实用"工具栏中的"放置线"按钮 ╱ 没有电气连接特性,不会被添加到网络表数据中,该按钮主要用

---

① 习近平:高举中国特色社会主义伟大旗帜 为全面建设社会主义现代化国家而团结奋斗——在中国共产党第二十次全国代表大会上的报告,新华社,2022 年 10 月 16 日。

于原理图中绘制常见信息,使电路原理图更加清晰,增加可读性。

4. 任务实施

任务实施 1:新建原理图,设置图纸,同步原理图库与 PCB 库

(1)参考任务 26 中的任务实施 1,新建图纸。

(2)选择"设计"→"文档选项...",或在原理图空白处单击鼠标右键,选择"选项"→"文档选项...",在弹出的"文档选项"对话框的"单位"选项卡下,勾选"使用英制单位系统"复选框,并根据实际需要完成其他参数设置。

(3)①在后缀名为".SchLib"的原理图库文件下,选择"工具"→"模式管理...",在弹出的"模型管理器"对话框中,选中原理图库中的元件后,单击"Add Footprint"按钮,在弹出的"PCB 模型"对话框中,单击"浏览"按钮。②若没有 PCB 库文件,单击"..."按钮,在弹出的"可用库"对话框中,选择"搜索路径"选项卡,单击"路径"按钮,在弹出的"Options for Free Documents Free Documents"窗口中选择"Search Paths"选项卡,单击"添加"按钮,在弹出的"编辑搜索路径"窗口中,添加搜索路径,完成后单击"确定"按钮。③若有 PCB 库文件,选择与原理图库中元件相对应的 PCB 库文件。

任务实施 2:放置并调整元件、连接引脚与绘制标识

(1)放置并调整元件。选择任务 26 建立的原理图库文件,单击"放置"按钮 放置 ,放置表 26-1 所示数量的元件,按照类别调整元件位置,如图 28-2 所示。

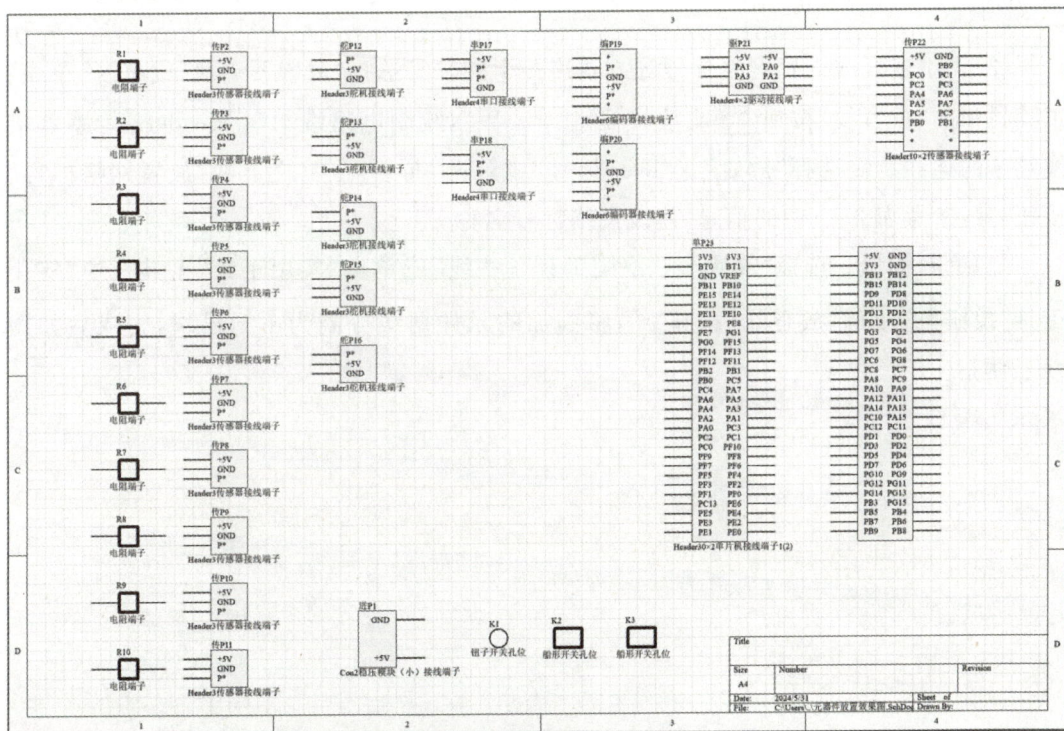

图 28-2　元件放置效果

（2）确定引脚信息。查阅单片机相关手册,确定各元件与单片机相连引脚等信息,如表 28-1 所示。

表 28-1　各元件与单片机相连引脚信息表

元件流水号	单片机引脚	备注	元件流水号	单片机引脚	备注	元件流水号	单片机引脚	备注
传 P2	PC9	1	舵 P16	PE5	5,TIM9_CH1		PA4	1,ADC2_IN4
传 P3	PG8	2	串 P17	PD5	1,TX		PA5	2,ADC2_IN5
传 P4	PG2	3		PD6	1,RX		PA6	3,ADC2_IN6
传 P5	PD12	4	串 P18	PA9	2,TX		PA7	4,ADC2_IN7
传 P6	PB11	5		PA10	2,RX		PB0	5,ADC2_IN8
传 P7	PE13	6	编 P19	PB14	1,左 TIM8_CH2		PB1	6,ADC2_IN9
传 P8	PG0	7		PB15	1,左 TIM8_CH3	传 P22	PC0	7,ADC2_IN10
传 P9	PF14	8	编 P20	PE9	2,右 TIM1_CH1		PC1	8,ADC2_IN11
传 P10	PF12	9		PE11	2,右 TIM1_CH2		PC2	9,ADC2_IN12
传 P11	PB2	10	驱 P21	PA0	右,TIM5_CH1		PC3	10,ADC2_IN13
舵 P12	PF9	1,TIM14_CH1		PA1	右,TIM5_CH2		PC4	11,ADC2_IN14
舵 P13	PF8	2,TIM13_CH1		PA2	左,TIM5_CH3		PC5	12,ADC2_IN15
舵 P14	PF7	3,TIM11_CH1		PA3	左,TIM5_CH4		PB9	LD,TIM4_CH4
舵 P15	PF6	4,TIM10_CH1			/			

（3）采用连线或设置网络标号等方式连接引脚。①选择"放置"→"线"或单击"布线"工具栏中的"放置线"按钮 ≈ 或按快捷键"P＋W",绘制电阻端子与 Header3 传感器接线端子的连线。②选择"放置"→"网络标号"或单击"布线"工具栏上的"放置网络标号"按钮 Net,参考表 28-1 中的信息,修改网络标号名称。

（4）绘制标识。选择"放置"→"绘图工具"→"线"或单击"实用工具"工具栏中"实用工具"按钮 下的"放置线"按钮 ,将添加的元件划线分割为不同模块,完成后如图 28-3 所示。

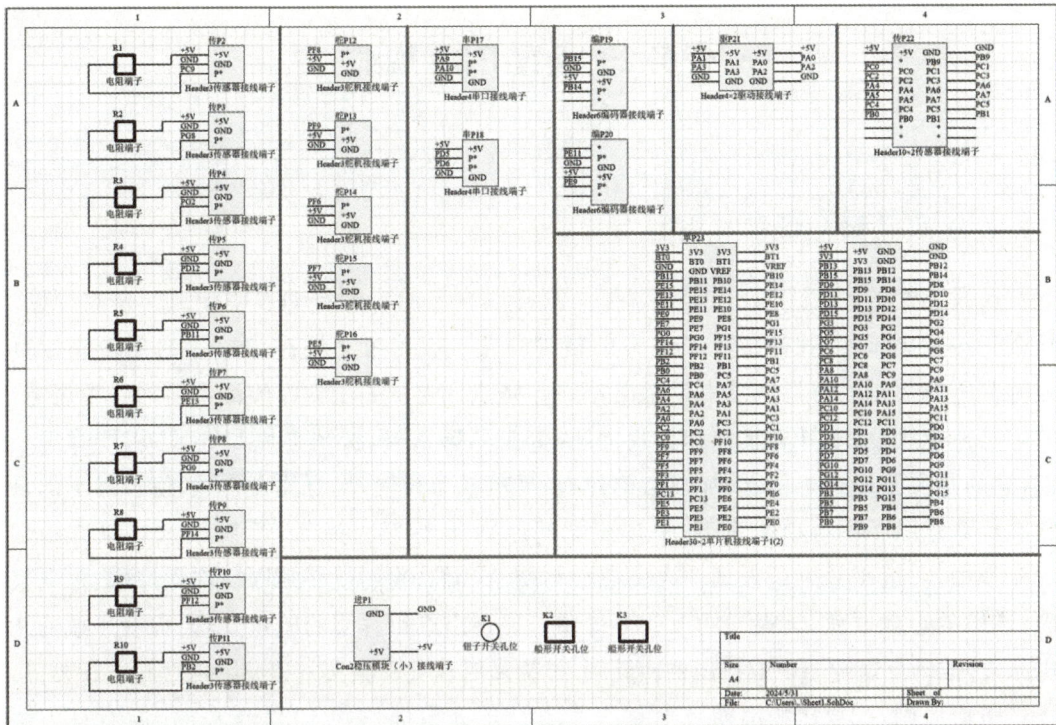

图 28-3　连接引脚与绘制标识后的原理图

任务实施 3：编译修正与输出

（1）自动检测设置。选择"工程"→"工程参数…"，在弹出的对话框中设置自动检测选项。

（2）编译原理图。①选择"工程"→"Compile"，编译文件。②单击工作窗口右下角的"System"标签，选择"Messages"菜单项，或者选择"察看"→"Workspace Panels"→"System"→"Messages"，查看编译结果。

（3）修正并输出原理图。根据"Messages"面板中的提示信息，修正"Warning""Error""Fatal Error"等内容，直至编译完全无误后输出原理图。

5. 任务总结

（1）新建原理图，设置英制单位，同步原理图库与 PCB 库。（2）选择原理图库文件，放置元件并调整其位置。确定引脚信息，引脚连线或设置网络标号，绘制标识。（3）设置自动检测原理图，编译修正并输出原理图。

6. 课后复习与拓展

（1）试分析"放置网络标号"按钮 Net 与"放置端口"按钮 D1 的区别。（2）在调整元件位置时，试分析怎样对齐同类元件？

任务 29：设置 PCB 规则

1. 思政元素与课前准备

在我们党的历史上，许多老一辈革命家都以自己的实际行动表明什么叫坚持原则、什么叫对党忠诚，为我们留下了宝贵的精神财富。以习近平同志为核心的党中央始终强调要坚持原则。习近平总书记指出："要严格执行党章关于党内政治生活的各项规定，敢于坚持原则，勇于开展批评和自我批评，带头弘扬正气、抵制歪风邪气。""从严管理干部，总的是要坚定理想信念，加强道德养成，规范权力行使，培育优良作风，使各级干部自觉履行党章赋予的各项职责，严格按照党的原则和规矩办事。"在反腐败这场没有硝烟的斗争中，习近平总书记强调："人民把权力交给我们，我们就必须以身许党许国、报党报国，该做的事就要做，该得罪的人就得得罪"，展现出旗帜鲜明的坚定立场、勇毅果敢的意志品质，推动反腐败斗争取得压倒性胜利，也为新时代共产党人坚持原则树立起光辉典范。

坚持原则，就要旗帜鲜明反对好人主义。毛泽东同志在 1937 年写的《反对自由主义》一文中对好人主义的经典概括可谓入木三分："因为是熟人、同乡、同学、知心朋友、亲爱者、老同事、老部下，明知不对，也不同他们作原则上的争论，任其下去，求得和平和亲热。或者轻描淡写地说一顿，不作彻底解决，保持一团和气。"对共产党人来说，"好好先生"并不是真正的好人。好人主义者习惯于遇到矛盾绕着走，遇到群众诉求躲着行，怕结怨树敌，怕引火烧身，只要不出事，宁可不干事。奉行好人主义的人，没有公心、只有私心，没有正气、只有俗气，好的是自己，坏的是风气、是事业。究其根源，好人主义是个人利益至上的庸俗哲学，是一种思想上的软骨病，是缺乏斗争精神的体现，看似一团和气，实则破坏了党的政治生态。

当前，我们党团结带领中国人民踏上了实现第二个百年奋斗目标新的赶考之路。立足新发展阶段、贯彻新发展理念、构建新发展格局、推动高质量发展，需要广大党员干部不断锤炼坚持原则这一重要品格，履职尽责、勤勉奉献、积极作为、锐意进取。坚持原则，就要牢记党的宗旨，始终把人民放在心中最高位置，讲原则不讲面子、讲党性不徇私情，决不用党性换人情、拿原则做交易。共产党人讲党性、讲原则，就要发扬斗争精神、提高斗争本领，敢于斗争、善于斗争。大是大非面前要讲原则，小事小节中也有讲原则的问题，在原则问题上决不能含糊、决不能退让，否则就是对党和人民不负责任，甚至是犯罪。明底线、守规矩，慎独慎初慎微慎友，真正做到忠诚、干净、担当，不断增强坚持原则的底气与骨气。[1]

---

[1] 摘自：坚持原则是共产党人的重要品格(思想纵横).人民日报,2021 年 11 月 15 日 09 版.

课前准备:计算机 1 台、Altium Designer 15.1.16 软件等。

2.任务描述

将原理图文件导入至 PCB 文件,参考任务 16 中机器人电子元器件及其电流等参数,设置 PCB 规则。

3.知识讲解

知识讲解 1:线宽、铜皮厚度、电流、温度变化量等之间的关系

PCB 设计过程中,线宽主要由电流大小、铜皮厚度、温度变化量等因素决定,具体如表 29-1 所示,其中厚度为 $35\mu m$ 的铜皮较为常见。

表 29-1　线宽、铜皮厚度、电流、温度变化量等之间的关系

铜皮厚度 $35\mu m$,$\Delta t=10℃$		铜皮厚度 $50\mu m$,$\Delta t=10℃$		铜皮厚度 $70\mu m$,$\Delta t=10℃$	
线宽/mm	电流/A	线宽/mm	电流/A	线宽/mm	电流/A
0.15	0.20	0.15	0.50	0.15	0.70
0.20	0.55	0.20	0.70	0.20	0.90
0.30	0.80	0.30	1.10	0.30	1.30
0.40	1.10	0.40	1.35	0.40	1.70
0.50	1.35	0.50	1.70	0.50	2.00
0.60	1.60	0.60	1.90	0.60	2.30
0.80	2.00	0.80	2.40	0.80	2.80
1.00	2.30	1.00	2.60	1.00	3.20
1.20	2.70	1.20	3.00	1.20	3.60
1.50	3.20	1.50	3.50	1.50	4.20
2.00	4.00	2.00	4.30	2.00	5.10
2.50	4.50	2.50	5.10	2.50	6.00

知识讲解 2:规则说明

PCB 规则及其说明如表 29-2 所示。

表 29-2　PCB 规则及其说明

规则	说明
1. Electrical： 电气规则	①Clearance：安全间距。②Short-Circuit：短路。③Un-Routed Net：未布线网络。④Un-Connected Pin：未连接引脚。⑤Modified Polygon：修改敷铜。注意：安全间距一般不低于 6mil
2. Routing： 布线规则	①Width：走线宽度。②Routing Topology：走线拓扑结构。③Routing Priority：布线优先级。④Routing Layers：板层布线。⑤Routing Corners：导线拐角。⑥Routing Via Style：布线过孔样式。⑦Fanout Control：扇出控制布线。⑧Different Pairs Routing：差分对布线。注意：线宽一般不低于 6mil
3. SMT： 贴片类规则	①SMD To Corner：表面贴片元器件的焊盘与导线拐角处的最小间距。②SMD To Plane：表面贴片元器件的焊盘与中间层的间距。③SMD Neck-Down：表面贴片元器件的焊盘宽度与引出导线宽度的比率。④SMD Entry：表面贴片元器件引出导线的方向
4. Mask：阻焊规则	①Solder Mask Expansion：阻焊层的扩展。②Paste Mask Expansion：锡膏防护层的扩展
5. Plane： 中间层规则	①Power Plane Connect Style：电源层连接类型。②Power Plane Clearance：电源层安全间距。③Polygon Connect Style：焊盘与多边形敷铜区域的连接类型
6. Testpoint： 测试点规则	①Fabrication Testpoint Style：制造测试点类型。②Fabrication Testpoint Usage：制造测试点使用。③Assembly Testpoint Style：装配测试点类型。④Assembly Testpoint Usage：装配测试点使用
7. Manufacturing： 制板规则	①Minimum Annular Ring：最小环宽。②Acute Angle：锐角限制。③Hole Size：钻孔尺寸。④Layer Pairs：工作层对。⑤Hole to Hole Clearance：孔与孔间距。⑥Minimum Solder Mask Sliver：最小阻焊间距。⑦Silk To Solder Mask Clearance：丝印与阻焊膜的间距。⑧Silk To Silk Clearance：丝印到丝印的间距。⑨Net Antenna：网络卷须容忍度。⑩Silk To Board Region Clearance：丝印与板区域的间距。⑪Board Outline Clearance：板外形间距
8. High Speed： 高频电路规则	①Parallel Segment：平行导线段间距。②Length：网络长度。③Matched Lengths：匹配网络传输导线的长度。④Daisy Chain Stub Length：菊花状布线主干导线长度。⑤Vias Under SMD：SMD 焊盘下过孔限制。⑥Maximum via Count：最大过孔数量
9. Placement： 元器件放置规则	①Room Definition：区域定义。②Component Clearance：元器件间距。③Component Orientations：元器件摆放的方向。④Permitted Layers：允许放置元器件的板层。⑤Nets To Ignore：自动布线时可忽略的网络。⑥Height：板层放置元器件的高度范围
10. Signal Integrity： 信号完整性规则	①Signal Stimulus：激励信号。②Overshoot-Falling Edge：信号下降沿的过冲约束。③Overshoot-Rising Edge：信号上升沿的过冲约束。④Undershoot-Falling Edge：信号下降沿的反冲约束。⑤Undershoot-Rising Edge：信号上升沿的反冲约束。⑥Impedance：阻抗约束。⑦Signal Top Value：信号高电平约束。⑧Signal Base Value：信号基准约束。⑨Flight Time-Rising Edge：上升沿的上升时间。⑩Flight Time-Falling Edge：下降沿的下降时间。⑪Slope-Rising Edge：上升沿斜率。⑫Slope-Falling Edge：下降沿斜率。⑬Supply Nets：电源网络

4. 任务实施

任务实施 1:将原理图文件装载至 PCB 文件,修改元器件流水号的字体格式

(1)装载元器件、网络表到 PCB 文件。选择后缀名为".SchDoc"的原理图文件,点击"设计"→"Update PCB Document PCB1.PcbDoc"。单击"工程更改顺序"窗口中的"生效更改"按钮 [生效更改],若在"检测""消息"栏中显示受影响的元素,将其修改至无误后,单击"执行更改"按钮 [执行更改],将元器件、网络表装载到 PCB 文件中。

(2)修改元器件流水号的字体格式。切换到后缀名为".PcbDoc"的 PCB 文件,双击"元器件流水号"名称,在"字体"单选框中选中"True Type",选中"粗体"复选框。

任务实施 2:创建类

(1)选择"设计"→"类…"或按快捷键"D+C",进入类管理器。

(2)在"Net Classes"上单击鼠标右键,创建一个"PWR"类,将"+5V、GND、3V3"添加进去。

任务实施 3:设置 PCB 规则

(1)选中后缀名为".PcbDoc"的文件,点击"设计"→"规则…"或快捷键"D+R",弹出"PCB 规则及约束编辑器"对话框。

(2)设置"Routing"布线规则下的"Width"线宽规则。①选中"Width"规则,单击鼠标右键选择"新规则…",在"名称框"中分别输入"PWR"和"Width"。②单击"优先权"按钮 [优先权(P)…],分别设置"PWR"和"Width"优先权为"1"和"2"。③设置"PWR"线宽。在"Where The First Object Matches"框中选中"网络类"单选框,在下拉菜单中选择"PWR",为了便于统一线宽,在"约束"框中将"Min Width"、"Max Width"和"Preferred Width"分别设置为 30mil、100mil 和 60mil。④设置"Width"线宽。类似上述步骤,选中"网络类"单选框,在下拉菜单中选择"All Nets","Min Width"、"Max Width"和"Preferred Width"均设置为 10mil。

(3)设置"Polygon Connect"覆铜连接规则。①选中"Plane" 📧Plane 规则→"Polygon Connect Style" 📧Polygon Connect Style 规则。②焊盘采用发散状连接。单击"Polygon Connect","连接类型"选择"Relief Connect",导线宽度设置为 10mil,如图 29-1 所示。

(4)设置"Manufacturing"制板规则下的"HoleSize"通孔规则。主要用于限制 PCB 上的钮子开关孔位,"最大的"设置为 250mil。

(5)设置"Manufacturing"制板规则下的"Silk To Solder Mask Clearance"丝印位置规则与"Silk To Silk Clearance"丝印间距规则。①选中" Check Clearance To Solder Mask Openings"单选框,"Silkscreen To Object Minimum Clearance"设置为 2mil。②选中"Silk To Silk Clearance","丝印层文字和其他丝印层对象间距"设置为 1mil。

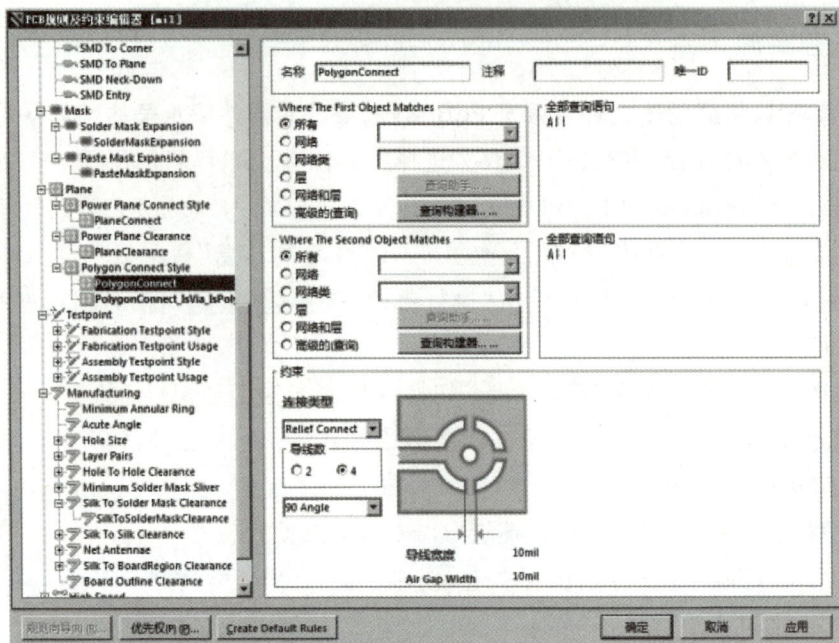

图 29-1　设置焊盘为发散状连接

5. 任务总结

(1)将原理图文件装载至 PCB 文件,修改元器件流水号的字体格式。(2)创建"PWR"类。(3)设置 PCB 规则,主要包括"Width"线宽规则、"Polygon Connect"覆铜连接规则、"HoleSize"通孔规则、"Silk To Solder Mask Clearance"丝印位置规则与"Silk To Silk Clearance"丝印间距规则等。

6. 课后复习与拓展

(1)请问在设置 PCB 规则时,全局规则的优先级是否应设置为最低?(2)请问常见 PCB 生产厂家能够加工的最小孔内径和外径,能否达到 0.3mm(或 12mil)和 0.6mm(或 24mil)?

任务 30：元件布局

1. 思政元素与课前准备

"不谋全局者,不足谋一域。"比如,教育、医疗、养老、住房等事关老百姓切身利益的事,不是哪一个部门以一己之力就能办好的,都需要各级政府、有关部门加强沟通、协调配合。再比如,加快建设全国统一大市场是从全局和战略高度作出的战略部署,谋的是长久之计、民生大利,破除地方保护和区域壁垒,才能促进商品要素资源畅通流动。为民办实事也是系统工程,"东一榔头西一棒槌"不行,"各吹各的号,各唱各的调"更不行。坚持从大局出发、在大局下思考,找准自身职能定位和工作发力点,多打大算盘、算大账,才能切实把好事办好、实事办实、难事办妥。

为民办实事,重在行动,贵在实效。树立大局观,必须坚持效果导向。一些地方或是存在政务 APP 重复建设现象,或是沟通协同不畅造成数据壁垒,或是因数据管理和运行标准不统一导致群众重复填报信息。这些问题的存在,归根到底是没有从方便群众办事、提高办事效率出发,没有真正干实事、务实功、求实效。这要求我们,想问题、作决策、办事情都要站在群众的立场上,从群众切身需要来考量什么是好事实事,从群众反映强烈的急难愁盼问题中找准突破口和改进方向。同时,必须牢固树立和践行正确政绩观,坚决纠治工作重"形"不重"效"、重"痕"不重"绩"的错误倾向,既要做看得见的显绩、显功,更要做打基础、利长远和有利于全局改善、整体提升的潜绩、潜功。[①]

课前准备:计算机 1 台、Altium Designer15.1.16 软件、AutoCAD2007 软件等。

2. 任务描述

根据机器人各元器件的尺寸,确定 PCB 的外形尺寸和层数。统筹考虑各电子元器件与 PCB 的连线距离等因素,完成机器人元件布局。

3. 知识讲解

知识讲解 1:元器件布局的基本原则、注意事项与间距要求

元器件布局的基本原则:(1)考虑安装、调试与维修的位置布置元器件,其周围要有足够大的空间;(2)遵照"先大后小,先难后易"的原则,优先布局核心、有特殊要求、占较大空间的元器件;(3)布置外围元器件;(4)在上述原则下,根据主信号流向规律(通常从左到右或从上到下),调整元器件的布局。

元器件布局时需要注意以下事项:(1)与外界连接的元器件,通常布置在电路板的边缘,引脚多的芯片放置在中间位置;(2)同类型插装元器件在 X 或 Y 方向上应朝相同方向放置,封装方向尽量一致;(3)有关系的元器件尽量靠近一些;(4)元器件通常布置在顶层;(5)元器件在栅格上均匀、对称分布,且相互平行或垂直排列,以求版面整齐、美观;(6)利用接口元器件的 String(字符串)清晰地标明接口的种类。

元器件布局时间距要求:(1)表面贴装器件相互间距大于 0.7mm;(2)表面贴装器件焊盘外侧与相邻插装元件外侧的间距大于 2mm;(3)定位孔、标准孔等非安装孔周围 1.27mm 内不得贴装元器件;(4)安装孔周围 3.5mm(对于 M2.5 的连接件)、4mm(对于

M3 的连接件)内不得贴装元器件。

知识讲解 2:PCB 各层的作用

PCB 各层的作用如表 30-1 所示。

表 30-1　PCB 各层的作用

层名称	作用
Top Layer、Bottom Layer	顶层信号层(Top Layer)也称元件层,主要用于放置元器件,对于双层板和多层板可以用来布线。中间信号层(Mid Layer)最多 30 层,在多层板中主要用于信号布线。底层信号层(Bottom Layer)也称焊接层,主要用于布线及焊接,有时也可放置元器件
Mechanical 1	机械层(Mechanical 1)定义电路板的物理边界、关键尺寸信息及安装孔等机械数据,一般用于绘制印制电路板的边框,不具备导电性质
Top Overlay、Bottom Overlay	丝印层(Overlay)用于显示元件的外形轮廓、编号或放置其他文本信息(LOGO 等)。一般使用顶层丝印层(Top Overlay),只有在维修率较高的电路板或底层装配贴片元件的电路板中,才使用底层丝印层(Bottom Overlay)
Top Paste、Bottom Paste	助焊层(Paste)包括顶层助焊层(Top Paste)和底层助焊层(Bottom Paste),便于安装贴片元件
Top Solder、Bottom Solder	阻焊层(Solder)为绿油覆盖层,包括顶层阻焊层(Top Solder)和底层阻焊层(Bottom Solder),主要为一些不需要焊锡的铜箔涂上一层阻焊漆(一般为绿色),避免焊接相邻但不同网络的元器件时发生短路
Drill Guide	钻孔定位层(Drill Guide)为焊盘、过孔等钻孔的中心定位坐标层
Keep-Out Layer	禁止布线层(Keep-Out Layer)用于定义放置信号线的区域,限制 PCB 的电气边界
Drill Drawing	钻孔描述层(Drill Drawing)用于描述焊盘、过孔等钻孔孔径尺寸等
Multi-Layer	多层(Multi-Layer)用于不同的导电图形层建立电气连接关系,电路板上焊盘和穿透式过孔一般要穿透整个电路板,通常焊盘与过孔设置在多层

4. 任务实施

任务实施 1:规划元件的放置位置,确定 PCB 的外形尺寸与层数

在 AutoCAD 软件中预布局元件,确定 PCB 的外形尺寸为 120mm×120mm 的正方形。预布局元件如图 30-1 所示。

根据走线分布情况,确定 PCB 为双层板。点击"设计"→"层叠管理...",弹出图 30-2 所示的对话框,默认为双层板,即包含 Top Layer 和 Bottom Layer,若需增加层,单击 "Add Layer"按钮 Add Layer ▾ 添加。

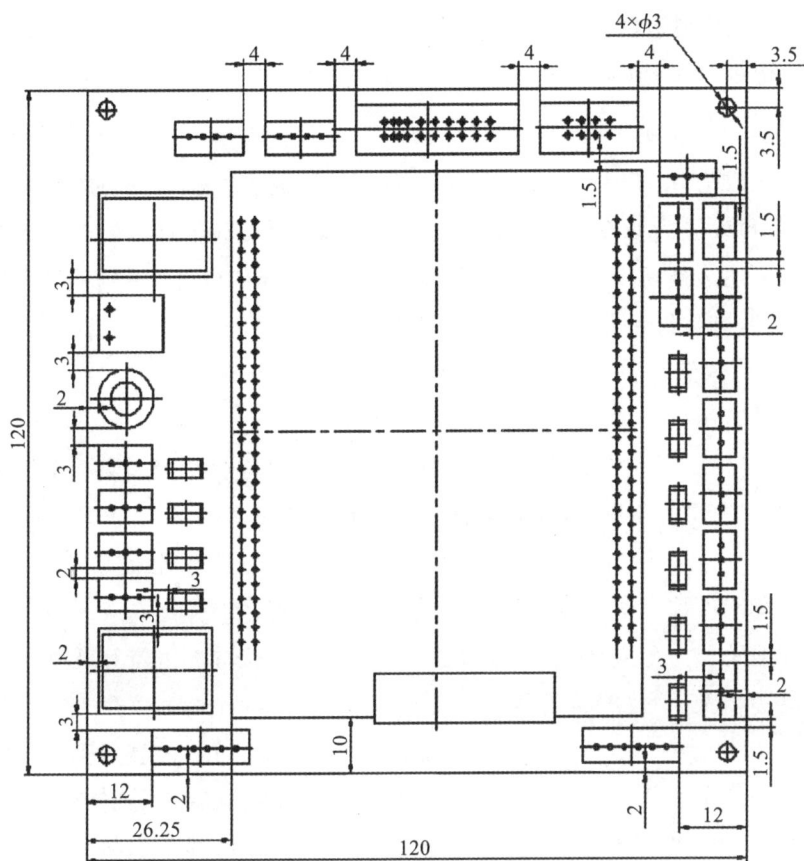

图 30-1　在 AutoCAD 软件中预布局元件

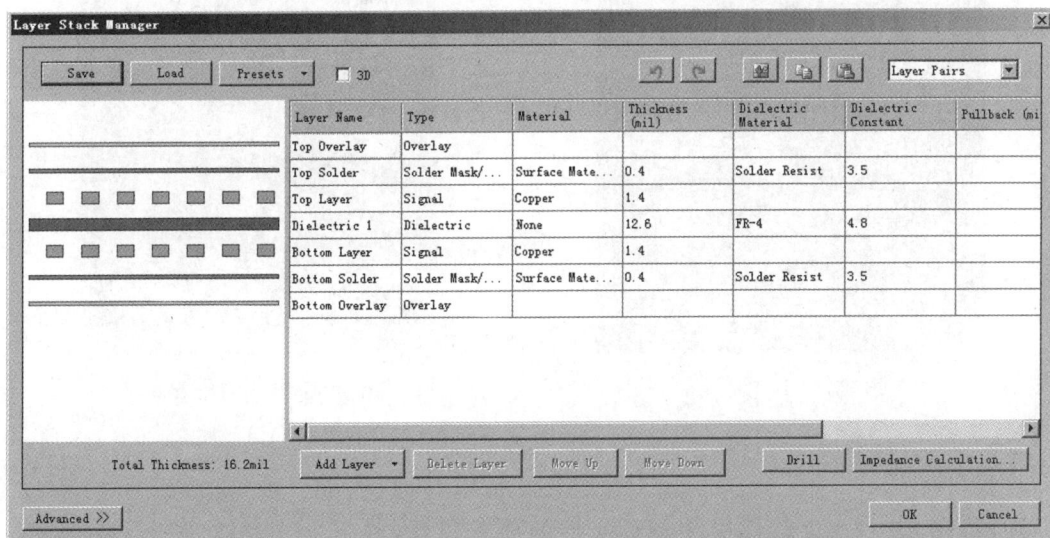

图 30-2　"层叠管理"对话框

任务实施 2：绘制边框，切割 PCB

(1)绘制边框。①选中 Mechanical 1 层，点击"放置"→"走线"或"应用工具"按钮 ![] 下拉菜单中的"放置走线"按钮／或按快捷键"P＋L"，绘制正方形，线宽修改为 0.15mm 或 6mil。②设置原点。点击"编辑"→"原点"→"设置"，将正方形的左下角设置为原点。③修改线段长度。修改为 120×120(mm)的正方形。

(2)按照上述边框切割 PCB。选中绘制的边框，点击"设计"→"板子形状"→"按照选择对象定义"，删除红色膜"Room"，完成 PCB 的切割。

任务实施 3：放置元件

(1)设置跳转栅格。单击鼠标右键，选择"跳转栅格"→"1Mil"。

(2)放置单片机。选中"单 P23"，按住鼠标左键，按下空格键，旋转"单 P23"的方向，将"单 P23"与 PCB 的左下角重合，按快捷键"M"→点击"通过 X,Y 移动选择"，依据图 30-1 输入移动的距离。单击鼠标右键，选择"特性"→勾选"锁定"复选框，锁定单片机的位置。

(3)将所有元件拖动至图 30-1 中所示布局位置附近。

(4)放置编码器。分别放置"编 P19"左下角、"编 P20"右下角与 PCB 的左下角、右下角相重合，参考步骤(2)放置编码器。

(5)放置其他元件。参考步骤(2)，完成所有元件的放置。放置过程中对齐元件：按住 Shift 键选中多个元件，单击鼠标右键→"对齐"，布局完成后如图 30-3 所示。

(6)查看 PCB 三维效果图。选择"察看"→"切换到 3 维显示"，按住 Shift 键与鼠标右键，可以旋转 PCB，三维效果如图 30-4 所示。

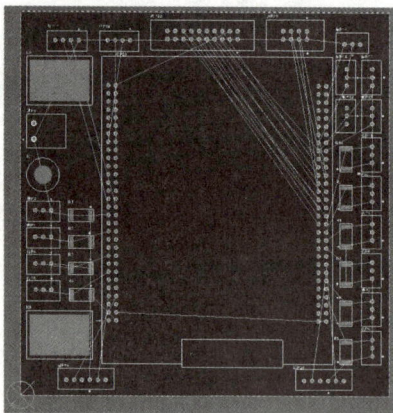

图 30-3　PCB 布局

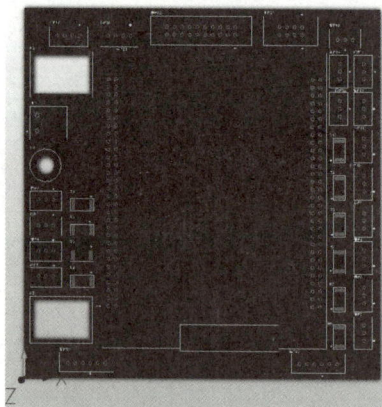

图 30-4　PCB 三维效果

5. 任务总结

(1)在 AutoCAD 软件中预布局元件的放置位置，确定 PCB 的外形尺寸和层数。(2)绘制 PCB 边框并切割 PCB。(3)放置单片机、编码器以及其他元件，完成元件布局，并查看 PCB 三维效果。

6. 课后复习与拓展

(1)试采用自动布局和手动布局相结合的方法,完成元件的布局。(2)试在 PCB 上设置测试点,测量 PCB 上测试点两端的电压。

任务 31:PCB 布线

1. 思政元素与课前准备

"于安思危,于治忧乱。"党的二十大报告提出:"我们必须增强忧患意识,坚持底线思维,做到居安思危、未雨绸缪,准备经受风高浪急甚至惊涛骇浪的重大考验。"一以贯之增强忧患意识、坚持底线思维,主动识变应变求变、主动防范化解风险,这是新时代全面建设社会主义现代化国家、全面推进中华民族伟大复兴的必然要求。

忧患意识与底线思维密切相关。常怀忧患之心,始终安不忘危、存不忘亡、乐不忘忧,把困难估计得更充分一些,把风险思考得更深入一些,才能坚持好底线思维,把解决问题的措施想得更周到一些,做到有备无患、防患未然。增强忧患意识,要求通盘考虑各种因素,既要看到有利的方面,又要看到不利的方面,认清底线所在,坚决守住底线。当然,守住底线并不是要消极守成、不敢作为,而是要处变不惊、迎难而上、攻坚克难,积极面对和化解前进道路上遇到的矛盾风险,在解决问题的过程中推动事物发展,促进事物向好的方面转化,努力争取最好的结果。如果遇到问题就畏缩不前,坐看矛盾激化,任由局面恶化,不敢挺身而出,最后必然是什么底线也守不住。

全面推进中华民族伟大复兴,必须进行伟大斗争。增强忧患意识、坚持底线思维,时刻保持如履薄冰的谨慎、见叶知秋的敏锐、未雨绸缪的主动,才能对伟大斗争的长期性、复杂性、艰巨性作出正确和充分的估计,才能把得住大局、看得清方向、站得稳脚跟、担得起风险,在伟大斗争中不断赢得伟大胜利。新征程上,我们要永远保持"赶考"的清醒和谨慎,坚持以忧患意识发现问题苗头,以底线思维划定边界禁区,不断提高驾驭各种风险挑战的能力和水平,确保在出现重大风险时扛得住、过得去,不断把中华民族伟大复兴的历史进程推向前进。[①]

课前准备:计算机 1 台、Altium Designer 15.1.16 软件等。

2. 任务描述

在机器人元件布局基础上,采用手动布线的方式,布置 PCB 的信号线与电源线,连接机器人元件。

[①] 摘自:增强忧患意识 坚持底线思维(思想纵横). 人民日报,2023 年 03 月 22 日 13 版.

3. 知识讲解

知识讲解 1：PCB 布线要求及注意事项

PCB 布线一般有如下要求：(1)确保导线宽度满足导线载流要求，一般电源线不低于 18mil，信号线不低于 10mil；(2)线与线之间应保持一定的间距，一般不低于 10mil；(3)布线距离 PCB 边缘≤1mm 的区域内，以及安装孔周围 1mm 内，禁止布线。

PCB 布线需注意以下事项：(1)遵循"先大后小，先难后易"的原则布线，从连线最密集的区域开始布线；(2)对于双层板，先在 Top Layer 层布置信号线，然后在 Bottom Layer 层布置电源线；(3)布线过程中不能出现直角或锐角，尽量少拐弯，电路信号传递不迂回，线条简单明了；(4)连线尽可能短，关键信号线要最短；(5)布线完成后可能存在一些飞线，这些飞线大多是 GND 线，可以通过敷铜对其处理。

知识讲解 2：常见布线方式

(1)常规布线。常规布线为交互式布线，"L"键可以切换布线层，数字"2"键可以添加过孔，数字"3"键可以切换最小线宽、典型线宽和最大线宽。(2)总线式布线。总线式布线为交互式多重布线，多条网络同时布线。(3)差分对布线。两条具有耦合关系的传输线构成差分网络，两条线的信号为互补信号，具体使用时要在原理图或 PCB 图中设定差分对网络。(4)单键布线。主要用于短距离的布线。(5)其他布线。比如，蛇形布线、等长布线等。

4. 任务实施

任务实施 1：布置信号线

信号线优先布置在"Top Layer"层，当该层较难布置时，再布置在"Bottom Layer"层。具体操作步骤如下：

(1)选中"Top Layer"层，点击"放置"→"交互式布线"或"交互式布线连接"按钮 或按快捷键"P＋T"，点击元件的焊盘，信号线转角采用钝角，连接至另一焊盘，完成布线后如图 31-1 所示。

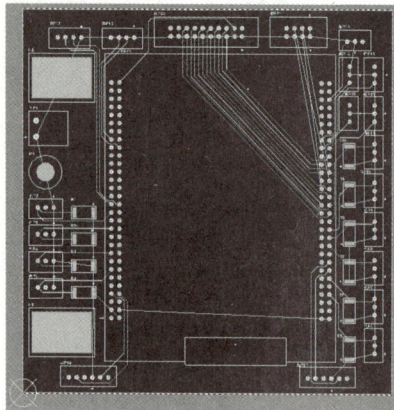

图 31-1 "Top Layer"层布置的信号线

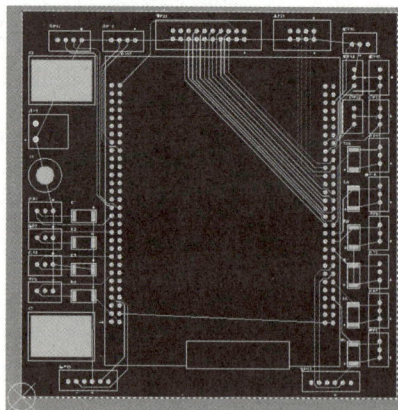

图 31-2 "Bottom Layer"层布置的信号线

（2）选中"Bottom Layer"层，参考步骤（1），布置电机驱动模块的 4 根信号线，完成布线后如图 31-2 所示。

任务实施 2：布置电源线

电源线优先布置在"Bottom Layer"层，当该层较难布置或对于表面贴装元器件，需布置在"Top Layer"层。具体操作步骤如下：

（1）选中"Bottom Layer"层，点击"放置"→"交互式布线"或"交互式布线连接"按钮或按快捷键"P＋T"，点击元件的焊盘，电源线转角采用钝角，连接至另一焊盘。按下数字"3"键可切换线宽，左边编码器的电源线线宽设置为 30mil，主干路的电源线线宽设置为 100mil，完成布线后如图 31-3 所示。

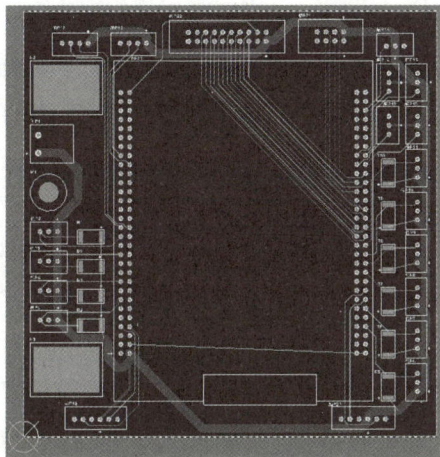

图 31-3　"Bottom Layer"层布置的电源线　　　图 31-4　"Top Layer"层布置的电源线

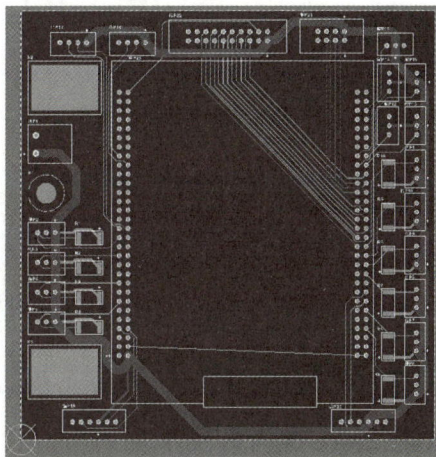

（2）选中"Top Layer"层，参考步骤（1），在该层布置电源线，其中，电阻端子的电源线线宽设置为 30mil，完成布线后如图 31-4 所示。

（3）检查并修改布线。①检查走线是否存在直角或锐角，直角或锐角会造成阻抗不连续，需要修改为钝角。②检查走线是否连接至焊盘中心，若未连接，需调整至焊盘中心。③认真检查布线设计是否符合制定的规则，同时确认所制定的规则是否符合 PCB 生产工艺需求。

5. 任务总结

（1）优先在"Top Layer"层布置信号线，然后在"Bottom Layer"层布置电机驱动模块的信号线。（2）优先在"Bottom Layer"层布置电源线，对于电阻端子等贴片元件在"Top Layer"层布置电源线。

6. 课后复习与拓展

（1）请问为减少信号间的干扰，相邻层间的布线方向应怎样处理？（2）试采用去耦电容的方法滤除高频噪声。

任务 32：PCB 后续处理与输出工程制造文件

1. 思政元素与课前准备

"长安复携手，再顾重千金。"大唐芙蓉园初夏夜，伴随"海内存知己，天涯若比邻"的吟诵，64 名舞者左手执籥、右手秉翟，向出席中国—中亚峰会的贵宾献上中国古代最高礼仪舞蹈八佾舞。礼乐交融、文韵悠悠，大度雍容、如梦如幻，展现出中华文化包容四海的精神风貌。

文明如水，润物无声；海纳百川，有容乃大。文明因多样而交流，因交流而互鉴，因互鉴而发展。在文化传承发展座谈会上，习近平总书记深刻指出："中华文明具有突出的包容性，从根本上决定了中华民族交往交流交融的历史取向，决定了中国各宗教信仰多元并存的和谐格局，决定了中华文化对世界文明兼收并蓄的开放胸怀。"

集千古之智，纳四海之慧。中华文明自古就以开放包容闻名于世，在 5000 多年不间断的历史传承中兼容并蓄、创新升华。展开历史长卷，从赵武灵王胡服骑射，到北魏孝文帝汉化改革；从"洛阳家家学胡乐"到"万里羌人尽汉歌"；从边疆民族习用"上衣下裳""雅歌儒服"，到中原盛行"上衣下裤"、胡衣胡帽，以及今天随处可见的舞狮、胡琴、旗袍等，我国各民族在文化上相互尊重、相互欣赏，相互学习、相互借鉴，共同创造了丰富灿烂的中华文化。与此同时，中华文明始终以开放胸怀同世界其他文明开展交流互鉴。从历史上的佛教东传、"伊儒会通"，到近代以来的"西学东渐"、新文化运动、马克思主义和社会主义思想传入中国，再到改革开放以来全方位对外开放，中华文明始终在兼收并蓄中历久弥新，不仅为中华民族提供了丰厚滋养，而且为世界文明贡献了华彩篇章。[①]

课前准备：计算机 1 台、Altium Designer 15.1.16 软件等。

2. 任务描述

完成以下 PCB 后续处理：补泪滴与放置固定孔，放置敷铜与添加文字，检查并修改错误，隐藏显示飞线。后续处理后输出工程制造文件。

3. 知识讲解

知识讲解 1：覆铜填充模式与网络选项

覆铜填充模式主要包括以下三种：(1)Solid(Copper Regions)：全敷铜；(2)Hatched(Tracks/Arcs)：网格式敷铜；(3)None(Outlines Only)：只保留覆铜边界，内部不铺设铜皮。

---

① 摘自：展现"包容性"，保持兼收并蓄的开放胸怀(人民观点). 人民日报，2023 年 06 月 19 日 05 版.

为便于生产,尽量采用全敷铜,若采用网格式敷铜,网格高度与网格间距应均不低于 10mil。

网络选项主要包括以下三种方式:(1)Don't Pour Over Same Net Objects:仅仅对相同网络的焊盘进行连接,其他如覆铜、导线等不连接,可采用该方式与网格式覆铜填充模式处理无线信号;(2)Pour Over All Same Net Objects:全部连接和覆盖相同网络的焊盘、导线及覆铜,可采用该方式与全覆铜填充模式处理电源信号;(3)Pour Over Same Net Polygons Only:仅连接相同网络的焊盘与覆铜,可用该方式与全覆铜填充模式处理电源层。

知识讲解 2:PCB 文件、Gerber 文件与 Drill 文件

生产 PCB 时主要采用 Gerber 文件和 Drill 文件,国际上比较流行的做法是将 PCB 文件转换为 Gerber 文件和 Drill 文件后交由 PCB 生产商加工,主要有以下两个原因:一是避免生产商转化 Gerber 文件时与设计师的思路出现偏差,确保加工制作的 PCB 是设计师所需要的;二是保护文件机密,防止窃取。

4. 任务实施

任务实施 1:补泪滴与放置固定孔

(1)补泪滴。选择"工具"→"滴泪",在弹出的"Teardrops"窗口中选择默认参数,单击"OK"按钮。补泪滴前、后效果如图 32-1 所示。

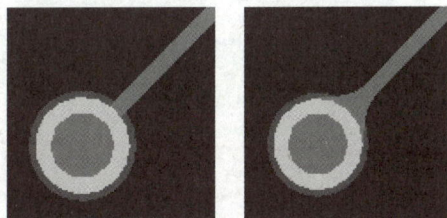

(a) 补泪滴前效果　　　(b) 补泪滴后效果

图 32-1　补泪滴前、后效果

(2)放置固定孔与绘制丝印。①选择"放置"→"焊盘",或单击"放置焊盘"按钮,将焊盘中心放置在 PCB 的左上角,双击"焊盘",在弹出的"焊盘"对话框中,设置"通孔尺寸"、"X-Size"和"Y-Size"均为 3.3mm,取消"镀金的"复选框。按快捷键"M"→选择"通过 X,Y 移动选择"→"X 偏移量"设置为 3.5mm,"Y 偏移量"设置为 -3.5mm,单击"确定"按钮。②选择"Top Overlay"层,选择"放置"→"圆环",将丝印圆心放置至固定孔同心处,双击丝印,在弹出的"Arc"对话框中"宽度"设置为 0.15mm,"半径"设置为 3.3mm,单击"确定"按钮。③复制上述固定孔与丝印,将其粘贴至 PCB 的另外三个边角,再移动至相应位置。

任务实施 2:放置敷铜与添加文字

(1)放置敷铜。①选择"放置"→"多边形敷铜",在弹出的"多边形敷铜"对话框中,选中"Solid(Copper Regions)"单选框,"弧近似 Maximum Deviation From Perfect Art"设置为 0.1mil,"层"选择"Top Layer","链接到网络"选择

"GND"与"Pour Over All Same Net Objects",勾选"死铜移除"复选框,单击"确定"按钮,然后用线连接 PCB 的四个边角,单击鼠标右键,完成"Top Layer"层敷铜。②参考上述步骤,"层"选择"Bottom Layer",用线连接 PCB 的四个边角,单击鼠标右键,完成"Bottom Layer"层敷铜。

(2)添加文字。选择"Top Overlay",点击"放置"→"字符串",双击放置的字符串,在弹出的"串"对话框中,"属性"框中输入"机器人制作与编程",选中"TrueType"单选框,选中"粗体"复选框,"Height"设置为 4mm,单击"确定"按钮。

任务实施 3:检查并修改错误、隐藏显示飞线及输出工程制造文件

(1)检查并修改错误。点击"工具"→"设计规则检查",在弹出的"设计规则检测"窗口中,单击"运行 DRC(R)"按钮。在弹出的对话框中,确认以下错误并进行必要的修改:①"Un-Routed Net"仅为 3V3;②调节丝印间距"Silk To Silk Clearance",调节丝印间距直至无误。完成后 PCB 效果如图 32-2 所示。

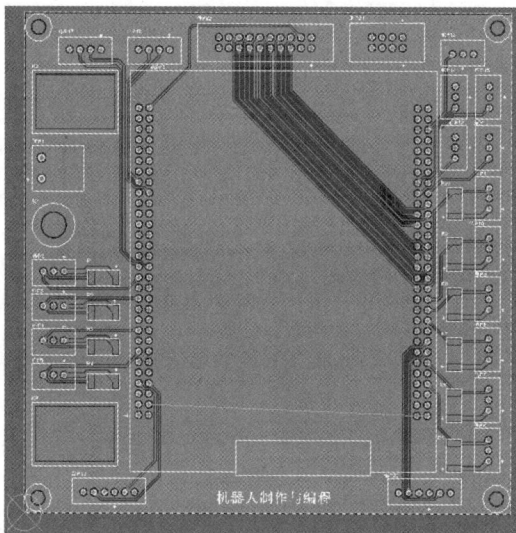

图 32-2　PCB 效果

(2)隐藏显示飞线。①隐藏飞线。选择"察看"→"连接"→"隐藏网络",鼠标左键选择 3V3,隐藏飞线。②显示飞线。选择"察看"→"连接"→"显示所有",则显示所有飞线。

(3)输出工程制造文件。①输出 Gerber 文件。选择"文件"→"制造输出"→"Gerber Files",在弹出的"Gerber 设置"对话框中设置参数如下:〈ⅰ〉在"通用"选项卡下,选中"英寸"单选框与"2:5"单选框;〈ⅱ〉在"层"选项卡下,单击"画线层(P)"按钮,选择"所有使用的(U)",单击"映射层(M)"按钮,选择"所有的关闭(O)";〈ⅲ〉在"钻孔图层"选项卡下的"钻孔绘制图"框中,勾选"Plot all used drill pairs"复选框,其他采用默认设置。②输出 Drill 文件。选择"文件"→"制造输出"→"NC Drill Files",采用默认设置,单击"确定"按钮,生成 Drill 工程文件。③将上述文件,打包交由 PCB 生产商加工。

5. 任务总结

(1)补泪滴,放置固定孔以固定 PCB。(2)放置敷铜连接 GND 网络,添加文字标识并修改其格式。(3)检查并修改错误,隐藏显示飞线查看效果,输出 Gerber 文件与 Drill 文件。

6. 课后复习与拓展

(1)为隔离串扰,试对 PCB 做包地处理。(2)试配置 BOM 输出的内容和形式,输出 PCB 的 BOM。

任务 33:焊接 PCB

1. 思政元素与课前准备

发动机是火箭的"心脏",任何一个漏点,在火箭升空过程中都可能会引发毁灭性爆炸。高凤林能做到 0.01 秒内,精准控制焊枪停留在燃料管道上,上万次操作都准确无误。40 多年来,他一直奋战在航天制造一线,160 多枚长征系列运载火箭,在他焊接的发动机助推下成功飞向太空。在载人航天、北斗导航、嫦娥探月、火星探测、国防建设等航天产品及发动机重大攻关项目中,他攻克"疑难杂症"300 多项,获得国家科技进步二等奖、全军科技进步二等奖、全国职工技术创新一等奖等。

高凤林同志工作中加班加点、任劳任怨、刻苦钻研、精益求精,获"全国劳动模范""全国五一劳动奖章""全国道德模范""全国技术能手""首次月球探测工程突出贡献者"等荣誉称号。2018 年获"大国工匠年度人物",在颁奖词中这样评价他:突破极限精度,将龙的轨迹划入太空;破解 20 载难题,让中国繁星映亮苍穹!焊花闪烁,岁月寒暑,高凤林,为火箭铸"心",为民族筑梦!

课前准备:PCB 1 块、Con2 稳压模块(小)接线端子 1 个、Header3 传感器接线端子 10 个、Header3 舵机接线端子 5 个、Header4 串口接线端子 2 个、Header6 编码器接线端子 2 个、Header4×2 驱动接线端子 1 个、Header10×2 传感器接线端子 1 个、Header30×2 单片机接线端子 2 个、电阻 10 片、钮子开关 1 个、船形开关 2 个、电烙铁 1 把、热风枪 1 把、焊台 1 个、焊锡丝若干等。

2. 任务描述

熟悉常见元件手工焊接步骤,完成下述内容:(1)选择电烙铁并调节其温度以焊接 PCB;(2)在图 33-1 所示的 PCB 上焊接贴片电阻;(3)在图 33-1 所示的 PCB 上焊接 Con2

稳压模块(小)接线端子等插脚类元件;(4)在钮子开关、船形开关的端子处焊接导线,然后将钮子开关、船形开关连接至 PCB。

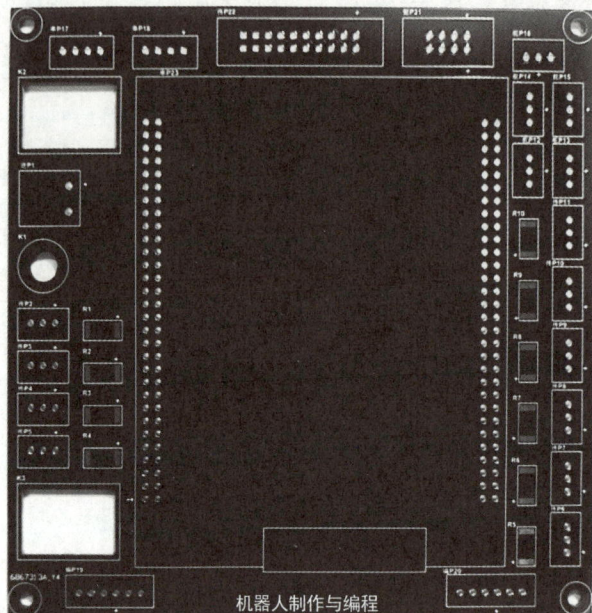

图 33-1　PCB 实物

3. 知识讲解

知识讲解 1:五步焊接法与三步焊接法

电子元器件的手工焊接方法主要包括五步焊接法和三步焊接法。

(1)五步焊接法

初学者一般从五步焊接法开始训练,如图 33-2 所示。

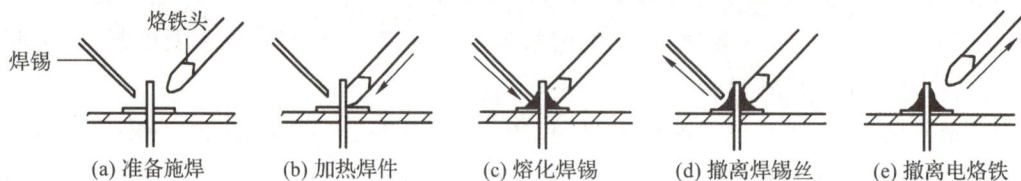

(a) 准备施焊　(b) 加热焊件　(c) 熔化焊锡　(d) 撤离焊锡丝　(e) 撤离电烙铁

图 33-2　五步焊接法

具体操作步骤如下:

第一步为准备施焊。焊接前首先要检查电烙铁,烙铁头要保持清洁,处于带锡状态,即可焊状态。一般左手拿焊锡丝,右手拿电烙铁,将烙铁头和焊锡丝靠近,处于随时可以焊接的状态,同时认准位置。

第二步为加热焊件。将烙铁头接触待焊元器件的焊点,将上锡的烙铁头沿 45°角方向贴紧被焊元器件引线加热,使焊点升温。

第三步为熔化焊锡。元器件引线加热到能熔化焊锡的温度后,沿45°角的方向及时将焊锡丝从烙铁头的对侧触及焊接处表面,接触焊件熔化适量焊锡。

第四步为撤离焊锡丝。熔化适量的焊锡丝之后迅速移开焊锡丝。

第五步为撤离电烙铁。焊接点上的焊锡接近饱满、焊锡丝充分浸润焊盘以及焊件、焊锡最光亮、流动性最强时及时移开电烙铁。此时应注意电烙铁大体沿45°角方向撤离,以便形成一个光亮圆滑的焊点,完成一个焊点约3~5s最佳,时间不能过长。

(2)三步焊接法

三步焊接法又称为带锡焊接法,如图33-3所示。

(a) 准备施焊   (b) 同时加热焊件和焊锡丝   (c) 同时撤离焊件和焊锡丝

图33-3   三步焊接法

具体操作步骤如下:

第一步为准备施焊。将烙铁头接触待焊元器件的焊点,将上锡的烙铁头沿45°角的方向贴紧被焊元器件引线进行加热,使其升温。

第二步为同时加热焊件和焊锡丝。在待焊元器件两侧分别触及电烙铁和焊锡丝,等待元器件加热,同时熔化适量焊锡丝。

第三步为同时撤离焊件和焊锡丝。熔化适量焊锡丝后迅速移开电烙铁和焊锡丝,焊锡丝移开的时间应略早于电烙铁或者与电烙铁同时移开,而不得迟于电烙铁移开时间,否则焊点温度下降,焊锡丝容易黏连在焊点上,导致焊接不成功。

五步焊接法是焊接的基本操作步骤,相对五步焊接法,三步焊接法在焊接过程中速度更快,能够节省操作时间,但初学者不应急于求成,因而不宜直接采用三步焊接法。焊接时,对于热容量大的元器件需采用五步焊接法。

知识讲解2:导线与导线的焊接,导线与端子的焊接

(1)导线与导线的焊接

导线与导线的焊接主要有三种基本形式:搭焊、钩焊和绕焊。

搭焊:如图33-4(a)所示,将一根镀过锡的导线搭接到另外一根镀过锡的导线上。这种方法最简单,但强度最低,可靠性最差,仅用于维修调试中的临时接线或不方便绕焊、钩焊的地方以及一些长插件的焊接。搭焊时需要注意从开始焊接到焊锡凝固之前不能松动导线。

钩焊:如图33-4(b)所示,将镀过锡的导线弯成钩形,连接在一起并用钳子夹紧后焊接。钩焊的强度低于绕焊,但操作简单方便。

绕焊:将镀过锡的导线缠绕拉紧后焊接。导线的粗细不同,绕焊方法也不同。如图33-4(c)所示,如果导线同样粗细,可采用扭转并拧紧的方法绕接;如图33-4(d)所示,如果导线有粗有细,可将细导线缠绕到粗导线上。绕焊的可靠性最高,因此在导线与导线的焊接中一般采用绕焊方法。

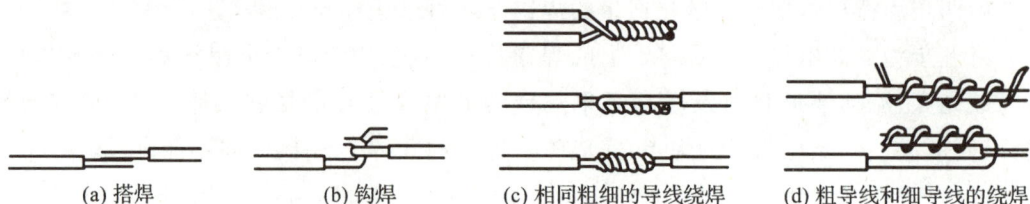

| (a) 搭焊 | (b) 钩焊 | (c) 相同粗细的导线绕焊 | (d) 粗导线和细导线的绕焊 |

图 33-4　导线与导线的焊接

（2）导线与端子的焊接

如图 33-5 所示,导线与端子的焊接方法也分为搭焊、钩焊和绕焊。

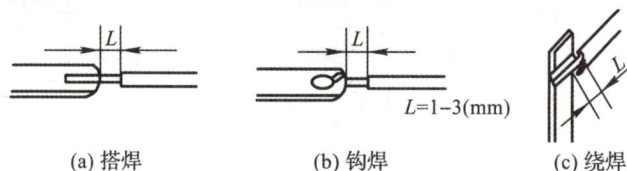

$L=1-3(mm)$

| (a) 搭焊 | (b) 钩焊 | (c) 绕焊 |

图 33-5　导线与端子的焊接

搭焊:把经过上锡的导线端头搭接到导线端子上焊接。搭焊是最简单的焊接方法,但强度与可靠性最差,适用于维修调试及临时需要焊接的地方或不便缠绕的地方,不能用于正规产品的焊接中。

钩焊:将上过锡的导线端头弯成钩形钩在接线端子上,用尖嘴钳夹紧后再进行焊接。注意导线与接线端子的接头不能松动。钩焊的焊接强度低于绕焊,但焊接简单、容易操作,适用于不需要特别高强度的场合。

绕焊:上过锡的导线端头在接线端子上缠绕一圈,再用钳子将缠绕的导线拉紧,之后进行焊接操作。绕接时,导线垂直缠绕在接线柱上,绕线必须整洁牢固,如果缠绕处松弛,焊接处会因松动而无光泽,还会造成虚焊。

4. 任务实施

任务实施 1:选择电烙铁并调节其温度以焊接 PCB

焊接 PCB 时选用 $20\sim40W$ 的电烙铁,如果电烙铁功率过小,则焊接时间较长,如果电烙铁功率过大,可能因过热导致元器件损坏,还可能引起 PCB 起泡、烧焦或铜箔起皮等。烙铁头的形状选择以不损伤电路元器件、PCB 为原则。这里选择圆锥形等烙铁头焊接 PCB。焊接 PCB 时,调节电烙铁烙铁头的温度至 $300\sim400℃$。

任务实施 2:在 PCB 上焊接贴片电阻

焊接贴片电阻的步骤如下:

（1）清洁并固定 PCB,将 PCB 上的污物和油迹清除干净,用砂纸打磨焊盘,清除氧化物,涂上松香水,提高电路板的可焊性。将 PCB 固定在合适的位置,以防焊接时 PCB 移动。如果没有固定,焊接时可用手固定,但需注意不能用手碰触 PCB 上的焊点。

(2)将 PCB 上的一个焊盘上锡,用电烙铁熔化少量焊锡到焊盘上即可。注意:上锡量不要过多。

(3)用镊子夹住需要焊接的贴片电阻,将其放在需要焊接的焊盘上。注意:镊子不能碰到贴片电阻端部的可焊位置。

(4)用电烙铁加热已经镀锡的焊点,直到焊锡熔化,焊接贴片电阻的一个端点,然后撤离电烙铁。注意:焊锡凝固前不能移动镊子或贴片电阻,否则可能会导致贴片电阻错位,焊接不合格。

(5)在电烙铁上加少量焊锡,熔化至另一焊盘,然后撤走电烙铁。

(6)检查焊点,焊点焊锡量要适中,如果焊锡量过多,应用吸锡带或吸锡器吸走,也可用烙铁尖带走多余焊锡;如果焊锡过少,则需要添加焊锡,直至形成合格的焊点。若焊接过程中弄脏焊盘,则需用酒精清洗,清洗过程中应轻轻擦拭,不能用力过大。

(7)采用上述步骤,完成所有贴片电阻的焊接。

焊接贴片电阻的过程为清洁→上锡→固定→焊接→清理,焊接示意图如图 33-6 所示。

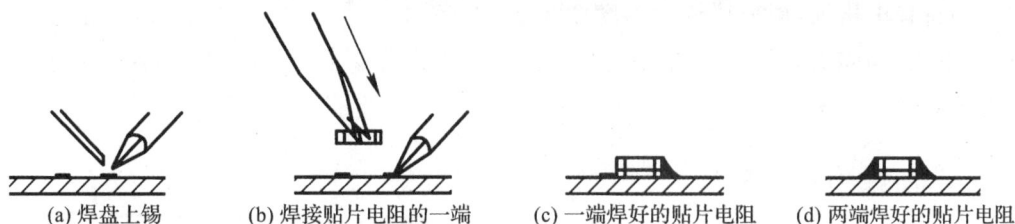

| (a) 焊盘上锡 | (b) 焊接贴片电阻的一端 | (c) 一端焊好的贴片电阻 | (d) 两端焊好的贴片电阻 |

图 33-6　贴片电阻的焊接示意图

任务实施 3:在 PCB 上焊接插脚类元件

采用知识讲解 1 中的五步焊接法,按照元件高度从低到高的顺序,在 PCB 上依次焊接 Header3 传感器接线端子、Header3 舵机接线端子、Header4 串口接线端子、Header6 编码器接线端子、Con2 稳压模块(小)接线端子、Header30×2 单片机接线端子、Header4×2 驱动接线端子、Header10×2 传感器接线端子。焊接时先焊边缘对角线上的两个端点或边缘线上的两个端点,以使其定位,然后再按从左到右、从上到下的顺序依次焊接。

任务实施 4:在钮子开关、船形开关的端子处焊接导线,然后将钮子开关、船形开关连接至 PCB

在钮子开关、船形开关的端子处焊接导线。(1)采用剥线钳剥掉合适长度的导线绝缘层覆皮,导线绝缘覆皮与接线柱端子距离约 1～3mm;(2)套上合适长度与粗细的热缩管;(3)采用知识讲解 2 中导线与端子的绕焊方法完成焊接。注意:焊锡量要充足,但端子穿孔不必用焊锡全部填满;(4)加热热缩管,将其固定至钮子开关、船形开关的端子处;(5)清洁整理。

将钮子开关、船形开关连接至 PCB。连接完成后的 PCB,如图 33-7 所示。

图 33-7　连接完成后的 PCB

5. 任务总结

(1)选择电烙铁,调节烙铁头温度至 300～400℃以焊接 PCB。(2)在 PCB 上分别焊接贴片电阻、插脚类元件。(3)在钮子开关、船形开关的端子处焊接导线,然后将钮子开关、船形开关连接至 PCB。

6. 课后复习与拓展

(1)试给出采用绝缘带包扎导线焊接处的具体步骤。(2)试分析拆焊时需遵守的基本原则及注意事项。

第 3 模块　控制模块

项目7　C语言程序设计

任务 34:编写并调试 C 程序

1. 思政元素与课前准备

从 2008 年到 2022 年,从夏季奥运会到冬季奥运会,北京成为全球首个"双奥之城"。作为首个"双奥之城",北京如约向世界奉献了一场"简约、安全、精彩"的冬奥会。站在"两个一百年"的历史交汇点上,奥运梦激荡中国梦,中国人民以热情、阳光、开放、自信的形象迈上实现中华民族伟大复兴的新征程。

北京冬奥之路,是一条科技创新之路。据统计,"科技冬奥"重点专项共有 212 项技术在北京冬奥会上落地应用。冬奥会所有场馆历史性地首次实现百分之百"绿电"供应;国家速滑馆、首都体育馆等四个场馆采用二氧化碳跨临界直冷制冰系统,能效提升 30%～40%;采用世界最先进的高效节水设备和智能化造雪系统;大规模应用氢燃料大巴车;机器人餐厅、防疫机器人、无人零售、数字人民币支付连连引起称赞。

课前准备:计算机 1 台、Visual C++ 6.0 软件等。

2. 任务描述

任务描述 1:在 Visual C++ 6.0 软件中,打印输出"机器人制作与编程"

具体要求如下:

第 1 行输入包含头文件:#include〈stdio.h〉

第 2 行输入主函数名称并添加注释:int main()//主函数

第 3 行输入:{

第 4 行输入格式输出函数并添加注释:printf("机器人制作与编程\n");//格式输出函数,\n 实现换行

第 5 行输入函数的返回值并添加注释:return 0;//函数的返回值

第 6 行输入:}

运行结果为:机器人制作与编程

任务描述 2:参照编写程序时应遵循的规则,在 Visual C++ 6.0 软件中,修改调试下列程序,打印输出下述运行结果

```
#include <stdio.h>
int main
{printf("北京和世界携手,在希望中出发\n");printf("从双奥新坐标启航,一起
向未来！\n");
    printf("我们为祖国的强大感到骄傲和自豪\n");
    printf("祝福伟大的祖国繁荣昌盛!" \n");
                    return 0;}
```

运行结果为:
```
北京和世界携手，在希望中出发
从双奥新坐标启航，一起向未来！
我们为祖国的强大感到骄傲和自豪
祝福伟大的祖国繁荣昌盛！
```

3. 知识讲解

知识讲解 1:C 程序的基本组成

通常 C 程序由若干头文件和函数组成。在图 34-1 所示的程序中:(1)#include <stdio.h>为一条包含头文件命令或编译预处理命令,其作用是在编译之前把函数 printf()等信息包含进来。以".h"作为后缀的文件称为头文件。(2)在最新的 C 标准中,main 函数的类型为 int 而非 void,一个 C 程序有且只有一个 main 函数,main 函数是 C 语言的唯一入口。(3)printf()是格式输出函数,它的功能为在屏幕上输出指定的信息。(4)return 是函数的返回值,函数类型不同,返回值也不同。

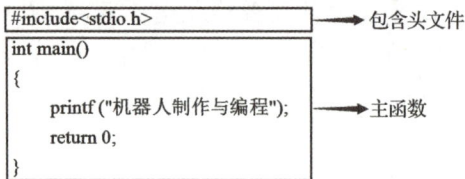

```
#include<stdio.h>          ──→ 包含头文件

int main()
{
    printf("机器人制作与编程");   ──→ 主函数
    return 0;

}
```

图 34-1　C 程序的组成

知识讲解 2:注释程序的方法

C 语言编译器在编译程序时,会自动忽略注释的内容。注释程序的方法主要有两种:(1)多行注释:/* 注释内容 */;(2)单行注释://注释一行。

知识讲解 3:编写程序时应遵循的规则

为了使程序便于阅读、理解与维护,编写程序时应遵循以下规则:(1)一个说明或一个语句占一行,比如,包含头文件、可执行语句结束时均需要换行;(2)函数体内的语句要

有明显缩进,通常按一次 Tab 键可缩进一次;(3)括号要成对写或成对删除;(4)当一个可执行语句结束时末尾要有分号;(5)程序中所有符号均为英文半角符号。

4. 任务实施

任务实施 1:在 Visual C++ 6.0 软件中,打印输出"机器人制作与编程"

(1)选择"文件"→"新建",在"文件"选项卡下选择"C++ Source File",输入"文件名"并选择"位置",单击"确定"按钮。

(2)在弹出的".cpp"窗口中,输入如下程序:

```
# include〈stdio.h〉
int main()//主函数
{
    printf("机器人制作与编程\n");//格式输出函数,\n 实现换行
    return 0;//函数的返回值
}
```

(3)单击"Compile"按钮💾,单击"Build Execute"按钮❗。

任务实施 2:参照编写程序时应遵循的规则,在 Visual C++ 6.0 软件中,修改调试下列程序,打印输出任务描述中的运行结果

(1)选择"文件"→"新建",在"文件"选项卡下选择"C++ Source File",输入"文件名"并选择"位置",单击"确定"按钮。

(2)在弹出的".cpp"窗口中,修改程序如下:

```
# include〈stdio.h〉
int main()
{
    printf("北京和世界携手,在希望中出发\n");
    printf("从双奥新坐标启航,一起向未来!\n");
    printf("我们为祖国的强大感到骄傲和自豪\n");
    printf("祝福伟大的祖国繁荣昌盛!\n");
    return 0;
}
```

(3)单击"Compile"按钮💾,单击"Build Execute"按钮❗。

5. 任务总结

(1)熟悉 C 程序的基本组成、注释程序的方法、编写程序时应遵循的规则等内容。(2)在 Visual C++ 6.0 软件中,编写 C 程序打印输出"机器人制作与编程"。(3)参照编写程序时应遵循的规则,将程序修改为规范化程序,查看程序运行结果。

6. 课后复习与拓展

(1)试采用多行注释:/* 注释内容 */,注释多行语句,并查看程序运行结果。
(2)试分析在 Visual C++ 6.0 软件中运行程序时,"输出"窗口中显示的 error(s)、warning(s)分别表示什么意思?

任务 35:定义数据类型与区分运算符优先级

1. 思政元素与课前准备

四象限法则是时间管理理论中的一个重要法则,它按照重要性和紧急性两个维度,将事情划分为四个象限。第一象限为重要紧急的事情,具有时间的紧迫性和影响的重要性,无法回避也不能拖延,需要马上做,比如,即将召开的重大会议等。第二象限为重要不紧急的事情,因其具有重要性的属性,如果不及时处理,未来可能会发展为重要紧急的事情,需要有计划地做,比如,高考前复习功课等。第三象限为紧急不重要的事情,通常都是琐碎的事情,但是比较紧急,比如,突然到访的一位朋友等。第四象限为不重要不紧急的事情,通常这类事情会消磨或浪费时间,需要减少做,比如,朋友间闲聊等。对于四象限的事情,投入的时间比例可设定为 20:50:25:5。四象限法则的重点是把主要时间精力投入在重要不紧急的事情上,做到未雨绸缪,防患于未然。

课前准备:计算机 1 台、Visual C++ 6.0 软件等。

2. 任务描述

任务描述 1:按照下述要求定义、赋值或初始化 a、b、c、d、e、f 与 G 的值,打印输出图示结果

定义 a、b 为整形变量且均赋值 1,初始化 c 为单精度浮点型变量且 c = 1,初始化 d 为双精度浮点型变量且 d = 1,初始化 e 为字符型变量且 e = "r",初始化 f 为字符串变量且 f = "机器人 robot",初始化 G 为实型常量且 G = 1.414。在 Visual C++ 6.0 软件中编写程序,打印输出图 35-1 所示的结果。

```
a=1
b=1
c=1.000000
d=1.0000000000
e=r
f=机器人robot
G=1.414000
```

图 35-1　任务描述 1 的输出结果

```
a=12
b=12
c=3
d=0
e=1
f=23
```

图 35-2　任务描述 2 的输出结果

任务描述 2：定义 a、b、c、d、e、f 均为整形变量，根据下述赋值，编程输出它们的值

$a = 11; b = + + a; c = (b > 3) * b / 2 - (b + 3) \% 4; d = (5 < c || 5 >= 4) \&\& (b < c); e = d = = 0;$
$f = a + b - c * d - e$。在 Visual C++ 6.0 软件中编写程序，打印输出图 35-2 所示的结果。

3. 知识讲解

知识讲解 1：标识符与数据类型

给变量或者函数起的名字为标识符。标识符可以是字母（A—Z,a—z）、数字（0—9）、下划线（_）组成的字符串，并且第一个字符必须是字母或下划线。使用标识符时需注意：(1)标识符的长度最好不要超过 8 位；(2)标识符严格区分大小写，一般采用大写字母表示常量，小写字母表示变量；(3)标识符最好采用有意义的英文单词组成，不要使用中文；(4)标识符不能是 C 语言中的关键字。

数据类型可分为基本数据类型、构造数据类型、指针类型、空类型等四大类。基本数据类型包括整型（int）、单精度浮点型（float，取值范围为 $-3.4 \times 10^{-38} \sim 3.4 \times 10^{38}$）和双精度浮点型（double，取值范围为 $-1.7 \times 10^{-308} \sim 1.7 \times 10^{308}$）、字符型（char）等。

知识讲解 2：变量赋值、常量赋值与格式化输出语句

变量赋值主要包括两种方式：(1)先声明再赋值（比如，int a,b; a=1;b=1;）；(2)声明的同时赋值（比如，int age = 18;）。注意：在定义中不允许连续赋值，比如，int a = b = c = 5;是不合法的。

采用标识符表示常量，称之为符号常量。符号常量在使用之前必须先定义，其一般形式为：#define 标识符 常量值，比如，#define PI 3.14。

C 语言中格式化输出语句的主要内容如下：(1)格式为：printf("普通字符输出格式符"，输出项);，比如，printf("a=%d", a);，普通字符"a="可以根据具体情况省略；(2)如果要输出多个变量并指定变量的位置时，格式符可以连用，变量之间需要用逗号隔开，比如，printf("小数:%f，整数:%d，字符:%c", a,b,c);，其中格式符的个数要与变量、常量或者表达式的个数一一对应；(3)常用格式符如表 35-1 所示。

表 35-1　常用格式符

格式符	说明	举例
%d	带符号十进制整数	int a = 10;printf("%d",a);输出结果为 10
%f	6 位小数	float a = 1.23;printf("%f",a);输出结果为 1.230000
%c	单个字符	char x = 'a';printf("%c",x);输出结果为 a
%s	字符串	printf("%s","机器人制作与编程");输出结果为机器人制作与编程

知识讲解 3：运算符优先级

运算符优先级如表 35-2 所示，级别为 1 的优先级最高，级别为 10 的优先级最低。

表 35-2　运算符优先级

级别	运算符
1	（）
2	！ ＋（正号） －（负号） ++ －－
3	＊ / ％
4	＋（加） －（减）
5	＜ ＜= ＞ ＞=
6	== !=
7	&&
8	||
9	?:
10	= += －= *= /= ％=

4. 任务实施

任务实施 1：定义、赋值及初始化 a、b、c、d、e、f 与 G 的值，打印输出图 35-1 所示的结果

（1）编写程序如下：

```
#include <stdio.h>
int main()
{
    int a, b;//定义 a,b 为整型变量
    a = 1;//赋值 a = 1
    b = 1;//赋值 b = 1
    float c = 1;//初始化 c 为单精度浮点型变量且 c = 1
    double d = 1;//初始化 d 为双精度浮点型变量且 d = 1
    char e = 'r';//初始化 e 为字符型变量且 e = "r"
    char f[] = "机器人 robot";//初始化 f 为字符串型变量且 f = "机器人 robot"
    #define G 1.414//初始化 G 为实型常量且 G = 1.414
    printf("a = %d\nb = %d\n",a,b);  //输出 a,b
    printf("c = %f\n",c);//输出 c
    printf("d = %.10f\n",d);//输出 d,小数点后 10 位
    printf("e = %c\n",e);//输出 e
    printf("f = %s\n",f);//输出 f
```

```
        printf("G= % f\n",G);//输出 G
        return 0；
    }
```

(2)在 Visual C++ 6.0 软件中,调试上述程序,查看程序运行结果,具体操作步骤同任务 34,这里不再赘述。

任务实施 2:定义 a、b、c、d、e、f 均为整形变量,根据任务描述 2 中的赋值编写程序,打印输出图 35-2 所示的结果

(1)编写程序如下:

```
# include ⟨stdio.h⟩
int main()
{
    int a,b,c,d,e,f;
    a = 11；
    b = + + a;//a = 12,b = 12
    c = (b⟩3) * b/2 - (b + 3) % 4;//c = 3
    d = (5⟨c||5⟩ = 4)&&(b⟨c);//d = 0
    e = d = = 0;//e = 1
    f = a + b - c * d - e;//f = 23
    printf("a = % d\n",a);
    printf("b = % d\n",b);
    printf("c = % d\n",c);
    printf("d = % d\n",d);
    printf("e = % d\n",e);
    printf("f = % d\n",f);
    return 0；
}
```

(2)在 Visual C++ 6.0 软件中,调试上述程序,查看程序运行结果。

5. 任务总结

(1)定义、赋值及初始化整型变量、单(双)精度浮点型变量、字符(串)型变量、实型常量的值。(2)采用格式化输出语句,打印输出整数、小数、单个字符与字符串等数据。(3)依据运算符优先级分析运算顺序,编程查看运行结果。

6. 课后复习与拓展

(1)存放地址的变量称为指针变量,请问指针变量有什么作用?(2)请问 u8、u16、u32、s8、s16、s32 分别是什么数据类型?

任务 36:编写结构语句

1. 思政元素与课前准备

张富清,1924 年 12 月出生于陕西省汉中市洋县,1948 年 3 月参加中国人民解放军,1948 年 8 月加入中国共产党。张富清同志在解放大西北系列战斗中英勇善战、舍生忘死,荣立西北野战军特等功一次、军一等功一次、师一等功一次、师二等功一次和团一等功一次,并被授予军"战斗英雄"称号、师"战斗英雄"称号和"人民功臣"奖章。2018 年 12 月 3 日,在湖北省恩施土家族苗族自治州来凤县人社局退役军人信息采集点,张富清在工作人员聂海波的见证下打开了一个红色包裹,里面有报功书和军功章,由此揭开了张富清不为人知的红色过往。

张富清同志转业后深藏功名 60 余年,除向组织如实填报个人情况外,从未对身边人说起过赫赫战功,更不以此为资本向组织提要求、要待遇。他数十年如一日甘于奉献、勇挑重担,不讲条件、不计得失,一心一意干好每件工作,以满腔热情在艰苦环境中尽职尽责、苦干实干。他对党的事业无限忠诚,在革命战争年代冲锋陷阵、不怕牺牲,在祖国建设时期坚决服从组织安排,扎根偏远落后贫困山区,用持之以恒的坚守,践行一名共产党员"随时准备为党和人民牺牲一切"的初心和誓言。2019 年,张富清同志获得"共和国勋章",被授予"最美奋斗者"荣誉称号;2020 年,被评为"感动中国 2019 年度人物"。

课前准备:计算机 1 台、Visual C++ 6.0 软件等。

2. 任务描述

任务描述 1:请根据下述提示,采用多重 if-else 语句、while 语句等编写程序,输出运行结果

(1)定义 a 为整形变量,并对其赋值。(2)若 a≤10,打印一次"张富清同志从未对身边人说起过赫赫战功"后退出。(3)若 10<a≤20;①打印一次"张富清同志数十年如一日甘于奉献、勇挑重担";②a 自增 1;③判断是否满足条件 10<a≤20,若满足,循环执行①-②,直至不满足条件后退出。(4)若 a 取其他值,打印一次"张富清同志不讲条件、不计得失,一心一意干好每件工作"后退出。

任务描述 2:请根据下述提示,采用 switch 语句、for 语句、continue 语句等编写程序,输出运行结果

(1)定义 a、b 为整形变量,并为其在区间[1,5]内赋值。(2)若 a=1,打印一次"张富清同志以满腔热情在艰苦环境中尽职尽责、苦干实干"后退出。(3)若 a=2,打印一次"张富清同志对党的事业无限忠诚"后退出。(4)①若 a=3,且 b≤5(b=4 除外),打印一次"张富清同志冲锋陷阵、不怕牺牲",b 自增 1,执行下次循环。②若 a＝3,且 b＝4,打印一次"张富清同志扎根偏远落后贫困山区",跳出本次循环,b 自增 1,执行下次循环。③若 a＝3,且 b＞5,循环结束退出。(5)若 a 为其他值,打印一次"张富清同志随时准备为党和人民牺牲一切"后退出。

3. 知识讲解

知识讲解 1:分支结构语句

(1)简单 if 语句与简单 if-else 语句

简单 if 语句的基本结构如图 36-1(a)所示,其中,if()后面没有分号。执行流程如图 36-1(b)所示,其语义是:如果表达式的值为真,则执行代码块,否则不执行代码块。

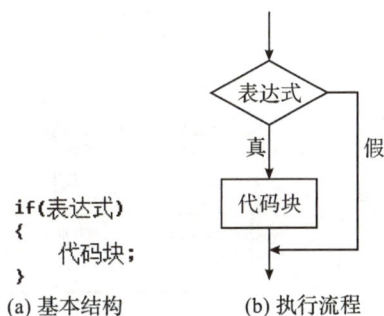

图 36-1　简单 if 语句

简单 if-else 语句的基本结构如图 36-2(a)所示,其中,if()与 else 后面均没有分号。执行流程如图 36-2(b)所示,其语义是:如果表达式的值为真,则执行代码块 1,否则执行代码块 2。

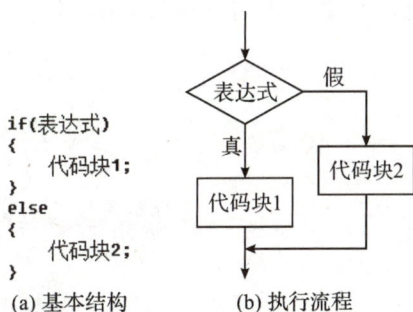

图 36-2　简单 if-else 语句

(2)多重 if-else 语句与嵌套 if-else 语句

多重 if-else 语句的基本结构如图 36-3(a)所示。执行流程如图 36-3(b)所示,其语义是:依次判断表达式的值,当出现某个值为真时,则执行对应的代码块,否则执行代码块 n。

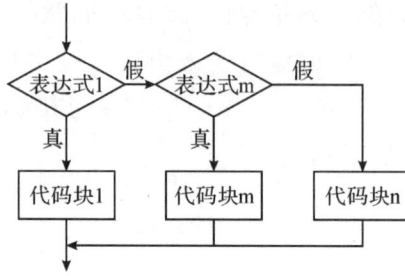

```
if(表达式1)
{
      代码块1;
}
...
else if(表达式m)
{
      代码块m;
}
...
else
{
      代码块n;
}
```

(a) 基本结构　　　　　　　　(b) 执行流程

图 36-3　多重 if-else 语句

嵌套 if-else 语句的基本结构如图 36-4(a)所示,它是在 if-else 语句中,再写 if-else 语句。执行流程如图 36-4(b)所示。

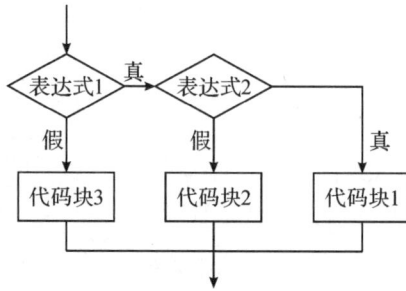

```
if(表达式1)
{
      if(表达式2)
      {
            代码块1;
      }
      else
      {
            代码块2;
      }
}
else
{
      代码块3;
}
```

(a) 基本结构　　　　　　　　(b) 执行流程

图 36-4　嵌套 if-else 语句

(3)switch 语句

switch 语句的基本结构如图 36-5(a)所示,其中,switch 后面的表达式语句只能是整型或者字符类型;在 case 后,允许有多个语句,可以不用{}括起来。执行流程如图 36-5(b)所示。

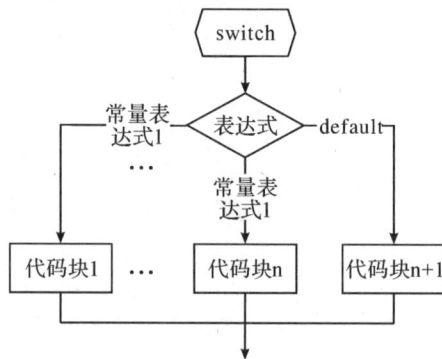

```
switch(表达式)
{
    case 常量表达式1:
         代码块1;
         break;
    ...
    case 常量表达式n:
         代码块n;
         break;
    default:
         代码块n+1;
         break;
}
```

(a) 基本结构　　　　　　　　(b) 执行流程

图 36-5　switch 语句

知识讲解 2:循环结构语句

(1)while 语句与 do-while 语句

while 语句的基本结构如图 36-6(a)所示,其中表达式表示循环条件,表达式一般是关系表达式或逻辑表达式;代码块为循环体,需要在循环体中改变循环变量的值,否则会出现死循环。执行流程如图 36-6(b)所示,其语义是:计算表达式的值,当值为真(非0)时,执行代码块。

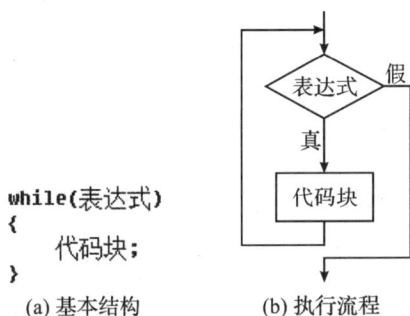

```
while(表达式)
{
    代码块;
}
```
(a) 基本结构   (b) 执行流程

图 36-6　while 语句的基本结构与执行流程

do-while 语句的基本结构如图 36-7(a)所示,while 括号后必须有分号。执行流程如图 36-7(b)所示,其语义是:先执行循环中的代码块,然后再判断 while 中表达式是否为真,如果为真则继续循环;如果为假,则终止循环,因此,do-while 语句至少要执行一次代码块。

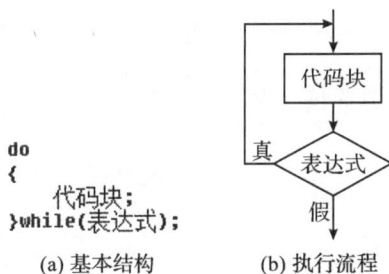

```
do
{
    代码块;
}while(表达式);
```
(a) 基本结构   (b) 执行流程

图 36-7　do-while 语句

(2)for 语句

for 语句的基本结构如图 36-8(a)所示,for()中的表达式 1、表达式 2 与表达式 3 之间需要有分号。执行流程如图 36-8(b)所示,其语义是:①执行表达式 1,初始化循环变量。②判断表达式 2,若其值为真(非 0),则执行 for 循环体中的代码块,若其值为假(0),则结束循环。③执行表达式 3,然后执行第②步。④直至循环结束。

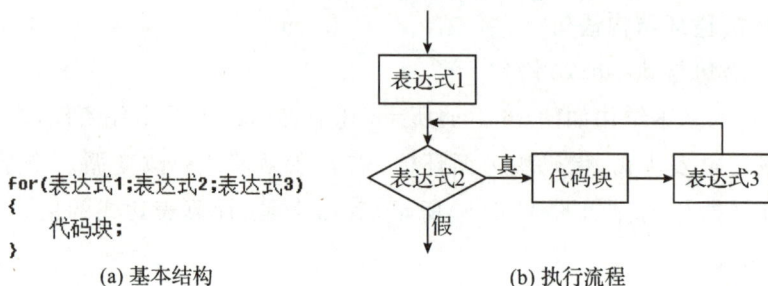

图 36-8　for 语句

知识讲解 3:结束语句

(1)break 语句

break 语句的作用是跳出循环体。注意:①当没有循环结构时,break 语句不能用于 if-else 语句中;②在多层循环中,一个 break 语句只跳出一个循环。

(2)continue 语句

continue 语句的作用是结束本次循环开始执行下一次循环。

4. 任务实施

任务实施 1:根据任务描述 1 中的要求,编写、调试程序,查看程序运行结果

(1)编写程序如下:

```c
#include <stdio.h>
int main()
{
    int a;//定义 a 为整型变量
    a = 21;//给 a 赋值
    if(a<=10)
    {
        printf("张富清同志从未对身边人说起过赫赫战功\n");
    }
    else if(a>10&&a<=20)
    {
        while(a>10&&a<=20)
        {
            printf("张富清同志数十年如一日甘于奉献、勇挑重担\n");
            a=a+1;
        }
    }
}
```

```
    else
    {
        printf("张富清同志不讲条件、不计得失,一心一意干好每件工作\n");
    }
    return 0;
}
```

(2)在 Visual C++ 6.0 软件中,调试上述程序,查看程序运行结果。

任务实施 2:根据任务描述 2 中的要求,编写、调试程序,查看程序运行结果

(1)编写程序如下:

```
#include <stdio.h>
int main()
{
    int a = 3,b = 1;//定义并给 a,b 赋值
    switch(a)
    {
        case 1:
            printf("张富清同志以满腔热情在艰苦环境中尽职尽责、苦干实干\n");
            break;
        case 2:
            printf("张富清同志对党的事业无限忠诚\n");
            break;
        case 3:
            for(b = b;b <= 5;b = b + 1)
            {
                if(b = = 4)
                {
                    printf("张富清同志扎根偏远落后贫困山区\n");
                    continue;
                }
                printf("张富清同志冲锋陷阵、不怕牺牲\n");
            }
            break;
        default:
            printf("张富清同志随时准备为党和人民牺牲一切\n");
            break;
```

```
    }
    return 0;
}
```

(2)在 Visual C++ 6.0 软件中,调试上述程序,查看程序运行结果。

5. 任务总结

(1)常见的结构语句主要包括分支结构语句、循环结构语句、结束语句等。(2)采用多重 if-else 语句、while 语句等编写程序,调试程序并查看程序运行结果。(3)采用 switch 语句、for 语句、continue 语句等编写程序,调试程序并查看程序运行结果。

6. 课后复习与拓展

(1)试分析 while 语句的作用与应用场合。(2)goto 语句是一种无条件分支语句,试分析其作用与应用场合。

任务 37：定义并调用函数

1. 思政元素与课前准备

1955 年 4 月,国务院作出交通大学内迁西安的重大决定。自 1956 年首批师生开赴西安,到 1959 年迁至西安的交通大学主体部分定名为西安交通大学,交大西迁历时四年,迁校总人数达一万五千余人。

"西迁精神"是在 1956 年交通大学由上海迁往西安的过程中,生发出来的一种宝贵的精神财富。"西迁精神"可概括为"胸怀大局,无私奉献,弘扬传统,艰苦创业"16 个字,"西迁精神"的核心是爱国主义,精髓是听党指挥跟党走,与党和国家、民族和人民同呼吸、共命运。在迁校以及新校建设发展历程中,师生员工开拓奋进,艰辛备尝,顾大局,讲奉献,千辛万苦在所不辞,艰难险阻勇于克服,充分体现了交大人的崇高风范。"西迁精神"已成为中国知识分子爱国奋斗的一座精神丰碑。

课前准备:计算机 1 台、Visual C++ 6.0 软件等。

2. 任务描述

任务描述 1:自定义函数,在同一源文件中调用定义的函数,调试程序实现下述功能

自定义函数 GetGirth,计算边长为 a、b、c 的三角形的周长。在 main 函数中,判断线段 a、b、c 能否构成三角形。若可以,调用函数 GetGirth 计算三角形的周长;否则,打印输出"不能构成三角形"。

任务描述 2:自定义函数,在不同源文件中调用定义的函数,调试程序实现下述功能

新建源文件 SubF,自定义三个函数 PrintLine、PrintWords、PrintAll,分别为打印线、文字、全部内容。新建源文件 Main,调用 SubF 源文件中的函数 PrintAll,打印输出图 37-1 所示的结果。

图 37-1 打印输出的结果

3. 知识讲解

知识讲解 1:自定义函数与函数调用

(1)自定义函数

自定义函数的一般形式如图 37-2 所示。注意:①常见的数据类型主要包括 int、char、void 等。②若省略数据类型则默认为 int 类型函数;若省略参数则该函数为无参函数;若含有参数则该函数为有参函数,各参数间用逗号分隔。③函数名称遵循标识符命名规范。④自定义函数尽量放在 main 函数之前,若放在 main 函数之后,需要在 main 函数之前先声明自定义函数,声明格式为:**数据类型 函数名称(参数);**。

图 37-2 自定义函数的一般形式

(2)函数调用

若被调函数与主调函数在同一个文件中,调用的一般形式为:函数名称(参数);注意:①调用无参函数时需省略参数;②参数可以是常数,变量或其他构造类型数据及表达式。若被调函数与主调函数不在同一个文件中,调用前需要加上:♯include"文件名.h";。

知识讲解 2:形参与实参、函数的返回值

(1)形参与实参

①形参是在定义函数名和函数体时使用的参数。形参仅在函数内部有效。②实参是在调用时传递该函数的参数。实参可以是常量、变量、表达式、函数等,无论实参是何种类型的量,调用函数时实参必须具有确定的值,以便传送给形参。③在参数传递时,形参和实参在数量、类型、顺序上应严格一致,否则会发生不匹配的错误。

(2)函数的返回值

函数的返回值主要指函数被调用执行后返回给主调函数的值。注意:①被调函数的值只能通过 return 语句返回给主调函数,其格式为:**return 表达式;**;②返回值的数据类型和函数的数据类型应保持一致;③如果函数没有返回值,函数的数据类型为 void,返回格式为:**return;**,它仅起到结束函数运行的功能。

知识讲解3:局部变量、全局变量、内部函数、外部函数

(1)局部变量与全局变量

①局部变量:定义在函数体内部的变量。作用域仅限于函数体内部,离开函数体无效。②全局变量:定义在函数体外部的变量。作用域是某一源文件,当在不同源文件中调用全局变量时,需要使用 extern 声明,比如**extern int a;**。

(2)内部函数与外部函数

①不能被其他源文件调用的函数称为内部函数,又称为静态函数,它只能在其所处的源文件中使用,其定义的形式为:static 数据类型 函数名称(参数)。②能被其他源文件调用的函数称为外部函数,其定义的形式为:extern 数据类型 函数名称(参数)。③当没有指定函数的作用范围时,系统默认为是外部函数。

4. 任务实施

任务实施1:自定义函数,在同一源文件中调用定义的函数,实现任务描述1中所述的功能

(1)编写程序如下:

```c
#include <stdio.h>
int GetGirth(int a, int b, int c)
{
    int cirf = a + b + c;
    return cirf;
}
int main()
{
    int a,b,c;//定义三角形边长
    a = 3;
    b = 5;
    c = 3;
    if((a + b)>c&&(a + c)>b&&(b + c)>a)//判断线段 a、b、c 能否构成三角形
    {
        printf("三角形周长为:%d\n", GetGirth(a,b,c));//调用 GetGirth 函数
        return 0;
    }
    else
```

```
{
    printf("不能构成三角形\n");
}
return 0;
}
```

(2)在 Visual C++ 6.0 软件中,调试上述程序,查看程序运行结果。

任务实施 2:自定义函数,在不同源文件中调用定义的函数,实现任务描述 2 中所述的功能

(1)新建源文件 SubF,编写程序如下:

```
#include <stdio.h>
void PrintLine()
{
    printf("*************************************************************\n");
}
void PrintWords()
{
    printf("西迁精神\n");
    printf("爱国主义\n");
    printf("胸怀大局,无私奉献,弘扬传统,艰苦创业\n");
    printf("听党指挥跟党走,与党和国家、民族和人民同呼吸、共命运\n");
}
void PrintAll()
{
    PrintLine();
    PrintWords();
    PrintLine();
}
```

(2)在与源文件 SubF 同一文件夹下,新建源文件 Main,编写程序如下:

```
#include <stdio.h>
extern void PrintAll();
int main()
{
    PrintAll();
    return 0;
}
```

(3)在 Visual C++6.0 软件中,调试上述程序,查看程序运行结果。

5. 任务总结

(1)熟悉形参、实参、函数的返回值、局部变量、全局变量、内部函数、外部函数等基本概念。(2)自定义函数,在同一源文件中调用定义的函数,实现设定的功能。(3)自定义函数,在不同源文件中调用定义的函数,实现设定的功能。

6. 课后复习与拓展

(1)若变量、函数前分别加 static、extern,试说明其具体含义?(2)请问若函数没有返回值,函数的数据类型是否需要设置为 void 类型?

任务 38:定义并遍历数组

1. 思政元素与课前准备

垃圾可分为可回收物、有害垃圾、厨余垃圾和其他垃圾等。可回收物主要包括废纸、塑料、玻璃、金属和纺织物等五大类。有害垃圾主要包括废电池、废日光灯管、废水银温度计、过期药品等,这些垃圾需要进行特殊处理。厨余垃圾主要包括剩菜剩饭、骨头、菜根菜叶、果皮等食品类废物,经生物技术就地处理堆肥,每吨可生产约 0.3 吨有机肥料。其他垃圾主要包括除上述几类垃圾之外的砖瓦陶瓷、渣土、卫生间废纸、纸巾等难以回收的废弃物,用适当的方法处理可有效减少对地下水、地表水、土壤及空气的污染。

垃圾分类不是小事,它不仅是基本的民生问题,也是生态文明建设的题中之义。垃圾分类不是易事,需要加强科学管理、形成长效机制、推动习惯养成。垃圾分类不是哪一方面的事,需要全社会人人动手,一起来为改善生活环境作努力,一起来为绿色发展、可持续发展作贡献。大家携起手来,将一件一件"垃圾分类"的事情办实做好,让中华大地天更蓝、山更绿、水更清、生态环境更美好。

习近平总书记在党的二十大报告中指出,加快发展方式绿色转型。推动经济社会发展绿色化、低碳化是实现高质量发展的关键环节。加快推动产业结构、能源结构、交通运输结构等调整优化。实施全面节约战略,推进各类资源节约集约利用,加快构建废弃物循环利用体系。完善支持绿色发展的财税、金融、投资、价格政策和标准体系,发展绿色低碳产业,健全资源环境要素市场化配置体系,加快节能降碳先进技术研发和推广应用,倡导绿色消费,推动形成绿色低碳的生产方式和生活方式。[1]

---

[1] 摘自:习近平:高举中国特色社会主义伟大旗帜 为全面建设社会主义现代化国家而团结奋斗——在中国共产党第二十次全国代表大会上的报告.新华社,2022 年 10 月 16 日.

课前准备:计算机 1 台、Visual C++ 6.0 软件等。

2. 任务描述

任务描述 1: 将字符串数组 s1[ ]、s2[ ]、s3[ ]、s4[ ]作为参数,编写函数 PrintWords。在 main 函数中调用上述函数,打印输出图 38-1 所示的结果

字符串 s1 为"垃圾可分为可回收物、有害垃圾、厨余垃圾和其他垃圾等;",字符串 s2 为"垃圾分类不是小事;",字符串 s3 为"垃圾分类不是易事;",字符串 s4 为"大家携起手来,将一件一件"垃圾分类"的事情办实做好。"。

> 垃圾可分为可回收物、有害垃圾、厨余垃圾和其他垃圾等;
> 垃圾分类不是小事;垃圾分类不是易事;
> 大家携起手来,将一件一件"垃圾分类"的事情办实做好。

图 38-1　打印输出的结果

任务描述 2: 已知二维数组 int arr[3][3] = {{1,2,3},{4,5,6},{7,8,9}};,编写程序计算其对角线元素之和,运行结果为:对角线元素之和为: 25

3. 知识讲解

知识讲解 1: 初始化一维数组、声明一维数组与获取一维数组元素

(1)初始化一维数组

初始化数组主要包括三种形式:①数据类型 数组名称[长度n]={元素1,元素2…元素n};;②数据类型 数组名称[]={元素1,元素2…元素n};;③数据类型 数组名称[长度n]; 数组名称[0]=元素1; 数组名称[1]=元素2;…数组名称[n-1]=元素n;。注意:当采用第①种初始化方式,元素个数小于数组的长度时,相应元素初始化为 0。

(2)声明一维数组

声明一维数组的格式为:数据类型 数组名称[长度n];。注意:①声明数组但没有初始化数组时,静态(static)和外部(extern)类型数组的元素为 0,自动(auto)类型数组的元素不确定;②C语言中数组长度一旦声明,长度无法改变,并且 C 语言不提供计算数组长度的方法。

(3)获取一维数组元素

获取一维数组元素的格式为:数组名称[元素所对应下标];。注意:获取数组元素时,下标从 0 开始。比如,初始化数组 int arr[3] = {1,2,3};,则 arr[0]所获取的元素为 1。

知识讲解 2: 一维数组作为函数参数

(1)整个一维数组作为函数参数,即把数组名称传入函数中。如图 38-2 所示,数组 arr 传入到函数中;函数参数既可以为 int arr[ ],也可以为 int arr[3]。

(2)一维数组中的元素作为函数参数,即把数组中的参数传入函数中。如图 38-3 所示,数组中的元素 arr[2]传入函数参数;ArrValue 与 arr[2]的数据类型需要一致。

```
#include <stdio.h>
void temp(int arr[])
{
    int i;
    for(i=0;i<3;++i)
    {
        printf("%d\n",arr[i]);
    }
}
int main()
{
    int arr[3]={1,2,3};
    temp(arr);
    return 0;
}
```

图 38-2　整个数组作为函数参数

```
#include <stdio.h>
void temp(int ArrValue)
{
    printf("%d\n",ArrValue);
}
int main()
{
    int arr[3]={1,2,3};
    temp(arr[2]);
    return 0;
}
```

图 38-3　数组中的元素作为函数参数

知识讲解 3：字符串数组、字符串函数与多维数组

（1）字符串数组

在 C 语言中，可以采用数组定义字符串。一般有以下两种格式：char 字符串名称［长度］="字符串值";，char 字符串名称［长度］={'字符 1', '字符 2', …, '字符 n', '\0'};。注意：①［］中的长度可以省略；②采用第 2 种方式时，最后一个元素必须是'\0'，'\0'为字符串的结束标志；③采用第 2 种方式时，数组中不能有中文。

（2）字符串函数

常见的字符串函数如表 38-1 所示。采用字符串函数时需要加上：#include <string.h>。

表 38-1　常见的字符串函数

函数名称及格式	说明	举例
strlen(s)	获得字符串的长度（单位：字节）	strlen("ab"),结果:2
strcmp(s1,s2)	比较字符串，返回结果为 0、1、−1	strcmp("12","13"),结果:−1
strcpy(s1,s2)	字符串拷贝，拷贝之后会覆盖原来的字符串	strcpy(s1,"ab")
strcat(s1,s2)	把字符串 s2 拼接到字符串 s1 后	strcat(s1,"ab")
atoi(s1)	字符串转换为整数	atoi("100"),结果:100

（3）多维数组

定义多维数组的格式为：数据类型 数组名称[第1维下标的长度][第2维下标的长度]…[第n维下标的长度];。例如，int num[3][3]={{1,2,3},{4,5,6},{7,8,9}};，它可以看作一个 3×3 的矩阵，如表 38-2 所示。获取多维数组元素、多维数组作为函数参数等内容与一维数组相类似，这里不再赘述。

表 38-2　3×3 的矩阵

	第 0 列	第 1 列	第 2 列
第 0 行	num[0][0] = 1	num[0][1] = 2	num[0][2] = 3
第 1 行	num[1][0] = 4	num[1][1] = 5	num[1][2] = 6
第 2 行	num[2][0] = 7	num[2][1] = 8	num[2][2] = 9

4. 任务实施

任务实施 1：将字符串数组作为参数编写 PrintWords 函数，实现任务描述 1 中所述的功能

（1）编写程序如下：

```c
# include <stdio.h>
# include <string.h>
void PrintWords(char s1[],char s2[],char s3[],char s4[])
{
    printf("%s\n",s1);
    printf("%s\n",strcat(s2,s3));
    printf("%s\n",s4);
}

int main()
{
    char s1[] = "垃圾可分为可回收物、有害垃圾、厨余垃圾和其他垃圾等;";
    char s2[] = "垃圾分类不是小事;";
    char s3[] = "垃圾分类不是易事;";
    char s4[] = "大家携起手来,将一件一件"垃圾分类"的事情办实做好。";
    PrintWords(s1,s2,s3,s4);
    return 0;
}
```

（2）在 Visual C++ 6.0 软件中，调试上述程序，查看程序运行结果。

任务实施 2：已知二维数组 int arr[3][3] = {{1,2,3},{4,5,6},{7,8,9}};，编写程序计算其对角线元素之和

（1）编写程序如下：

```c
# include <stdio.h>
int main()
{
    int arr[3][3] = {{1,2,3},{4,5,6},{7,8,9}};
    int i,j;
    int sum = 0;
    for(i = 0;i <= 2;++i)
    {
        for(j = 0;j <= 2;++j)
```

```
    {
        if(arr[i][j]%2! = 0)
        sum = sum + arr[i][j];
    }
}
printf("对角线元素之和为：%d\n",sum);
return 0;
}
```

(2)在 Visual C++ 6.0 软件中，调试上述程序，查看程序运行结果。

5. 任务总结

(1)熟悉初始化数组、声明数组与获取数组元素等基本概念。(2)将字符串数组作为参数编写函数，拼接字符串，编写、调试程序实现相应功能。(3)取出二维数组中特定的元素，编写、调试程序实现相应功能。

6. 课后复习与拓展

(1)试采用冒泡排序法，将一组数据按升序排序。(2)试构建一个动态数组。

项目8　单片机控制技术应用

任务 39:LED 灯实验

1. 思政元素与课前准备

　　干事创业，需要强大的精神激励。改革开放以来，一大批有胆识、勇创新的企业家茁壮成长，形成了具有鲜明时代特征、民族特色、世界水准的中国企业家队伍。广大企业家主动为国担当、为国分忧，顺应时代发展，勇于拼搏进取，为积累社会财富、创造就业岗位、促进经济社会发展、增强综合国力作出了重要贡献，在波澜壮阔的历史画卷中书写下企业家精神的华彩篇章。2020 年 7 月 21 日，习近平总书记主持召开企业家座谈会，充分肯定企业家群体所展现出的精神风貌，明确提出了"增强爱国情怀""勇于创新""诚信守法""承担社会责任""拓展国际视野"等五点希望，丰富和拓展了企业家精神的时代内涵,为新形势下弘扬企业家精神提供了思想和行动指南。[1]

习近平总书记在党的二十大报告中指出,深化国资国企改革,加快国有经济布局优化和结构调整,推动国有资本和国有企业做强做优做大,提升企业核心竞争力。优化民营企业发展环境,依法保护民营企业产权和企业家权益,促进民营经济发展壮大。完善中国特色现代企业制度,弘扬企业家精神,加快建设世界一流企业。[2]

海思是全球领先的 Fabless 半导体与器件设计公司。前身为华为集成电路设计中心,1991 年启动集成电路设计及研发业务,为汇聚行业人才、发挥产业集成优势,2004 年注册成立实体公司,提供海思芯片对外销售及服务。海思致力于为智慧城市、智慧家庭、智慧出行等多场景智能终端,打造性能领先、安全可靠的半导体基石,服务于千行百业客户及开发者。海思的产品覆盖无线网络、固定网络、数字媒体等领域的芯片及解决方案,成功应用在全球 100 多个国家和地区;在数字媒体领域,已推出 SoC 网络监控芯片及解决方案、可视电话芯片及解决方案、DVB 芯片及解决方案和 IPTV 芯片及解决方案。在海思公司成长发展过程中,充分发扬了企业家精神,取得了全球领先的突出成绩。

课前准备:LED 灯 1 个、面包板 1 块、杜邦线若干、STM32F407ZGT6 单片机 1 块、Keil uVisione V5.14.0.0 版本软件、20P 排线 1 根、J-Link 仿真器 1 个、USB 线 1 根、计算机 1 台等。

2. 任务描述

将 LED 灯两端的引脚插入面包板,通过杜邦线分别连接面包板与 STM32F407ZGT6 单片机的 PB12 引脚、3V3 引脚;采用 20P 排线连接单片机与 J-Link 仿真器,采用 USB 线连接 J-Link 仿真器与计算机。在 Keil 软件中,编写 led. h、led. c、main. c 等文件的代码,控制 LED 灯每隔 0.5s 闪烁一次。完成 J-Link 下载设置,编译并下载程序,调试硬件、软件实现上述功能。

3. 知识讲解

知识讲解 1:GPIO(General Purpose Input Output,通用输入/输出)的内部结构

STM32F407ZGT6 单片机共有 144 个管脚,一共有 7 组 I/O 口,每组 16 个,总共 $16×7+2=114$ 个 I/O 口,即 GPIOA 至 GPIOG,以及 PH0 与 PH1,可以通过软件控制其输入和输出。GPIO 内部结构如图 39-1 所示。

(1)保护二极管。起保护系统的作用,通过两个二极管的导通或截止,防止引脚外部输入电压过高或过低。当电压过高时,上方的保护二极管导通。当电压过低时,下方的保护二极管导通,防止不正常电压造成芯片烧毁。

---

[1]　摘自:弘扬企业家精神 推动高质量发展.人民日报,2021 年 12 月 06 日 07 版。
[2]　摘自:习近平:高举中国特色社会主义伟大旗帜 为全面建设社会主义现代化国家而团结奋斗——在中国共产党第二十次全国代表大会上的报告.新华社,2022 年 10 月 16 日。

（2）P-MOS 管和 N-MOS 管。GPIO 经过两个二极管的保护后向上流入输入模式，向下流入输出模式。在输入模式，施密特触发器打开，输出模式被禁止。输出模式由一个 P-MOS 管和一个 N-MOS 管组成的单元电路控制，该电路主要控制输出模式，具有推挽输出和开漏输出两种模式。

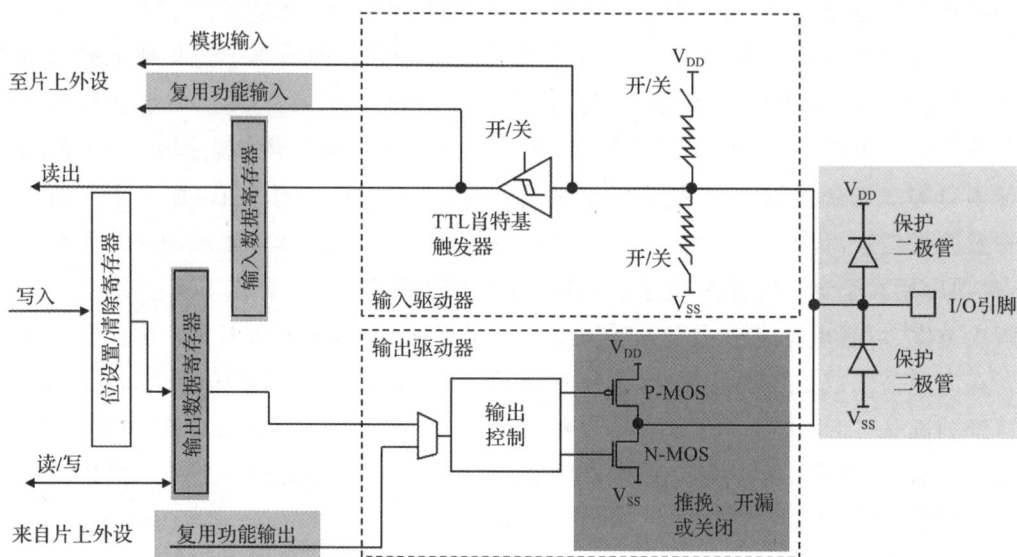

图 39-1 GPIO 内部结构

（3）输出数据寄存器。MOS 管结构电路的输入信号，由 GPIO 输出数据寄存器 GPIOx_ODR 提供，因此可以通过修改输出数据寄存器的值，修改 GPIO 引脚的输出电平。置位/复位寄存器 GPIOx_BSRR 可以通过修改输出数据寄存器的值，改变电路的输出。

（4）复用功能输出。复用功能输出中的复用是指 STM32 的其他片上外设对 GPIO 引脚进行控制，此时 GPIO 引脚用作该外设功能的一部分，作为第二用途。从其他外设引出来的复用功能输出信号与 GPIO 本身的数据寄存器，都连接至双 MOS 管结构中。

知识讲解 2：GPIO 的工作模式

GPIO 的八种工作模式如下：上拉输入（GPIO_Mode_IPU）、下拉输入（GPIO_Mode_IPD）、浮空输入（GPIO_Mode_IN_FLOATING）、模拟输入（GPIO_Mode_AIN）、推挽输出（GPIO_Mode_Out_PP）、开漏输出（GPIO_Mode_Out_OD）、推挽复用输出（GPIO_Mode_AF_PP）、开漏复用输出（GPIO_Mode_AF_OD）。

（1）上拉输入模式或下拉输入模式。在上拉输入模式或下拉输入模式下，I/O 端口的电平信号直接进入输入数据寄存器；当 I/O 端口悬空（无信号输入）时，上拉输入端或下拉输入端的电平信号保持在高电平或低电平。当 I/O 端口输入为低电平或高电平时，输入端的电平也为低电平或高电平。

（2）浮空输入模式。在浮空输入模式下，I/O 端口的电平信号直接进入输入数据寄存器。I/O 的电平状态是不确定的，完全由外部输入决定，通常用于接按键、IIC、USART 等。

（3）模拟输入模式。在模拟输入模式下，I/O 端口的模拟信号（电压信号，而非电平信号）直接模拟输入到片上外设模块，比如，ADC 模块等。

（4）推挽输出模式。①若向该结构中输入高电平，经过反向后，上方的 P-MOS 管导通，下方的 N-MOS 管关闭，对外输出高电平。②若向该结构中输入低电平，经过反向后，下方的 N-MOS 管导通，上方的 P-MOS 管关闭，对外输出低电平。③当引脚高低电平切换时，两个 MOS 管轮流导通，P-MOS 管负责灌电流，N-MOS 管负责拉电流，其负载能力和开关速度均比普通方式有较大提高。④推挽输出的低电平为 0V，高电平为 3.3V。⑤推挽输出模式一般应用在输出电平为 0 和 3.3V，且需要高速切换开关状态的场合。在单片机中除了必须用开漏模式的场合外，一般习惯使用推挽输出模式。

（5）开漏输出模式。①上方的 P-MOS 管完全不工作。②若控制输出为 0，即低电平，则 P-MOS 管关闭，N-MOS 管导通，使输出接地。③若控制输出为 1（无法直接输出高电平），则 P-MOS 管和 N-MOS 管都关闭，相当于引脚连着一个无穷大的电阻，此时呈现高阻态。④MOS 管有三个引脚，分别是栅极（G）、源极（S）和漏极（D），由于从漏极开始输出，所以叫开漏输出。⑤开漏输出模式一般应用在 IIC、SMBUS 通信等需要线与功能的总线电路中。⑥开漏输出模式和推挽输出模式的主要区别如表 39-1 所示。开漏输出只可以输出低电平，高电平需外部电阻拉高。推挽输出可以输出高电平和低电平，通常连接数字器件。

表 39-1　开漏输出模式和推挽输出模式的主要区别

	推挽输出	开漏输出
高电平驱动能力	强	由外部上拉电阻提供
低电平驱动能力	强	强
电平跳变速度	快	由外部上拉电阻决定，电阻越小，反应越快，功耗越大
线与功能	不支持	支持
电平转换	不支持	支持

（6）推挽复用输出模式或开漏复用输出模式。①推挽复用输出模式或开漏复用输出模式，与推挽输出模式或开漏输出模式相类似，只是输出高低电平的来源，不是让 CPU 直接写入输出数据寄存器，而是利用片上外设模块的复用功能输出决定。②常用推挽复用输出模式为 PWM、IIC 的 SCL、SDL 等。③常用开漏复用输出模式为 TX1、MOSI、MISO、SCK、SS 等。

知识讲解 3：初始化 GPIO 的常用格式

以设置 GPIOB 的第 12 个端口为推挽输出模式、速度为 100MHz、上拉为例，介绍通过初始化结构体初始化 GPIO 的常用格式。

```
GPIO_InitTypeDef  GPIO_InitStructure;
GPIO_InitStructure.GPIO_Pin = GPIO_Pin_12;//GPIOB12
GPIO_InitStructure.GPIO_Mode = GPIO_Mode_OUT;//普通输出模式
```

```
GPIO_InitStructure.GPIO_OType = GPIO_OType_PP;//推挽输出

GPIO_InitStructure.GPIO_Speed = GPIO_Speed_100MHz;//100MHz

GPIO_InitStructure.GPIO_PuPd = GPIO_PuPd_UP;//上拉

GPIO_Init(GPIOB,&GPIO_InitStructure);//初始化GPIO
```

其中,4种常见输出速度分别为2MHZ、10MHz、50MHz、100MHz。

知识讲解4:面包板

面包板上有很多小插孔,主要用于电子电路无焊接实验。常见电子元器件可根据需要在面包板上插入或拔出,免去了焊接,节省了电路组装时间,且元件可重复使用,所以采用面包板可方便实现电子电路的组装、调试和训练。

面包板正面如图39-2(a)所示,去除双面粘胶后的面包板反面如图39-2(b)所示。面包板采用热固性酚醛树脂制造,板底有金属条,在板上对应位置打孔,使得元件插入孔中时能够与金属条接触,从而达到导通的目的。一般每5个孔用一条金属条连接。板子两侧有两排竖着的插孔,也是5个一组,主要用于给板子上的元件提供电源。在面包板中央设计了一条凹槽,主要用于集成电路与芯片试验等。

(a) 面包板正面 (b) 去除双面粘胶后的面包板反面

图39-2　面包板

4. 任务实施

任务实施1:连接LED灯、面包板、单片机、J-Link仿真器与计算机等硬件

硬件连接关系与硬件连接分别如图39-3与图39-7所示,将LED灯的长引脚插入面包板a1插孔内,LED灯的短引脚插入面包板a2插孔内;红色杜邦线一端插入面包板b1插孔内,红色杜邦线另一端插入单片机的3V3引脚;绿色杜邦线一端插入面包板b2插孔内,绿色杜邦线的另一端插入单片机的PB12引脚。20P排线的两端分别连接单片机与J-Link仿真器,USB线的两端分别连接J-Link仿真器和计算机。

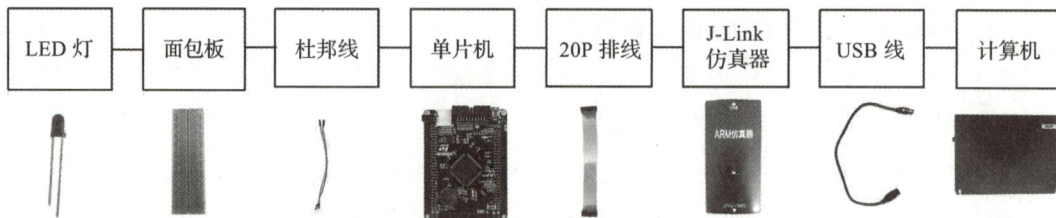

| LED灯 | 面包板 | 杜邦线 | 单片机 | 20P排线 | J-Link仿真器 | USB线 | 计算机 |

图39-3　硬件连接关系

任务实施2：修改文件名称、新建文件夹与文件、添加路径，在 Keil 软件中编写代码

（1）修改文件名称、新建文件夹与文件、添加路径。①修改文件名称。〈ⅰ〉将 USER 文件夹下文件 Template 的名称修改为 LED。〈ⅱ〉左键双击 LED. uvprojx，在打开的 Keil 软件中，将 白 ✿ **Template** 修改为 白 ✿ **LED** 。②在工程文件夹下新建 HARDWARE 文件夹，在 HARDWARE 文件夹下新建 LED 文件夹。③选择"File"→"New..."或"File" 工具栏中的 New 按钮 🗋，新建一个文件 Text1，然后单击"Save"按钮 💾，路径修改为 HARDWARE→LED，文件名及类型修改为 led. c，单击"保存"按钮。④参考步骤③，新 建文件，文件名及类型修改为 led. h。⑤把"led. c"文件添加至工程中。〈ⅰ〉单击"Build" 工具栏中的"✿"按钮或在 白 ✿ **LED** 上单击鼠标右键，在弹出的菜单中选择 ✿ **Manage Project Items...** ，弹出"Manage Project Items"对话框，左键单击"Groups"栏中的 New(Insert)按钮 📄，然后输入"HARDWARE"，完成后如图 39-4 所示。〈ⅱ〉选中图 39-4 所示的 **HARDWARE** ，单击 Add Files... 按钮，添加"led. c"文件，单击 OK 按钮。 ⑥把"led. h"文件的路径添加至工程中。选择"Project"→"Options for Target'LED'..."或 "Options for Target..."按钮 🔧，选择"C/C++"选项卡，选择"Include Paths"后的 📄，在 弹出的"Folder Setup"对话框中选择 New(Insert)按钮 📄，单击 📄 选择路径 HARDWARE→LED，完成后如图 39-5 所示，单击 OK 按钮。注意：当在. c 文件中的 程序中，包含了. h 文件，编译后即可完成. h 文件的加载。

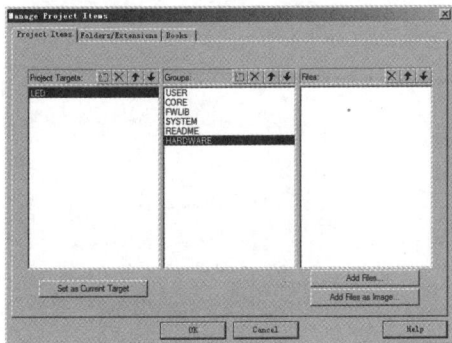

图 39-4 "Manage Project Items"对话框　　　　图 39-5 "Folder Setup"对话框

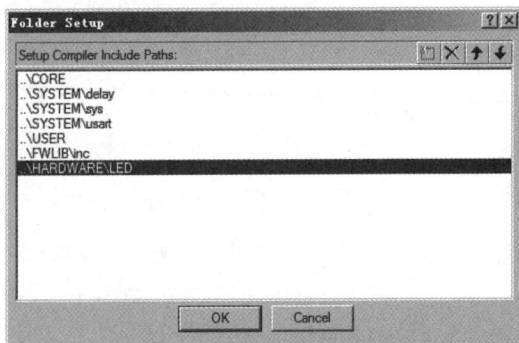

（2）在 led. h 文件中编写如下代码：

```
#ifndef _LED_H
#define _LED_H
#include "sys.h"
void LED_Init(void);//初始化
#endif//代码写完后需敲下回车，否则编译时会出现警告
```

（3）在 led. c 文件中编写如下代码：

```
#include "led.h"
void LED_Init(void)
{
    GPIO_InitTypeDef    GPIO_InitStructure;
    RCC_AHB1PeriphClockCmd(RCC_AHB1Periph_GPIOB, ENABLE);//使能 GPIOB 时钟
    GPIO_InitStructure.GPIO_Pin = GPIO_Pin_12;//I/O 口
    GPIO_InitStructure.GPIO_Mode = GPIO_Mode_OUT;//普通输出模式
    GPIO_InitStructure.GPIO_OType = GPIO_OType_PP;//推挽输出
    GPIO_InitStructure.GPIO_Speed = GPIO_Speed_100MHz;//100MHz
    GPIO_InitStructure.GPIO_PuPd = GPIO_PuPd_UP;//上拉
    GPIO_Init(GPIOB, &GPIO_InitStructure);//初始化 GPIO
}
```

(4)在 main.c 文件中编写如下代码:
```
#include "delay.h"
#include "led.h"
int main(void)
{
    delay_init(168);//初始化延时函数
    LED_Init();//初始化 LED 端口
    while(1)
    {
        GPIO_ResetBits(GPIOB,GPIO_Pin_12);//LED 对应引脚 GPIOB.12 拉低,亮
        delay_ms(500);//延时 500ms
        GPIO_SetBits(GPIOB,GPIO_Pin_12);//LED 对应引脚 GPIOB.12 拉高,灭
        delay_ms(500);//延时 500ms
    }
}
```

任务实施 3:设置 J-Link,编译并下载程序,实现 LED 灯每隔 0.5s 闪烁一次

(1)设置 J-Link。①安装 J-Link 驱动程序。②选择"Project"→"Options for Target 'LED'…"或"Options for Target…"按钮 ，弹出图 39-6(a)所示的"Options for Target 'LED'"对话框,选择"Debug"选项卡,选择"Use:"下拉菜单中的 J-LINK / J-TRACE Cortex;勾选 "Run to main()"复选框,单击 Settings 按钮,弹出图 39-6(b)所示的"Cortex JLink/JTrace Target Driver Setup"对话框。③选择"ort:"下拉菜单中的 SW ，选择"Max"下拉菜单

中的 10MHz，其他采用默认设置，单击"确定"按钮。④如图 39-6(c)所示，在" Options for Target 'LED'"对话框中，选中 Utilities 选项卡，勾选 ☑ Use Debug Driver 复选框，单击该页面的 Settings 按钮，弹出图 39-6(d)所示的"Cortex JLink/JTrace Target Driver Setup"对话框。⑤勾选 ☑ Reset and Run 复选框，单击 Add 按钮，选择 STM32F4xx Flash，分别单击"Add"按钮、"确定"按钮。

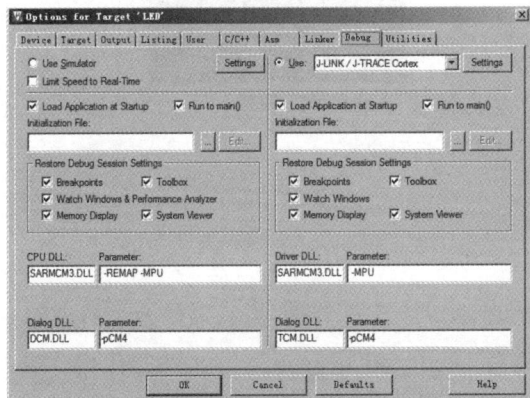

(a)Options for Target'LED'中
Debug选项卡下的对话框

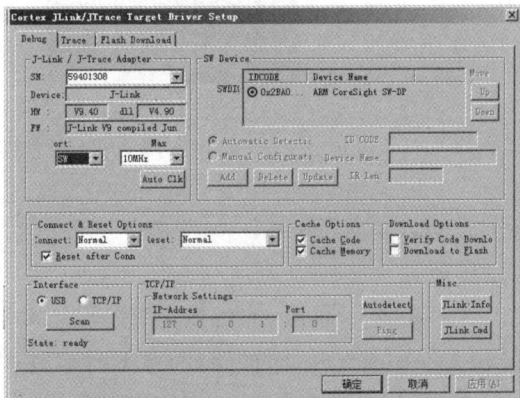

(b)Cortex JLink/JTrace Target Driver Setup中
Debug选项卡下的对话框

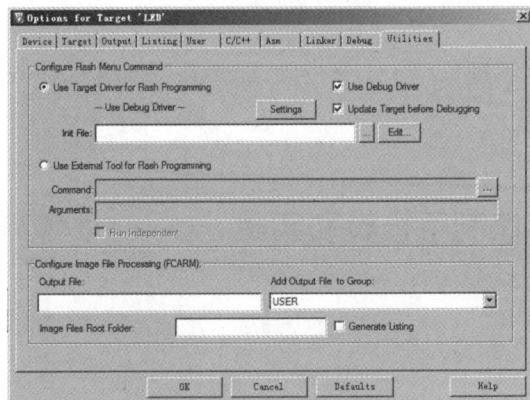

(c)Options for Target'LED'中
Utilities选项卡下的对话框

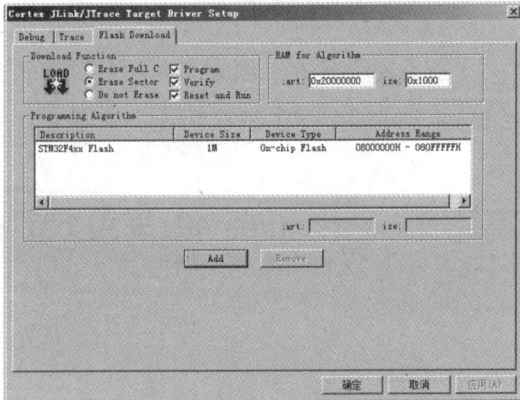

(d)Cortex JLink/JTrace Target Driver Setup中
Flash Download选项卡下的对话框

图 39-6　"Options for Target'LED'"对话框与"Cortex JLink/JTrace Target Driver Setup"对话框

(2)编译并下载程序。①选择"Project"→"Build target"或"Build"工具栏中的 Build 按钮，编译程序，若页面下方的"Build Output"状态栏显示"0 Error(s)，0 Warning(s)"，则程序无语法错误或警告，否则需要修改调试程序，直至显示"0 Error(s)，0 Warning(s)"。②选择"Flash"→"Download"或"Build"工具栏中的 Download 按钮，将程序下载至单片机。

(3)LED 灯每隔 0.5s 闪烁一次，如图 39-7 所示。

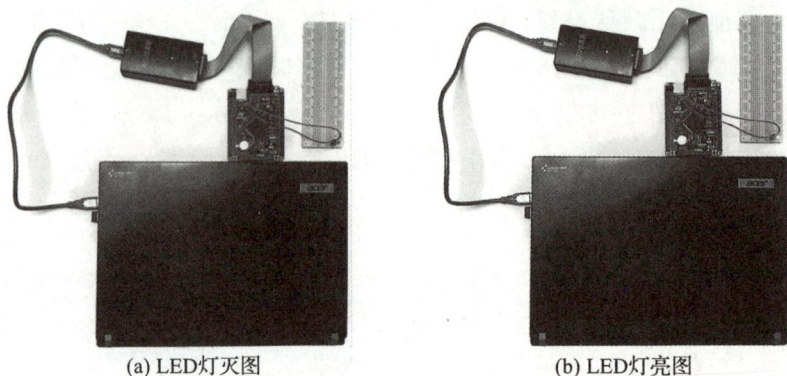

(a) LED灯灭图　　　　　　　　(b) LED灯亮图

图 39-7　硬件连接与 LED 灯实验

5. 任务总结

(1)连接 LED 灯、面包板、单片机、J-Link 仿真器与计算机等硬件。(2)修改文件名称、新建文件夹与文件、添加路径,在 Keil 软件中编写 led. h、led. c、main. c 等文件的代码。(3)完成 J-Link 下载设置,编译并下载程序,调试硬件、软件实现 LED 灯每隔 0.5s 闪烁一次。

6. 课后复习与拓展

(1)请问为什么 LED 灯的两个引脚长短不同?(2)试分析 Translate 按钮、Build 按钮、Rebuild 按钮在功能上有哪些区别。

任务 40:采用 PWM 控制电机转动实验

1. 思政元素与课前准备

新中国成立以来,广大科技工作者在祖国大地上树立起一座座科技创新的丰碑,也铸就了独特的精神气质。2023 年 5 月,党中央专门出台了《关于进一步弘扬科学家精神加强作风和学风建设的意见》,要求大力弘扬胸怀祖国、服务人民的爱国精神,勇攀高峰、敢为人先的创新精神,追求真理、严谨治学的求实精神,淡泊名利、潜心研究的奉献精神,集智攻关、团结协作的协同精神,甘为人梯、奖掖后学的育人精神。这六个方面,构成了科学家精神的主要内涵,是我国科技工作者在长期科学实践中积累的宝贵精神财富。大力弘扬科学家精神,在全社会形成尊重知识、崇尚创新、尊重人才、热爱科学、献身科学的浓厚氛围,必将进一步鼓舞和激励广大科技工作者争做重大科研成果的创造者、建设科技强国的奉献者、崇高思想品格的践行者、良好社会风尚的引领者,不断向科学技术广度和深度进军。①

陈翰馥,1937 年 2 月生于浙江杭州,原籍浙江绍兴,自动控制理论专家,中国科学院院士,中国自动化学会第六、七届理事会理事长。他的研究领域包括随机系统的辨识、适应控制、参数及状态估计、随机逼近和优化及其对系统控制、信号处理等。他发现的辨识算法收敛性条件,被国外专著称为“陈氏条件”。他发表的关于同时使控制和估计最优的论文,被国外同行专家称为 1985—1995 年自适应控制领域的“最重要论文”之一。他和合作者提出了扩展截尾的随机逼近算法,解决了许多系统辨识和适应控制问题。他与其学生给出了自校正跟踪器收敛性和最优性的严格证明,被国际控制界称为“重大突破”。陈翰馥先生始终秉持深厚的爱国主义情怀,凭借精湛的学术造诣、宽广的科学视野,活跃在国际学术前沿。陈翰馥先生的科学家精神,值得青年科技工作者们学习。

课前准备:直流稳压电源 1 个、导线若干、电机 1 个、电机驱动模块 1 个、杜邦线若干、STM32F407ZGT6 单片机 1 块、Keil uVisione V5.14.0.0 版本软件、20P 排线 1 根、J-Link仿真器 1 个、USB 线 1 根、计算机 1 台等。

2. 任务描述

连接直流稳压电源、电机驱动模块、电机、单片机、J-Link 仿真器、计算机等硬件。在 Keil 软件中,编写 motor. h、motor. c、main. c 等文件的代码,采用 PWM 控制电机以 5% 的占空比正转 3 秒,再以 20% 的占空比正转 3 秒,停止 3 秒后,以 5% 的占空比反转 3 秒。

3. 知识讲解

知识讲解 1:PWM 输出原理与占空比

(1)PWM(Pulse Width Modulation,脉冲宽度调制),利用微处理器数字输出控制模拟电路。(2)PWM 输出原理示意图如图 40-1 所示,假定定时器为向上计数模式,当 CNT＜CCRx 时,IO 输出低电平(0);当 CNT＞=CCRx 时,IO 输出高电平(1);当 CNT=ARR 时,归零重新向上计数,依次循环。改变 CCRx 的值,可以改变 PWM 输出的占空比。改变 ARR 的值,可以改变

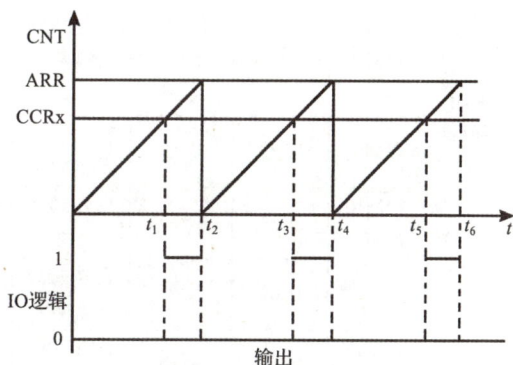

图 40-1　PWM 输出原理示意图

PWM 的输出频率,这就是 PWM 输出原理。(3)占空比是指在一个脉冲周期内,通电时间占总时间的比例。占空比由 CCRx 控制,CCRx 越小占空比越大。通过改变占空比可以改变电机的转动速度,若占空比为 1,则电机处于最快状态。

---

① 摘自:人民日报评论员:大力弘扬科学家精神——论学习贯彻习近平总书记在科学家座谈会上重要讲话. 人民日报,2020 年 09 月 15 日 01 版.

知识讲解 2:定时器及其分类

定时器类似设置了闹钟,到达规定时间后向 CPU 发出中断请求,CPU 中断原先任务执行新任务,定时器实质上是一个加 1 计数器。STM32F4×× 系列单片机主要包括以下几类定时器:(1)基本定时器。包括 TIM6 和 TIM7,只有最基本的定时功能。(2)通用定时器。包括 TIM2-TIM5、TIM9-TIM14,除基本定时器功能外,还可以测量输入信号脉冲长度(输入捕获)或者产生输出波形(输出比较和 PWM)。(3)高级定时器。包括 TIM1 和 TIM8,高级定时器不仅具有基本定时器、通用定时器的所有功能,还能够控制交直流电动机实现刹车等功能。(4)其他定时器,比如,看门狗定时器以及系统时基定时器。参考单片机数据手册《STM32F405××,STM32F407××》中的 Table 3,STM32F407 单片机定时器特点比较,如表 40-1 所示。

表 40-1　STM32F407 单片机定时器特点比较表

定时器类型	定时器	计数器分辨率	计数器类型	预分频系数	DMA请求生成	捕获/比较通道	互补输出	最大接口时钟/MHz	最大定时器时钟/MHz	特殊应用场合
高级定时器	TIM1,TIM8	16 位	递增、递减、递增/递减	1－65536(整数)	有	4	有	84(APB2)	168	带可编程死区的互补输出
通用定时器	TIM2,TIM5	32 位	递增、递减,递增/递减	1－65536(整数)	有	4	无	42(APB1)	84	定时计数,PWM 输出,输入捕获,输出比较
	TIM3,TIM4	16 位	递增、递减、递增/递减	1－65536(整数)	有	4	无	42(APB1)	84	
	TIM9	16 位	递增	1－65536(整数)	无	2	无	84(APB2)	168	
	TIM10,TIM11	16 位	递增	1－65536(整数)	无	1	无	84(APB2)	168	
	TIM12	16 位	递增	1－65536(整数)	无	2	无	42(APB1)	84	
	TIM13,TIM14	16 位	递增	1－65536(整数)	无	1	无	42(APB1)	84	
基本定时器	TIM6,TIM7	16 位	递增	1－65536(整数)	有	0	无	42(APB1)	84	主要应用于驱动DAC

知识讲解 3:STM32F40× 时钟、最大允许频率、预分频系数、自动重装载值与定时器溢出时间

STM32F40× 框图如图 40-2 所示,时钟总线主要包括 AHB、低速 APB1、高速 APB2

等。AHB 是一种系统总线,主要用于高性能模块(比如,CPU、DMA 和 DSP 等)之间的连接。APB 是一种外围总线;APB1 主要用于 DA、USB、SPI、I2C、CAN、串口 2345、普通 TIM 等;APB2 主要用于 AD、I/O、高级 TIM、串口等。常见时钟总线、标记名及最大允许频率如表 40-2 所示。

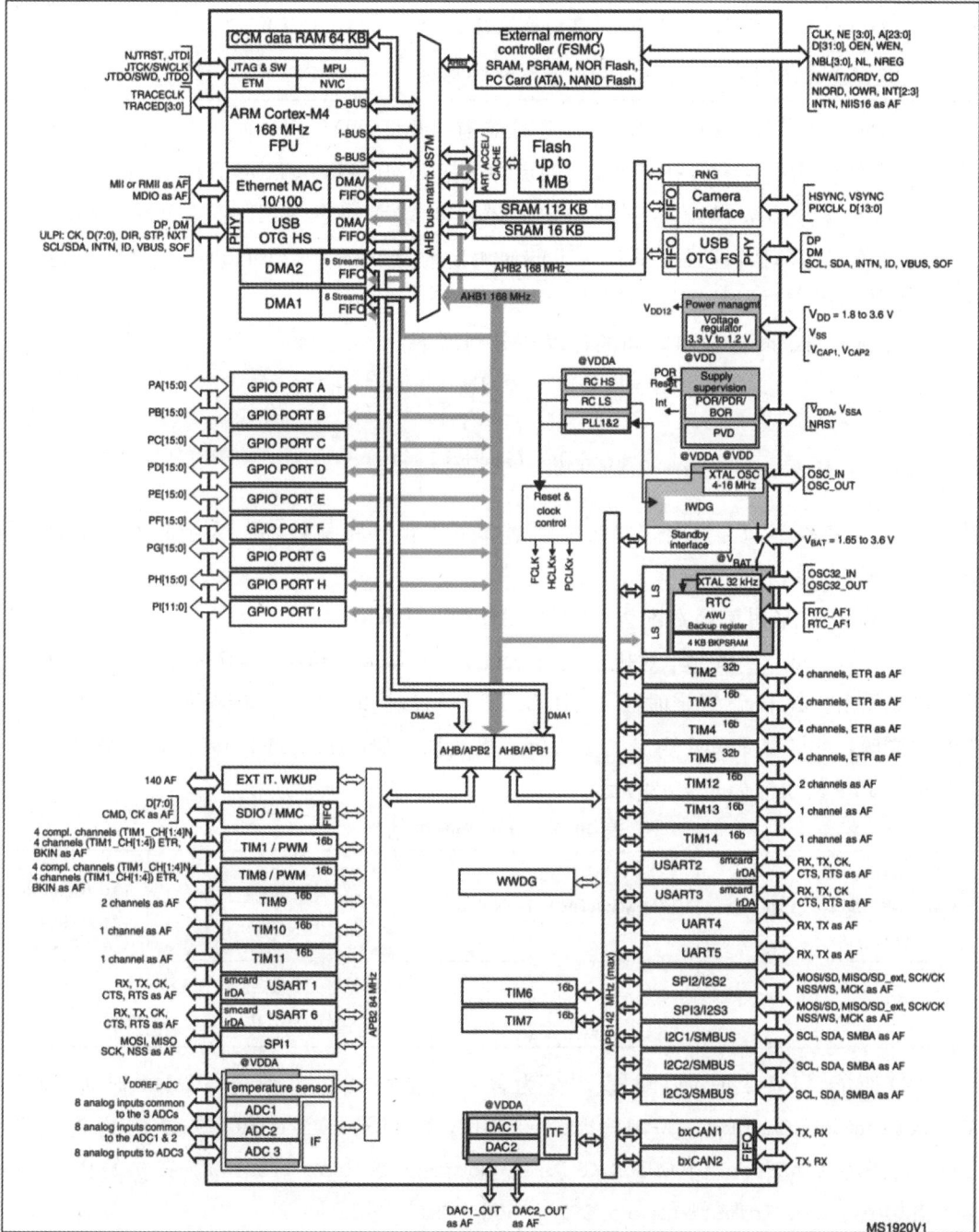

图 40-2　STM32F40×框图

表 40-2　常见时钟总线、标记名及最大允许频率

时钟总线	标记名	最大允许频率
系统时钟	SYSCLK	168MHz
AHB(Advanced High performance Bus,高级高性能总线)	HCLK	168MHz
APB1(Advanced Peripheral Bus1,高级外设总线 1)	PCLK1	42MHz
APB2(Advanced Peripheral Bus2,高级外设总线 2)	PCLK2	84MHz

由图 40-2 可知,挂在 APB1 上的定时器有 TIM2、TIM3、TIM4、TIM5、TIM6、TIM7、TIM12、TIM13、TIM14 等,挂在 APB2 上的定时器有 TIM1、TIM8、TIM9、TIM10、TIM11 等。

若 APB 预分频系数为 1,则通用定时器时钟频率等于 APB 时钟频率,否则等于 APB 时钟频率的两倍,即挂在 APB1 上的通用定时器频率=42MHz×2=84MHz,挂在 APB2 上的通用定时器频率=84MHz×2=168MHz。

计数频率和定时器溢出时间的计算式分别如下:

$$f = \frac{T_{clk}}{psc+1} \tag{40-1}$$

$$T_{out} = \frac{arr+1}{f} = \frac{(arr+1) \times (psc+1)}{T_{clk}} \tag{40-2}$$

其中,f 为计数频率,T_{clk} 为定时器时钟频率,psc 为预分频系数,T_{out} 为定时器溢出时间,arr 为自动重装载值。

知识讲解 4:采用库函数配置 TIM14_CH1 输出 PWM

(1)STM32F4××系列单片机的定时器除了 TIM6 和 TIM7 外,其他定时器都可以产生 PWM 输出。其中,高级定时器 TIM1 和 TIM8 可以同时产生 7 路 PWM 输出,通用定时器可以同时产生 4 路 PWM 输出。参考单片机数据手册《STM32F405××,STM32F407××》,引脚 PF9 的功能如表 40-3 所示。

表 40-3　引脚 PF9 的功能

Pin name (function after reset)[1]	Pin type	I/O structure	Notes	Alternate functions	Additional functions
PF9	I/O	FT	(4)	TIM14_CH1/FSMC_CD/EVENTOUT	ADC3_IN7

(2)使能 TIM14 时钟,配置 PF9 为复用功能输出。①使能 TIM14 时钟:RCC_APB1PeriphClockCmd(RCC_APB1Periph_TIM14,ENABLE)。②GPIOF9 复用为定时器 TIM14:GPIO_PinAFConfig(GPIOF,GPIO_PinSource9,GPIO_AF_TIM14)。③初始化 GPIO 为复用功能:GPIO_InitStructure.GPIO_Mode=GPIO_Mode_AF。

(3)采用 TIM_TimeBaseInit 函数初始化 TIM14,设置 TIM14 的 ARR 和 PSC 等参数。
TIM_TimeBaseStructure.TIM_Period=arr;//设置自动重装载值

```
TIM_TimeBaseStructure.TIM_Prescaler = psc;//设置预分频值
TIM_TimeBaseStructure.TIM_ClockDivision = 0;//设置时钟分割:TDTS = Tck_tim
TIM_TimeBaseStructure.TIM_CounterMode = TIM_CounterMode_Up;//向上计数模式
TIM_TimeBaseInit(TIM3, &TIM_TimeBaseStructure);//根据指定的参数初始化 TIMx
```

（4）设置 TIM14_CH1 的 PWM 模式,使能 TIM14 的 CH1 输出。

在库函数中,PWM 通道设置是通过函数 TIM_OC1Init()—TIM_OC4Init()设置的,当采用通道 1 时,使用的函数是 TIM_OC1Init(),即:

```
void TIM_OC1Init(TIM_TypeDef * TIMx, TIM_OCInitTypeDef * TIM_OCInitStruct)
```

结构体 TIM_OCInitTypeDef 定义如下:

```
typedef struct
{
uint16_t TIM_OCMode;
uint16_t TIM_OutputState;
uint16_t TIM_OutputNState;
uint16_t TIM_Pulse;
uint16_t TIM_OCPolarity;
uint16_t TIM_OCNPolarity;
uint16_t TIM_OCIdleState;
uint16_t TIM_OCNIdleState;
} TIM_OCInitTypeDef;
```

其中,参数 TIM_OCMode 设置模式是 PWM 或输出比较。参数 TIM_OutputState 设置比较输出使能,也就是使能 PWM 输出到端口。参数 TIM_OCPolarity 设置极性为高或低。使用高级定时器时用到参数 TIM_OutputNState,TIM_OCNPolarity,TIM_OCIdleState 和 TIM_OCNIdleState。

具体使用时可采用如下设置:

```
TIM_OCInitTypeDef TIM_OCInitStructure;
TIM_OCInitStructure.TIM_OCMode = TIM_OCMode_PWM1;//选择模式 PWM
TIM_OCInitStructure.TIM_OutputState = TIM_OutputState_Enable;//比较输出使能
TIM_OCInitStructure.TIM_OCPolarity = TIM_OCPolarity_Low;//输出极性低
TIM_OC1Init(TIM14, &TIM_OCInitStructure);//据指定的参数初始化外设 TIM14OC1
```

其中,TIM_OCInitStructure.TIM_OCMode 有两种模式:①PWM 模式 1。在递增计数模式下,只要 TIMx_CNT<TIMx_CCR1,通道 1 便为有效状态,否则为无效状态。在递减计数模式下,只要 TIMx_CNT>TIMx_CCR1,通道 1 便为无效状态,否则为有效状态;②PWM 模式 2。在递增计数模式下,只要 TIMx_CNT<TIMx_CCR1,通道 1 便为无效状态,否则为有效状态。在递减计数模式下,只要 TIMx_CNT>TIMx_CCR1,通道 1 便为有效状态,否则为无效状态。

(5)使能 TIM14。TIM_Cmd(TIM14,ENABLE)。

(6)修改 TIM14_CCR1 的值控制占空比。一种方法是给 TIM14->CCR1 赋值,另一种方法是采用库函数修改 TIM14_CCR1,函数为:void TIM_SetCompare1(TIM_TypeDef * TIMx, uint16_t Compare2)。对于其他通道,分别有一个函数名字,函数格式为 TIM_SetComparex(x=1,2,3,4)。高级定时器和通用定时器相类似,除上述步骤外,还要设置一个 MOE 位(TIMx_BDTR 的第 15 位),以使能主输出,否则不会输出 PWM。设置的库函数为:void TIM_CtrlPWMOutputs(TIM_TypeDef * TIMx, FunctionalState NewState)。

4. 任务实施

任务实施 1:硬件连接

硬件连接关系与硬件连接分别如图 40-3 与图 40-4 所示。具体如下:(1)直流稳压电源、电机分别通过 2 根导线与电机驱动模块连接,其中,直流稳压电源连接"一"端,而不是 GND 端,以与直流稳压电源的"+"端形成回路。电机红色标记处的引脚表示正极。(2)采用 4 根杜邦线连接电机驱动模块与单片机。红色杜邦线一端连接单片机的 3V3 引脚,另一端连接电机驱动模块的+V 引脚;黑色杜邦线一端连接单片机的 GND 引脚,另一端连接电机驱动模块的 G 引脚;黄色杜邦线一端连接单片机的 PA0 引脚,另一端连接电机驱动模块的 IN3 引脚;绿色杜邦线一端连接单片机的 PA1 引脚,另一端连接电机驱动模块的 IN4 引脚。(3)采用 20P 排线连接单片机与 J-Link 仿真器,采用 USB 线连接 J-Link 仿真器与计算机。

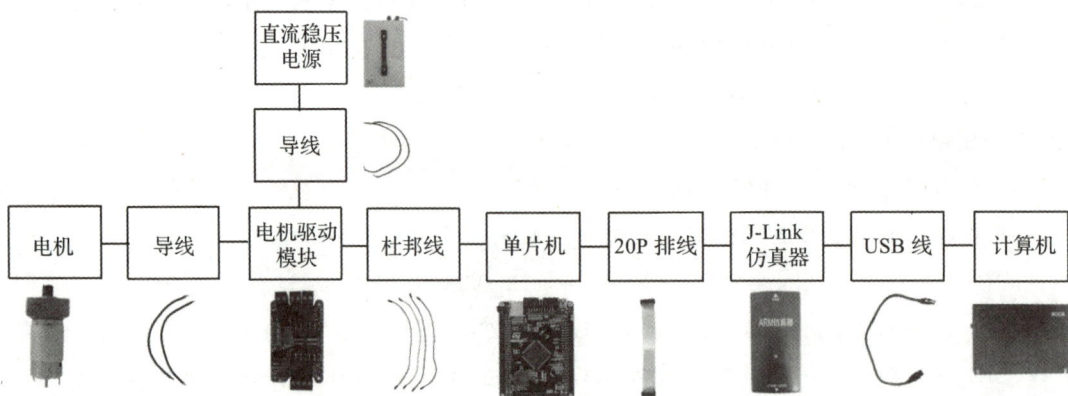

图 40-3　硬件连接关系

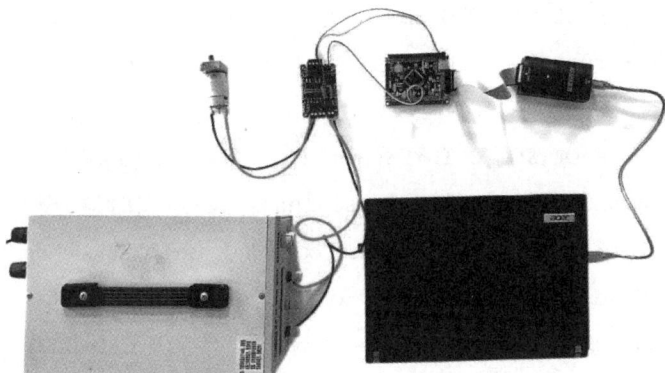

图 40-4　硬件连接

任务实施 2：修改文件名称、新建文件、添加路径，在 Keil 软件中编写代码

（1）修改文件名称、新建文件、添加路径，具体参考任务 39 的任务实施 2。

（2）在 motor.h 文件中编写如下代码：

```
#ifndef __MOTOR_H
#define __MOTOR_H
#include "sys.h"
void TIM5_PWM_Init(u32 arr,u32 psc);
void motor(s16 motorpwmval);
#endif
```

（3）在 motor.c 文件中编写如下代码：

```
#include "motor.h"
void TIM5_PWM_Init(u32 arr,u32 psc)
{
    GPIO_InitTypeDef GPIO_InitStructure;
    TIM_TimeBaseInitTypeDef  TIM_TimeBaseStructure;
    TIM_OCInitTypeDef  TIM_OCInitStructure;
    RCC_APB1PeriphClockCmd(RCC_APB1Periph_TIM5,ENABLE);//TIM5 时钟使能
    RCC_AHB1PeriphClockCmd(RCC_AHB1Periph_GPIOA,ENABLE);//使能 PORTA 时钟
    GPIO_PinAFConfig(GPIOA,GPIO_PinSource0,GPIO_AF_TIM5);//GPIOA0 复用为
                                                        //TIM5
    GPIO_PinAFConfig(GPIOA,GPIO_PinSource1,GPIO_AF_TIM5);//GPIOA1 复用为
                                                        //TIM5
    GPIO_InitStructure.GPIO_Pin = GPIO_Pin_0|GPIO_Pin_1;//GPIOA0,GPIOA1
    GPIO_InitStructure.GPIO_Mode = GPIO_Mode_AF;//复用功能
```

```
        GPIO_InitStructure.GPIO_Speed = GPIO_Speed_100MHz;//速度100MHz
        GPIO_InitStructure.GPIO_OType = GPIO_OType_PP;//推挽复用输出
        GPIO_InitStructure.GPIO_PuPd = GPIO_PuPd_UP;//上拉
        GPIO_Init(GPIOA,&GPIO_InitStructure);//初始化PA
        TIM_TimeBaseStructure.TIM_Prescaler = psc;//定时器分频
        TIM_TimeBaseStructure.TIM_CounterMode = TIM_CounterMode_Up;//向上计数模式
        TIM_TimeBaseStructure.TIM_Period = arr;//自动重装载值
        TIM_TimeBaseStructure.TIM_ClockDivision = TIM_CKD_DIV1;
        TIM_TimeBaseInit(TIM5,&TIM_TimeBaseStructure);//初始化TIM5
        TIM_OCInitStructure.TIM_OCMode = TIM_OCMode_PWM1;//PWM模式1
        TIM_OCInitStructure.TIM_OutputState = TIM_OutputState_Enable;//比较
                                                                    //输出使能
        TIM_OCInitStructure.TIM_OCPolarity = TIM_OCPolarity_High;//输出极性高
        TIM_OC1Init(TIM5, &TIM_OCInitStructure);//初始化外设TIM5OC1
        TIM_OC2Init(TIM5, &TIM_OCInitStructure);//初始化外设TIM5OC2
        TIM_OC1PreloadConfig(TIM5, TIM_OCPreload_Enable);//使能TIM5在CCR1
                                                        //上的预装载寄存器
        TIM_OC2PreloadConfig(TIM5, TIM_OCPreload_Enable);//使能TIM5在CCR2
                                                        //上的预装载寄存器
        TIM_ARRPreloadConfig(TIM5,ENABLE);//使能ARR的预装载
        TIM_Cmd(TIM5, ENABLE);//使能TIM5
}
void motor(s16 motorpwmval)
{
    if(motorpwmval> = 1000)
    {
        motorpwmval = 1000;
        TIM5 - >CCR1 = motorpwmval;//正转
        TIM5 - >CCR2 = 0;//正转
    }
    else if(motorpwmval> = 0&&motorpwmval<1000)
    {
        TIM5 - >CCR1 = motorpwmval;//正转
        TIM5 - >CCR2 = 0;//正转
    }
```

```
else if(motorpwmval> = - 1000&&motorpwmval<0)
{
  TIM5 - >CCR1 = 0;//反转
  TIM5 - >CCR2 = - motorpwmval;//反转
}
else
{
  motorpwmval = - 1000;
  TIM5 - >CCR1 = 0;//反转
  TIM5 - >CCR2 = - motorpwmval;//反转
}
}
```

(4)在 main. c 文件中编写如下代码:

```
#include "delay.h"
#include "motor.h"
int main(void)
{
  delay_init(168);//初始化延时函数
  NVIC_PriorityGroupConfig(NVIC_PriorityGroup_2);//系统中断优先级分组 2
  TIM5_PWM_Init(1000 - 1,4 - 1);//定时器 5 时钟 84MHz,预分频系数 psc 为 3,
                   //计数频率为 84MHz/4 = 21MHz,自动重装载值 arr 为 999,
                   //PWM 的频率为 21MHz/1000 = 21kHz
  while(1)
  {
    delay_ms(10);
    motor(50);
    delay_ms(3000);//延时 3 秒
    motor(200);
    delay_ms(3000);//延时 3 秒
    motor(0);
    delay_ms(3000);//延时 3 秒
    motor( - 50);
    delay_ms(3000);//延时 3 秒
    motor(0);
```

```
        delay_ms(5000);//延时 5 秒
    }
}
```

任务实施 3：完成 J-Link 下载设置，编译并下载程序，实现电机转动

（1）若第一次使用 Keil 软件，参考任务 39 的任务实施 3 设置 J-Link；若在其他任务中设置完成 J-Link，本任务中可不设置。

（2）编译并下载程序。参考任务 39 的任务实施 3 编译并下载程序。

（3）完成上述步骤后，电机以 5％的占空比正转 3 秒，再以 20％的占空比正转 3 秒，停止 3 秒后，以 5％的占空比反转 3 秒。

5. 任务总结

（1）连接直流稳压电源、电机驱动模块、电机、单片机、J-Link 仿真器、计算机等硬件。（2）修改文件名称、新建文件、添加路径，在 Keil 软件中编写 motor. h、motor. c、main. c 等文件的代码。（3）完成 J-Link 下载设置，编译并下载程序，调试硬件、软件，实现电机慢速正转、快速正转、停止和慢速反转等运动。

6. 课后复习与拓展

（1）请问执行单片机程序时，不能跳出 main 函数，否则会发生怎样的现象？（2）请问怎样停止运行单片机中的程序？

任务 41：传感器触发电机启停实验

1. 思政元素与课前准备

"二十四节气"是中国人通过观察太阳周年运动，认知一年中时令、气候、物候等方面变化规律所形成的知识体系和社会实践。中国古人将太阳周年运动轨迹划分为 24 等份，每一等份为一个"节气"，统称"二十四节气"。具体包括立春、雨水、惊蛰、春分、清明、谷雨、立夏、小满、芒种、夏至、小暑、大暑、立秋、处暑、白露、秋分、寒露、霜降、立冬、小雪、大雪、冬至、小寒、大寒。"二十四节气"指导着传统农业生产和日常生活，是中国传统历法体系及其相关实践活动的重要组成部分。在国际气象界，这一时间认知体系被誉为"中国的第五大发明"。2016 年，"二十四节气——中国人通过观察太阳周年运动而形成的时间知识体系及其实践"列入联合国教科文组织人类非物质文化遗产代表作名录。

"二十四节气"形成于中国黄河流域，以观察该区域的天象、气温、降水和物候的时序变化为基准,作为农耕社会的生产生活的时间指南逐步为全国各地所采用,并为多民族所共享。作为中国人特有的时间知识体系,"二十四节气"深刻影响着人们的思维方式和行为准则,是中华民族文化认同的重要载体。"二十四节气"鲜明地体现了中国人尊重自然、顺应自然规律和适应可持续发展的理念,彰显出中国人对宇宙和自然界认知的独特性及其实践活动的丰富性,与自然和谐相处的智慧和创造力,也是人类文化多样性的生动见证。

课前准备:直流稳压电源 1 个、导线若干、电机 1 个、电机驱动模块 1 个、杜邦线若干、STM32F407ZGT6 单片机 1 块、Keil uVisione V5.14.0.0 版本软件、红外传感器(圆形)1 个、红外传感器(方形)1 个、20P 排线 1 根、J-Link 仿真器 1 个、USB 线 1 根、计算机 1 台、一字小螺丝刀 1 把等。

2. 任务描述

连接红外传感器(圆形)、红外传感器(方形)、单片机、电机驱动模块、电机、直流稳压电源等硬件。在 Keil 软件中,编写 sensor.h、sensor.c、main.c 等文件的代码,实现如下功能:触发红外传感器(圆形),电机以 10% 的占空比连续转动;触发红外传感器(方形),电机停止转动。

3. 知识讲解

知识讲解 1:判断红外传感器是否检测到物体

将红外传感器设置为上拉模式,传感器信号上拉为高电平;当传感器没有检测到物体时,输出高电平;当传感器检测到物体时,输出低电平。因此可以通过判断连接信号线的单片机引脚的读数,判断传感器是否检测到物体,即当读数为 1 时表明没有检测到物体,当读数为 0 时表明检测到了物体。

知识讲解 2:while(1)语句与 break 语句

while(1)为循环结构语句,表达式"1"为循环条件,由于值始终为真,因此 while(1)语句会出现死循环。若要跳出 while(1)循环体,需采用 break 语句,且一个 break 语句仅能跳出当前的 while(1)语句。

4. 任务实施

任务实施 1:硬件连接,调节红外传感器的检测距离

硬件连接关系与硬件连接分别如图 41-1 与图 41-2 所示。除红外传感器(圆形)和红外传感器(方形)外,其他连接均同任务 40 中的任务实施 1。红外传感器(圆形)的连接如下:(1)红色杜邦线的一端连接红外传感器(圆形)的红线端,另一端连接单片机的 3V3 引脚;(2)黑色杜邦线的一端连接红外传感器(圆形)的绿线端,另一端连接单片机的 GND 引脚;(3)黄色杜邦线的一端连接红外传感器(圆形)的黄线端,另一端连接单片机的 PC9 引脚。红外传感器(方形)的连接如下:(1)红色杜邦线的一端连接红外传感器

(方形)的红线端,另一端连接单片机的 3V3 引脚;(2)黑色杜邦线的一端连接红外传感器(方形)的黑线端,另一端连接单片机的 GND 引脚;(3)黄色杜邦线的一端连接红外传感器(方形)的黄线(有的元器件为白线)端,另一端连接单片机的 PG8 引脚。

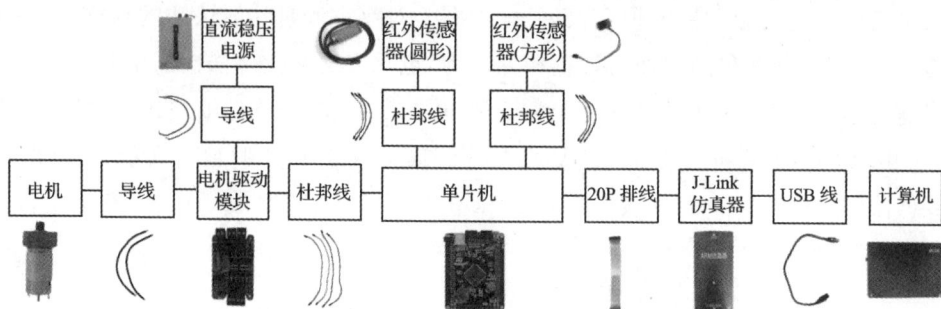

图 41-1　硬件连接关系

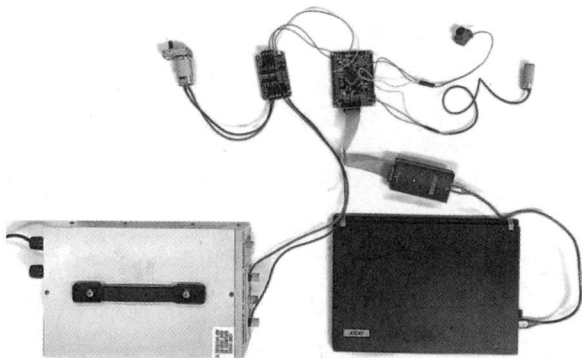

图 41-2　硬件连接

参考任务 20 的任务实施 3,采用一字小螺丝刀调节红外传感器(圆形)、红外传感器(方形)的检测距离均约为 300~500mm。

任务实施 2:修改文件名称、新建文件、添加路径,在 Keil 软件中编写代码

(1)修改文件名称、新建文件、添加路径,具体参考任务 39 的任务实施 2。

(2)在 sensor.h 文件中编写如下代码:

```
#ifndef __SENSOR_H
#define __SENSOR_H
#include "sys.h"
#define sensor1  GPIO_ReadInputDataBit(GPIOC,GPIO_Pin_9)
#define sensor2  GPIO_ReadInputDataBit(GPIOG,GPIO_Pin_8)
void SENSOR_Init(void);//初始化
#endif
```

(3)在 sensor.c 文件中编写如下代码:

```
#include "sensor.h"
void SENSOR_Init(void)//初始化红外传感器
{
    GPIO_InitTypeDef    GPIO_InitStructure;
    RCC_AHB1PeriphClockCmd(RCC_AHB1Periph_GPIOC,ENABLE);//使能红外传感器
                                        //(圆形)的 GPIO 时钟
    GPIO_InitStructure.GPIO_Pin = GPIO_Pin_9;//I/O 口
    GPIO_InitStructure.GPIO_Mode = GPIO_Mode_IN;//普通输入模式
    GPIO_InitStructure.GPIO_Speed = GPIO_Speed_100MHz;//100MHz
    GPIO_InitStructure.GPIO_PuPd = GPIO_PuPd_UP;//上拉
    GPIO_Init(GPIOC, &GPIO_InitStructure);//初始化 GPIOC
    RCC_AHB1PeriphClockCmd(RCC_AHB1Periph_GPIOG,ENABLE);//使能红外传感器
                                        //(方形)的 GPIO 时钟
    GPIO_InitStructure.GPIO_Pin = GPIO_Pin_8;//I/O 口
    GPIO_InitStructure.GPIO_Mode = GPIO_Mode_OUT;
    GPIO_InitStructure.GPIO_OType = GPIO_OType_OD;//开漏输出
    GPIO_InitStructure.GPIO_Speed = GPIO_Speed_100MHz;//100MHz
    GPIO_InitStructure.GPIO_PuPd = GPIO_PuPd_UP;//上拉
    GPIO_Init(GPIOG, &GPIO_InitStructure);//初始化 GPIOG
}


(4)在 main.c 文件中编写如下代码:
#include "delay.h"
#include "motor.h"
#include "sensor.h"
int main(void)
{
    delay_init(168);//初始化延时函数
    NVIC_PriorityGroupConfig(NVIC_PriorityGroup_2);//系统中断优先级分组 2
    TIM5_PWM_Init(1000-1,4-1);//定时器 5 时钟 84MHz,预分频系数 psc 为 3,
                //计数频率为 84MHz/4 = 21MHz,自动重装载值 arr 为 999,
                        //PWM 的频率为 21MHz/1000 = 21kHz
    SENSOR_Init();
    while(1)
    {
```

```
        delay_ms(10);
        while(1)
        {
            if(sensor1 = = 0)//红外传感器(圆形)检测到物体
            {
                break;
            }
        }
        while(1)
        {
            motor(100);
            if(sensor2 = = 0)//红外传感器(方形)检测到物体
            {
                motor(0);
                break;
            }
        }
    }
}
```

任务实施3:完成 J-Link 下载设置,编译并下载程序,实现传感器触发电机启停

(1)若第一次使用 Keil 软件,参考任务 39 的任务实施 3 设置 J-Link;若在其他任务中设置完成 J-Link,本任务中可不设置。

(2)编译并下载程序。参考任务 39 的任务实施 3 编译并下载程序。

(3)完成上述步骤后,在 300～500mm 范围内触发红外传感器(圆形),电机以 10% 的占空比连续转动;在 300～500mm 范围内触发红外传感器(方形),电机停止转动。

5. 任务总结

(1)连接红外传感器(圆形)、红外传感器(方形)、单片机、电机驱动模块、电机、直流稳压电源等硬件。(2)修改文件名称、新建文件、添加路径,在 Keil 软件中,编写 sensor. h、sensor. c、main. c 等文件的代码。(3)完成 J-Link 下载设置,编译并下载程序,触发红外传感器(圆形)与红外传感器(方形),分别实现电机的启动与停止。

6. 课后复习与拓展

(1)若有多个同类型的传感器,试编写 sensor. h、sensor. c 等文件中的代码,实现多传感器检测物体。(2)杜邦线的插头端均设有一平孔,试分析其作用是什么?

任务 42:获取编码器数值实验

1. 思政元素与课前准备

±0.06 角秒是纳米时栅测量精度,0.01 毫米是极小径铣刀直径,2 毫米是客运站搬家平移精度,0.02 毫米是转子磁轭叠装偏差,0.1°是微波雷达百公里距离测角精度……。科学之路,惟信念,谋未来。他们刻苦钻研、精益求精,让大国重器站上世界之巅;他们突破创新、精雕细琢,让中国制造打上"智造"标签;他们勇于挑战、精心巧思,让大国基建不断书写奇迹。

十年来,中国稳居世界第一制造业大国的地位,一个个大国重器、精密工艺、重磅基建,铸就新时代的中国实力。从"中国制造"到"中国创造",从"中国速度"到"中国质量",从"中国产品"到"中国品牌",越来越多的中国品牌享誉世界,成为闪亮的国家名片。创新创造的背后,是一代又一代大国工匠和央企脊梁们的接续奋斗,他们用匠心丈量着"中国精度",让中国制造上天入地、穿梭时空,淬炼出一个更高质量、更高水平的极致中国。

中国制造的奋斗群像,定格着新时代中国经济社会发展的昂扬姿态,推动着我国从制造大国向制造强国转变。把细节做到极致,把科学家精神和工匠精神用到极致,他们用中国精度锤炼更有活力、更有创造力、更具竞争力的"中国制造"。[①]

课前准备:直流稳压电源 1 个、导线若干、电机 1 个、编码器 1 个、杜邦线若干、电机驱动模块 1 个、STM32F407ZGT6 单片机 1 块、Keil uVisione V5.14.0.0 版本软件、20P排线 1 根、J-Link 仿真器 1 个、USB 线 1 根、计算机 1 台等。

2. 任务描述

连接编码器、电机、电机驱动模块等硬件。在 Keil 软件中,编写 encoder.h、encoder.c、main.c 等文件的代码,实现如下功能:电机以 20% 的占空比连续转动,在 Keil 软件中实时查看编码器计数器的数值;当编码器计数器的数值大于 20000 时,电机停止转动。

3. 知识讲解

知识讲解 1:通过输入捕获获取编码器计数器数值的配置步骤

本任务主要实现通过输入捕获获取编码器的 TIM1→CNT 数值,下面介绍采用库函数配置上述功能输入捕获的步骤。

---

① 摘自:用匠心丈量"中国精度".人民网,2022 年 09 月 17 日.

(1)参考单片机数据手册《STM32F405××，STM32F407××》，引脚 PE9、PE11 对应的定时器及通道分别为 TIM1_CH1、TIM1_CH2，具体如表 42-1 所示。

表 42-1　引脚 PE9、PE11 对应的定时器及通道

Pin name（function after reset）[1]	Pin type	I/O structure	Alternate functions
PE9	I/O	FT	FSMC_D6/TIM1_CH1/ EVENTOUT
PE11	I/O	FT	FSMC_D8/TIM1_CH2/ EVENTOUT

(2)开启 TIM1 时钟，配置 PE9、PE11 为复用功能，开启上拉电阻。

①开启 TIM1 时钟：

RCC_APB2PeriphClockCmd(RCC_APB2Periph_TIM1,ENABLE);//TIM1 时钟使能

②初始化 GPIO 模式为复用功能，设置为开启上拉：

RCC_AHB1PeriphClockCmd(RCC_AHB1Periph_GPIOE,ENABLE);//使能 PORTE 时钟

GPIO_InitStructure.GPIO_Pin = GPIO_Pin_9|GPIO_Pin_11;//GPIOE9、GPIOE11

GPIO_InitStructure.GPIO_Mode = GPIO_Mode_AF;//复用模式

GPIO_InitStructure.GPIO_Speed = GPIO_Speed_100MHz;//速度 100MHz

GPIO_InitStructure.GPIO_OType = GPIO_OType_PP;//推挽复用输出

GPIO_InitStructure.GPIO_PuPd = GPIO_PuPd_UP;//上拉

GPIO_Init(GPIOE, &GPIO_InitStructure);//初始化 PE9、PE11

③配置 PE9、PE11 复用为定时器 1：

GPIO_PinAFConfig(GPIOE,GPIO_PinSource9,GPIO_AF_TIM1);//PE9 复用为定时器 1

GPIO_PinAFConfig(GPIOE,GPIO_PinSource11,GPIO_AF_TIM1);//PE11 复用为定时器 1

(3)初始化 TIM1，设置 TIM1 的 ARR 和 PSC。

开启 TIM1 时钟后，通过设置 ARR 和 PSC 两个寄存器的值，设置输入捕获的自动重装载值和计数频率，库函数中通过 TIM_TimeBaseInit 函数实现。

TIM_TimeBaseStructure.TIM_Prescaler = 0;//定时器 1 预分频系数 psc 为 0

TIM_TimeBaseStructure.TIM_CounterMode = TIM_CounterMode_Down;//向下计数模式

TIM_TimeBaseStructure.TIM_Period =65535;//定时器 1 自动重装载值 arr 为 65535

TIM_TimeBaseStructure.TIM_ClockDivision =TIM_CKD_DIV1;//时钟分频系数设置为 1

TIM_TimeBaseInit(TIM1, &TIM_TimeBaseStructure);//初始化 TIM1

(4)设置 TIM1 的输入捕获参数，开启输入捕获。

TIM_EncoderInterfaceConfig(TIM1,TIM_EncoderMode_TI12,TIM_ICPolarity_Rising,TIM _ICPolarity_Rising);//设置定时器 1 工作在编码器接口模式,配置触发源和极

TIM_ICStructInit(&TIM_ICInitStructure);//将结构体中的内容缺省输入

TIM_ICInitStructure.TIM_ICFilter = 0x0f;//设置输入滤波器

TIM_ICInit(TIM1，&TIM_ICInitStructure);//将 TIM_ICInitStructure 中的参数
//初始化 TIM1

(5)设置计数器值与使能定时器。

①设置 TIM1 的计数器值为 0。

TIM_SetCounter(TIM1,0);//设置计数器的值为 0

②打开定时器的计数器开关,启动 TIM1 的计数器,开始输入捕获。

TIM_Cmd(TIM1，ENABLE);//使能定时器 1

知识讲解 2:编码器接口模式、连线及获取定时器中计数器的数值

(1)STM32F407 单片机中定时器 1、2、3、4、5、8 提供编码器接口模式。如果某个定时器配置了编码器接口模式,则该定时器的其他通道不能配置其他模式。(2)交换编码器两条信号线的硬件连接,可以变换脉冲变化的方向。(3)TIMX－>CNT 的作用为获取定时器中计数器的数值。

4. 任务实施

任务实施 1:硬件连接

编码器及其与电机连接如图 42-1 所示,硬件连接关系与硬件连接分别如图42-2与图 42-3 所示。具体接线如下:(1)将图 42-1(a)所示的 6P 接线端子焊接至 42-1(b)所示的编码器主体上,焊接后如图 42-1(c)所示,然后将其插入电机的两个接线端,将编码器的磁鼓紧紧套入电机转轴上,连接后如图 42-1(d)所示。(2)编码器连线如下:红色杜邦线一端连接编码器的 V＋引脚,另一端连接单片机的 3V3 引脚;黑色杜邦线一端连接编码器的 G 引脚,另一端连接单片机的 GND 引脚;黄色杜邦线一端连接编码器的 A 引脚,另一端连接单片机的 PE9 引脚;绿色杜邦线一端连接编码器的 B 引脚,另一端连接单片机的 PE11 引脚。(3)其他连接同任务 40 的硬件连接。

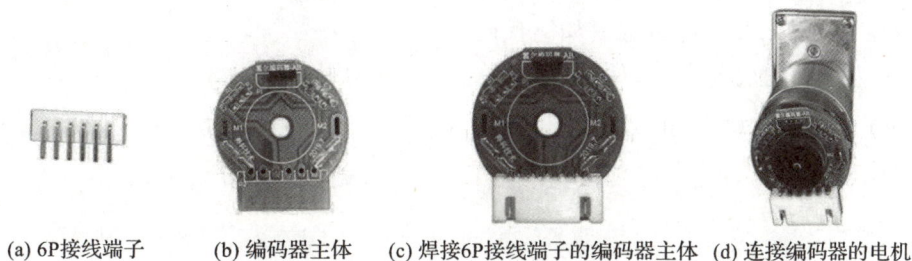

(a) 6P接线端子　　(b) 编码器主体　(c) 焊接6P接线端子的编码器主体　(d) 连接编码器的电机

图 42-1 编码器及其与电机连接

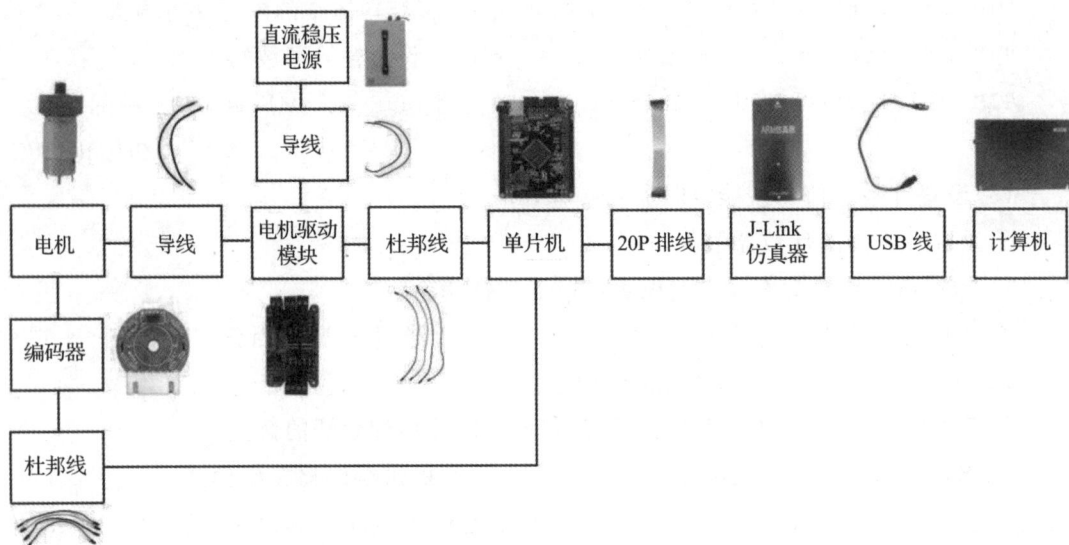

图 42-2　硬件连接关系

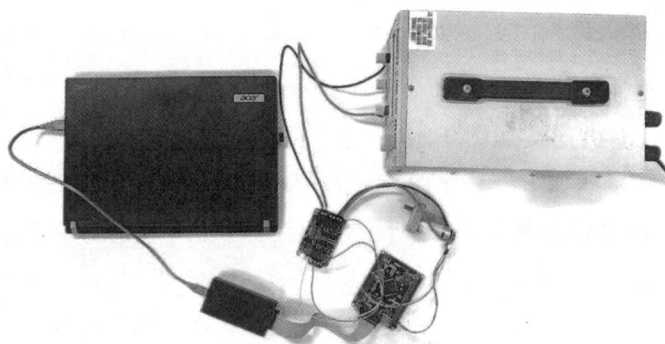

图 42-3　硬件连接

任务实施 2：修改文件名称、新建文件、添加路径，在 Keil 软件中编写代码

（1）修改文件名称、新建文件、添加路径，具体参考任务 39 的任务实施 2。

（2）在 encoder.h 文件中编写如下代码：

```
# ifndef __ENCODER_H
# define __ENCODER_H
# include "sys.h"
void TIM1_Init(void);
# endif
```

（3）在 encoder.c 文件中编写如下代码：

```
# include "encoder.h"
```

```
static void TIM1_Mode_Config(void)
{
    TIM_TimeBaseInitTypeDef   TIM_TimeBaseStructure;
    TIM_ICInitTypeDef TIM_ICInitStructure;
    GPIO_InitTypeDef GPIO_InitStructure;
    RCC_APB2PeriphClockCmd(RCC_APB2Periph_TIM1,ENABLE);//TIM1 时钟使能
    RCC_AHB1PeriphClockCmd(RCC_AHB1Periph_GPIOE,ENABLE);//使能 PORTE 时钟
    GPIO_InitStructure.GPIO_Pin = GPIO_Pin_9|GPIO_Pin_11;//GPIOE9、GPIOE11
    GPIO_InitStructure.GPIO_Mode = GPIO_Mode_AF;//复用模式
    GPIO_InitStructure.GPIO_Speed = GPIO_Speed_100MHz;//速度 100MHz
    GPIO_InitStructure.GPIO_OType = GPIO_OType_PP;//推挽复用输出
    GPIO_InitStructure.GPIO_PuPd = GPIO_PuPd_UP;//上拉
    GPIO_Init(GPIOE, &GPIO_InitStructure);//初始化 PE9、PE11
    GPIO_PinAFConfig(GPIOE,GPIO_PinSource9,GPIO_AF_TIM1);//PE9 复用为定时器 1
    GPIO_PinAFConfig(GPIOE,GPIO_PinSource11,GPIO_AF_TIM1);//PE11 复用为定时器 1
    TIM_TimeBaseStructure.TIM_Prescaler = 0;//定时器 1 预分频系数 psc 为 0
    TIM_TimeBaseStructure.TIM_CounterMode = TIM_CounterMode_Down;//向下计数
                                                                //模式
    TIM_TimeBaseStructure.TIM_Period = 65535;//定时器 1 自动重装载值 arr 为 65535
    TIM_TimeBaseStructure.TIM_ClockDivision = TIM_CKD_DIV1;//时钟分频系数
                                                          //设置为 1
    TIM_TimeBaseInit(TIM1, &TIM_TimeBaseStructure);//初始化 TIM1
    TIM_EncoderInterfaceConfig(TIM1,TIM_EncoderMode_TI12,TIM_ICPolarity_
    Rising,TIM_ICPolarity_Rising);//设置定时器 1 工作在编码器接口模式,配置
                                  //触发源和极
    TIM_ICStructInit(&TIM_ICInitStructure);//将结构体中的内容缺省输入
    TIM_ICInitStructure.TIM_ICFilter = 0x0f;//设置输入滤波器
    TIM_ICInit(TIM1, &TIM_ICInitStructure);//将 TIM_ICInitStructure 中的参数
                                          //初始化 TIM1
    TIM_SetCounter(TIM1,0);//设置定时器 1 计数器的值为 0
    TIM_Cmd(TIM1, ENABLE);//使能定时器 1
}
void TIM1_Init(void)
{
    TIM1_Mode_Config();
```

```
}
```

（4）在 main.c 文件中编写如下代码：

```
# include "delay.h"
# include "motor.h"
# include "encoder.h"
int main (void)
{
    NVIC_PriorityGroupConfig(NVIC_PriorityGroup_2);//系统中断优先级分组2
    TIM5_PWM_Init(1000-1,4-1);//定时器5时钟84MHz,预分频系数psc为3,
                //计数频率为84MHz/4=21MHz,自动重装载值arr为999,PWM的频率
                                                    //为21MHz/1000=21kHz
    delay_init(168);//初始化延时函数
    TIM1_Init();//初始化TIM1为编码器接口模式
    while(1)
    {
        delay_ms(10);
        while(1)
        {
            motor(200);
            if(TIM1->CNT>20000)
            {
                motor(0);
                break;
            }
        }
    }
}
```

任务实施3：编译并下载程序,实时查看编码器计数器的数值,控制电机停止转动

（1）若第一次使用 Keil 软件,参考任务 39 的任务实施 3 设置 J-Link；若在其他任务中设置完成 J-Link,本任务中可不设置。

（2）编译并下载程序。参考任务 39 的任务实施 3 编译并下载程序。

（3）实时查看编码器计数器数值。①单击 Start/Stop Debug Session 按钮 🔍。②选中 main.c 文件中的"TIM1->CNT",单击鼠标右键,在弹出的菜单栏中选择"Add'TIM1->CNT'to…"→"Watch1"。③在 Watch1 窗口中的 ((TIM_TypeDef *) (((uint32_t)0x40000000) + 0x00010000) + 0x0000))->CNT

上单击鼠标右键,取消勾选" Hexadecimal Display "前的复选框。④单击 Reset 按钮 RST ,然后单击 Run 按钮 ,电机以 20％的占空比带动编码器磁鼓连续转动,转动过程中在 Value 栏中实时显示编码器计数器的数值,当编码器计数器的数值大于 20000 时,电机停止转动。

5. 任务总结

(1)连接编码器、电机、电机驱动模块等硬件。(2)修改文件名称、新建文件并添加路径,在 Keil 软件中,编写 encoder. h、encoder. c、main. c 等文件的代码。(3)编译并下载程序,实时查看编码器计数器的数值,实现当编码器计数器的数值大于 20000 时,电机停止转动。

6. 课后复习与拓展

(1)试在电机上安装轮子,利用编码器测量轮子的转动距离、转速等参数。(2)试采用 TIM8 编写本任务的程序,获取 TIM8—〉CNT 的数值,控制电机的转动与停止。

任务 43:舵机转动实验

1. 思政元素与课前准备

我国古代将时间划分为:一日有十二时辰(一时辰合现代 2 小时),一时辰有八刻(一刻合现代 15 分钟),一刻有三盏茶(一盏茶合现代 5 分钟),一盏茶有两炷香(一炷香合现代 2 分 30 秒),一炷香有五分(一分合现代 30 秒),一分有六弹指(一弹指合现代 5 秒),一弹指有十刹那(一刹那合现代 0.5 秒)。

十二时辰以子、丑、寅、卯、辰、巳、午、未、申、酉、戌、亥十二地支表示,每个时辰相当于现代的 2 个小时,比如,23 时至 01 时为子时,01 时至 03 时为丑时,03 时至 05 时为寅时,依次递推,汉代采用夜半、鸡鸣、平旦、日出、食时、隅中、日中、日昳、晡时、日入、黄昏、人定命名,具体如表 43-1 所示。

表 43-1　我国古代十二时辰表

十二时辰	含义	北京时间
子时	夜半,又名子夜、中夜。十二时辰的第一个时辰	北京时间 23 时至 01 时
丑时	鸡鸣,又名荒鸡。十二时辰的第二个时辰	北京时间 01 时至 03 时
寅时	平旦,又名黎明、早晨、日旦等。夜与日的交替之际	北京时间 03 时至 05 时
卯时	日出,又名日始、破晓、旭日等。太阳刚刚露脸,冉冉初升的那段时间	北京时间 05 时至 07 时
辰时	食时,又名早食等。古人"朝食"之时,即吃早饭时间	北京时间 07 时至 09 时
巳时	隅中,又名日禺等。临近中午的时候称为隅中	北京时间 09 时至 11 时
午时	日中,又名日正、中午等	北京时间 11 时至 13 时
未时	日昳,又名日跌、日央等。太阳偏西为日跌	北京时间 13 时至 15 时
申时	晡时,又名日铺、夕食等	北京时间 15 时至 17 时
酉时	日入,又名日落、日沉、傍晚。意为太阳落山的时候	北京时间 17 时至 19 时
戌时	黄昏,又名日夕、日暮、日晚等。太阳已经落山,天将黑未黑,天地昏黄,万物朦胧,故称黄昏	北京时间 19 时至 21 时
亥时	人定,又名定昏等。夜色已深,人们已经停止活动,安歇睡眠了	北京时间 21 时至 23 时

课前准备:舵机 1 个、杜邦线若干、STM32F407ZGT6 单片机 1 块、Keil uVisione V5.14.0.0 版本软件、20P 排线 1 根、J-Link 仿真器 1 个、USB 线 1 根、计算机 1 台等。

2. 任务描述

连接舵机、单片机、J-Link 仿真器等硬件,设舵机初始位置为 $0°$,在 Keil 软件中,编写 servo. h、servo. c、main. c 等文件的代码,实现如下功能:(1)舵机从 $0°$ 连续正转到 $180°$;(2)停止 2 秒;(3)从 $180°$ 连续反转到 $0°$;(4)停止 2 秒;(5)舵机按上述(1)—(4)步重复转动。

3. 知识讲解

知识讲解 1:TIMx_CCR1—4

捕获/比较寄存器 TIMx_CCR1—4 的 4 个寄存器对应 4 个通道 CH1—CH4,但 TIM14 只有 1 个寄存器,即 TIM14_CCR1。参考单片机数据手册《STM32F405××,STM32F407××》,引脚 PF9 包括的 TIM14_CH1 功能如表 43-2 所示,因此可设置 TIM14->CCR1 的值或采用库函数 TIM_SetCompare1(TIM14,x)改变舵机的转动角度。

表 43-2　PF9 引脚的功能

Pin name（function after reset）[1]	Pin type	I/O structure	Notes	Alternate functions
PF9	I/O	FT	(4)	TIM14_CH1/FSMC_CD/EVENTOUT

知识讲解 2：舵机的脉冲宽度与转动角度的关系

（1）舵机的转动角度是由控制信号脉冲的持续时间决定的，它涉及脉冲信号的周期、脉冲宽度以及舵机的电路和机械结构等。（2）舵机控制一般需要 20ms 左右的时基脉冲，该脉冲的高电平部分为 0.5～2.5ms，总间隔为 2ms。（3）通过调整脉冲信号的持续时间（即脉冲宽度），可以精确控制舵机转动角度，这种控制方法称为脉冲编码调制（PCM）。比如，对于 180°的舵机，0.5～2.5ms 的脉冲宽度对应 0～180°的转角。具体而言，1.5ms 的脉冲可使舵机轴转向 90°的位置；若脉冲宽度大于 0.5ms 且小于 1.5ms，舵机轴向 0°方向旋转；若脉冲宽度大于 1.5ms 且小于 2.5ms，舵机轴向 180°方向旋转，舵机的脉冲宽度与转动角度的关系如表 43-3 所示。

表 43-3　舵机的脉冲宽度与转动角度的关系表

脉冲宽度/ms	转动角度/°
0.5	0
1.0	45
1.5	90
2	135
2.5	180

设置预分频系数 $psc=8400-1=8399$，自动重装载值 $arr=200-1=199$，TIM14 的定时器时钟频率 $T_{clk}=84MHz$，由式（40-1）和式（40-2）可得计数频率 f 和定时器溢出时间 T_{out} 的计算式分别如下：

$$f=\frac{T_{clk}}{psc+1}=\frac{84MHz}{8400}=10000(Hz) \tag{43-1}$$

$$T_{out}=\frac{arr+1}{f}=\frac{(arr+1)\times(psc+1)}{T_{clk}}=\frac{200\times8400}{84\times10^6}s=0.02s=20(ms) \tag{43-2}$$

由上式可知，定时器溢出时间 $T_{out}=20ms$，则舵机的频率为 50Hz。由表 43-3 可得舵机在不同转动角度下的 TIM14->CCR1 值，即舵机位于 0°位置时脉冲宽度为 0.5ms，设置 TIM14->CCR1=5；舵机位于 180°位置时脉冲宽度为 2.5ms，设置 TIM14->CCR1=25。

4. 任务实施

任务实施 1：硬件连接

硬件连接关系与硬件连接分别如图 43-1 与图 43-2 所示。具体接线如下：(1)舵机通过杜邦线与单片机连接，其中，棕色杜邦线一端连接舵机的棕色线引脚，另一端连接单片机的 GND 引脚；红色杜邦线一端连接舵机的红色线引脚，另一端连接单片机的 3V3 引脚；黄色杜邦线一端连接舵机的黄色线引脚，另一端连接单片机的 PF9 引脚；(2)其他连接参考任务 39 的硬件连接。

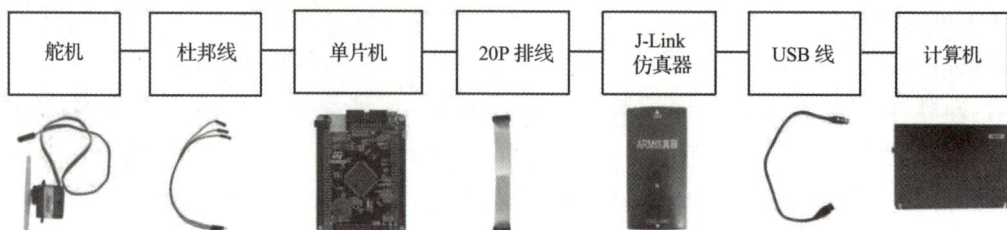

图 43-1　硬件连接关系

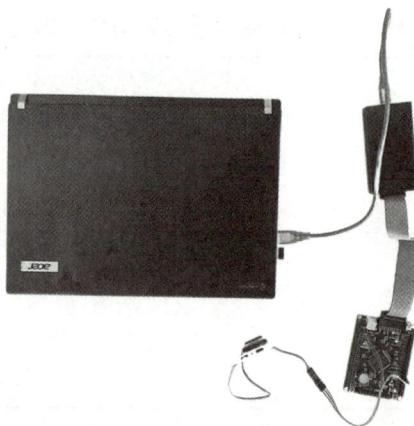

图 43-2　硬件连接

任务实施 2：修改文件名称、新建文件、添加路径，在 Keil 软件中编写代码

(1)修改文件名称、新建文件、添加路径，具体参考任务 39 的任务实施 2。

(2)在 servo.h 文件中编写如下代码：

```
#ifndef __SERVO_H
#define __SERVO_H
#include "sys.h"
void TIM14_PWM_Init(u16 arr,u16 psc);
void servo1(void);
#endif
```

(3)在 servo.c 文件中编写如下代码:

```c
#include "servo.h"
#include "delay.h"
void TIM14_PWM_Init(u16 arr,u16 psc)
{
    GPIO_InitTypeDef GPIO_InitStructure;
    TIM_TimeBaseInitTypeDef   TIM_TimeBaseStructure;
    TIM_OCInitTypeDef   TIM_OCInitStructure;
    RCC_APB1PeriphClockCmd(RCC_APB1Periph_TIM14,ENABLE);//TIM14 时钟使能
    RCC_AHB1PeriphClockCmd(RCC_AHB1Periph_GPIOF, ENABLE);//使能 PORTF 时钟
    GPIO_PinAFConfig(GPIOF,GPIO_PinSource9,GPIO_AF_TIM14);//GPIOF9 复用
                                              //为 TIM14
    GPIO_InitStructure.GPIO_Pin = GPIO_Pin_9;//GPIOF9
    GPIO_InitStructure.GPIO_Mode = GPIO_Mode_AF;//复用功能
    GPIO_InitStructure.GPIO_Speed = GPIO_Speed_100MHz;//速度 100MHz
    GPIO_InitStructure.GPIO_OType = GPIO_OType_PP;//推挽复用输出
    GPIO_InitStructure.GPIO_PuPd = GPIO_PuPd_UP;//上拉
    GPIO_Init(GPIOF,&GPIO_InitStructure); //初始化 PF9
    TIM_TimeBaseStructure.TIM_Prescaler = psc;//定时器分频
    TIM_TimeBaseStructure.TIM_CounterMode = TIM_CounterMode_Up;//向上计数模式
    TIM_TimeBaseStructure.TIM_Period = arr;//自动重装载值
    TIM_TimeBaseStructure.TIM_ClockDivision = TIM_CKD_DIV1;
    TIM_TimeBaseInit(TIM14,&TIM_TimeBaseStructure);//初始化 TIM14
    TIM_OCInitStructure.TIM_OCMode = TIM_OCMode_PWM2; //PWM 调制模式 2
    TIM_OCInitStructure.TIM_OutputState = TIM_OutputState_Enable; //比较
                                              //输出使能
    TIM_OCInitStructure.TIM_OCPolarity = TIM_OCPolarity_Low; //输出极性低
    TIM_OC1Init(TIM14, &TIM_OCInitStructure);//初始化外设 TIM14OC1
    TIM_OC1PreloadConfig(TIM14, TIM_OCPreload_Enable);//使能预装载寄存器
    TIM_ARRPreloadConfig(TIM14,ENABLE);//ARPE 使能
    TIM_Cmd(TIM14, ENABLE);//使能 TIM14
}
void servo1()
{
    TIM_SetCompare1(TIM14,25);//转动角度 180°
```

```
    delay_ms(2000);
    TIM_SetCompare1(TIM14,5);//转动角度 0°
    delay_ms(2000);
}
```

(4)在 main. c 文件中编写如下代码：

```
# include "delay. h"
# include "servo. h"
int main (void)
{
    delay_init(168);//初始化延时函数
    TIM14_PWM_Init(200 - 1,8400 - 1);//定时器 14 时钟 84MHz,预分频系数 psc
            //为 8399,计数频率为 84MHz/8400 = 10kHz,自动重装载值 arr 为 199,
                                        //PWM 的频率为 10kHz/200 = 50Hz
    while(1)
    {
        servo1();
    }
}
```

任务实施 3：编译并下载程序,控制舵机转动

(1)若第一次使用 Keil 软件,参考任务 39 的任务实施 3 设置 J-Link;若在其他任务中设置完成 J-Link,本任务中可不设置。

(2)编译并下载程序。参考任务 39 的任务实施 3 编译并下载程序。

(3)完成上述步骤后,舵机可实现如下功能：①从 0°连续正转到 180°;②停止 2 秒;③从 180°连续反转到 0°;④停止 2 秒;⑤舵机按上述(1)—(4)步重复转动。

5. 任务总结

(1)连接舵机、单片机、J-Link 仿真器等硬件。(2)修改文件名称、新建文件并添加路径,在 Keil 软件中,编写 servo. h、servo. c、main. c 等文件的代码。(3)编译并下载程序,实现舵机从 0°到 180°,180°到 0°的连续转动,且转动到 0°或 180°时停止 2 秒。

6. 课后复习与拓展

(1)试分析舵机发生抖动的常见原因有哪些?(提示:电源电压不足,舵机损坏,信号干扰等)(2)试分析 RCC(Reset Clock Controller,复位与时钟控制器)的作用是什么?

任务 44：12 路传感器数据采集与调试实验

1. 思政元素与课前准备

提起古老的丝绸之路，很多人脑海中会浮现这样一幅画面：一支支满载货物的驼队，经停旅舍与驿站、穿越沙漠和戈壁，一路步履不停；在辽阔无垠的海面上，一艘艘鼓帆前进的远洋船舶劈波斩浪，抵达世界各地。如今，在"一带一路"倡议下，千年丝路正焕发勃勃生机。"一带一路"是对我国古代形成的丝绸之路和海上丝绸之路的继承和发展。2013 年 9 月和 10 月，国家主席习近平分别提出建设"新丝绸之路经济带"和"21 世纪海上丝绸之路"的合作倡议。2017 年 5 月 14 日，习近平在首届"一带一路"国际合作高峰论坛开幕式的主旨演讲中指出："古丝绸之路绵亘万里，延续千年，积淀了以和平合作、开放包容、互学互鉴、互利共赢为核心的丝路精神。这是人类文明的宝贵遗产。""一带一路"的建设与发展，充分体现了丝路精神。

汉学家芮乐伟·韩森在《丝绸之路新史》中写道："丝路之所以改变了历史，很大程度上是因为在丝路上穿行的人们把他们各自的文化像其带往远方的异国香料种子一样沿路撒播。他们在丝路上落户并蓬勃发展，与当地人融合，也与后来者同化。这些绿洲城市有着持久的经济活动，像灯塔一样吸引着人们翻山越岭穿越沙海而来"。如今，"一带一路"倡议也像历史上的丝绸之路一样，播下文明互鉴的种子，收获和平发展的果实。推进"一带一路"建设，对中外青年都是难得的发展机遇。广大青年要不断锤炼技能，在国际化的平台上崭露头角，为国际交流合作事业加油助力，与"一带一路"的伟大实践共发展、同成长。[1]

课前准备：12 路传感器 1 个、杜邦线若干、STM32F407ZGT6 单片机 1 块、Keil uVisione V5.14.0.0 版本软件、20P 排线 1 根、J-Link 仿真器 1 个、USB 线 1 根、计算机 1 台、绿地毯 1 块、白线 1 卷等。

2. 任务描述

连接 12 路传感器、单片机、J-Link 仿真器等硬件，在 Keil 软件中，编写 12ch_sensor. h、12ch_sensor. c、main. c 等文件的代码，实现如下功能：(1)分别实时采集 12 路传感器在绿地毯、白线上的数值；(2)采用 PWM 方法，调节 12 路传感器高亮白色聚光 LED 的亮度。

---

[1] 　摘自：弘扬丝路精神 做"一带一路"青春使者. 中国青年报,2021 年 12 月 16 日 01 版.

3. 知识讲解

知识讲解 1：ADC 通道

STM32F4×× 系列单片机一般有 3 个 ADC，这些 ADC 可以独立使用，也可以使用双重/三重模式（提高采样率）。STM32F4 的 ADC 是 12 位逐次逼近型的模拟数字转换器，有 19 个通道，可测量 16 个外部源、2 个内部源和 Vbat 通道的信号，其中 16 个外部源的 ADC1－ADC3 的引脚与通道对应关系，如表 44-1 所示。

表 44-1　16 个外部源的 ADC1-ADC3 的引脚与通道对应关系

通道号	ADC1	ADC2	ADC3	通道号	ADC1	ADC2	ADC3
通道 0	PA0	PA0	PA0	通道 8	PB0	PB0	PF10
通道 1	PA1	PA1	PA1	通道 9	PB1	PB1	PF3
通道 2	PA2	PA2	PA2	通道 10	PC0	PC0	PC0
通道 3	PA3	PA3	PA3	通道 11	PC1	PC1	PC1
通道 4	PA4	PA4	PF6	通道 12	PC2	PC2	PC2
通道 5	PA5	PA5	PF7	通道 13	PC3	PC3	PC3
通道 6	PA6	PA6	PF8	通道 14	PC4	PC4	PF4
通道 7	PA7	PA7	PF9	通道 15	PC5	PC5	PF5

知识讲解 2：ADC 时钟、ADC 转换时间与分辨率

（1）ADC 时钟

STM32F4×× 系列单片机 ADC 有两个时钟方案：①用于模拟电路的时钟。共用时钟 ADCCLK，其最大工作频率是 36MHz，它由 APB2（频率一般为 84MHz）经过 ADC 预分频器得到，分频系数由 ADC 通用寄存器 ADC_CCR 的 ADCPRE[1:0] 设置，可设置的分频系数包括 2、4、6、8 等，一般设置 ADCPRE＝01，即 4 分频，这样得到 ADCCLK 频率为 21MHz。②用于数字接口的时钟。该时钟等效于 APB2 时钟，可以通过外设时钟使能寄存器 RCC_APB2ENR，为每个 ADC 使能或禁止数字接口时钟。

（2）ADC 转换时间

ADC 需要若干个 ADC_CLK 周期完成输入电压的采样，采样周期可设置为 3、15、28、56、84、112、144、480 等，其中 480 为最长周期。对于每个要转换的通道，可采用较长的采样时间，以获得较高的准确度，但较长的采样时间会降低 ADC 的转换速率。ADC 的转换时间可由式（44-1）计算：

$$T_{conv} ＝ 采样时间 ＋ 12 \ 周期 \tag{44-1}$$

其中，T_{conv} 为总转换时间，采样时间取决于每个通道 SMP 位的设置。例如，设置 ADC-CLK＝21MHz，并设置 480 个周期的采样时间，则得到：$T_{conv} ＝ 480 ＋ 12 ＝ 492$ 周期＝ 23.43μs。

（3）分辨率

分辨率又称精度，是指数字量变化一个最小量时模拟信号的变化量，其值为满刻度与 2^n 的比值，其中，n 为数字信号的位数。比如，设满量程输入模拟电压为 3.3V，则一个 12 位的 ADC 能分辨的输入电压为 $\dfrac{3.3\text{V}}{2^{12}}=\dfrac{3.3\text{V}}{4096}=0.81\text{mV}$。可见，在最大输入电压相同的情况下，ADC 的位数越多，所能分辨的电压值越小，分辨率越高。

知识讲解 3：ADC 引脚

ADC 引脚说明如表 44-2 所示。

表 44-2　ADC 引脚

名称	信号类型	备注
$V_{\text{REF}+}$	正模拟参考电压输入	ADC 高/正参考电压，$1.8V \leqslant V_{\text{REF}+} \leqslant V_{\text{DDA}}$
V_{DDA}	模拟电源输入	模拟电源电压等于 V_{DD}， 全速运行时，$2.4V \leqslant V_{\text{DDA}} \leqslant V_{\text{DD}}(3.6\text{V})$ 低速运行时，$1.8V \leqslant V_{\text{DDA}} \leqslant V_{\text{DD}}(3.6\text{V})$
$V_{\text{REF}-}$	负模拟参考电压输入	ADC 低/负参考电压，$V_{\text{REF}-} = V_{\text{SSA}}$
V_{SSA}	模拟电源接地输入	模拟电源接地电压等于 V_{SS}
ADCx_IN[15:0]	模拟输入信号	16 个模拟输入通道

4. 任务实施

任务实施 1：硬件连接

硬件连接关系与硬件连接分别如图 44-1 与图 44-2 所示。具体接线如下：(1)12 路传感器通过杜邦线与单片机连接，其中，黑色杜邦线一端连接 12 路传感器的 V－引脚，另一端连接单片机的 GND 引脚；红色杜邦线一端连接 12 路传感器的 V＋引脚，另一端连接单片机的 3V3 引脚；12 路传感器信号线引脚详见表 28-1。(2)其他连接参考任务 39 的硬件连接。

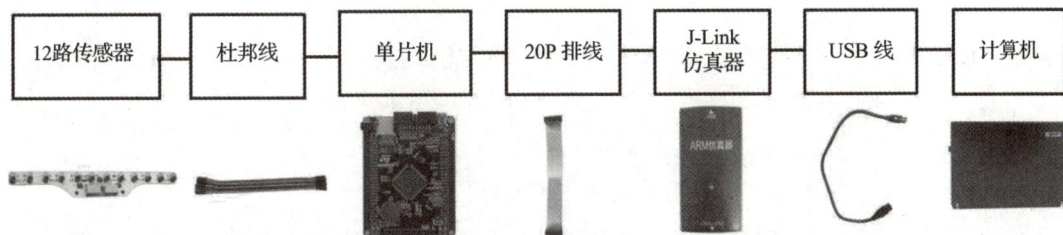

图 44-1　硬件连接关系

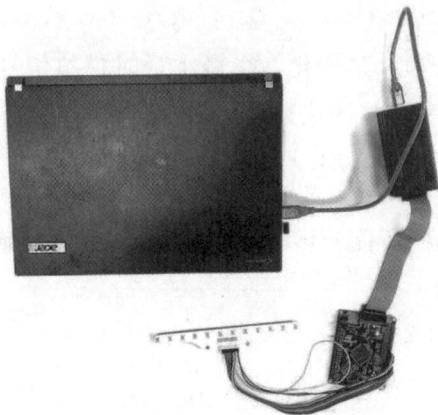

图 44-2　硬件连接

任务实施 2:修改文件名称、新建文件、添加路径,在 Keil 软件中编写代码

(1)修改文件名称、新建文件、添加路径,具体参考任务 39 的任务实施 2。

(2)在 12ch_sensor.h 文件中编写如下代码:

```
#ifndef __12CH_SENSOR_H
#define __12CH_SENSOR_H
#include "sys.h"
void Adc_Init(void);
void Get_Sensor_Val(void);
void TIM4_PWM_Init(u16 arr,u16 psc);
#endif
```

(3)在 12ch_sensor.c 文件中编写如下代码:

```
#include "12ch_sensor.h"
#include "delay.h"
short sensor_val[12];
void  Adc_Init(void)
{
    GPIO_InitTypeDef  GPIO_InitStructure;
    ADC_CommonInitTypeDef  ADC_CommonInitStructure;
    ADC_InitTypeDef  ADC_InitStructure;
    //①开启 ADC 和 GPIO 相关时钟和初始化 GPIO
    RCC_AHB1PeriphClockCmd(RCC_AHB1Periph_GPIOA, ENABLE);//使能 GPIOA 时钟
    RCC_AHB1PeriphClockCmd(RCC_AHB1Periph_GPIOB, ENABLE);//使能 GPIOB 时钟
    RCC_AHB1PeriphClockCmd(RCC_AHB1Periph_GPIOC, ENABLE);//使能 GPIOC 时钟
```

```
RCC_APB2PeriphClockCmd(RCC_APB2Periph_ADC2，ENABLE)；//使能 ADC2 时钟
                                            //初始化 ADC2 的 IO 口
GPIO_InitStructure.GPIO_Pin =
GPIO_Pin_4|GPIO_Pin_5|GPIO_Pin_6|GPIO_Pin_7;
GPIO_InitStructure.GPIO_Mode = GPIO_Mode_AN;//模拟输入
GPIO_InitStructure.GPIO_PuPd = GPIO_PuPd_NOPULL;//不带上下拉
GPIO_Init(GPIOA，&GPIO_InitStructure);//初始化
GPIO_InitStructure.GPIO_Pin = GPIO_Pin_0|GPIO_Pin_1;
GPIO_Init(GPIOB，&GPIO_InitStructure);//初始化
GPIO_InitStructure.GPIO_Pin =
GPIO_Pin_0|GPIO_Pin_1|GPIO_Pin_2|GPIO_Pin_3|GPIO_Pin_4|GPIO_Pin_5;
GPIO_Init(GPIOC，&GPIO_InitStructure);//初始化
RCC_APB2PeriphResetCmd(RCC_APB2Periph_ADC2，ENABLE);//ADC2 复位
RCC_APB2PeriphResetCmd(RCC_APB2Periph_ADC2，DISABLE);//复位结束
                                            //初始化通用配置
ADC_CommonInitStructure.ADC_Mode = ADC_Mode_Independent;//独立模式
ADC_CommonInitStructure.ADC_TwoSamplingDelay =
ADC_TwoSamplingDelay_5Cycles;//两个采样阶段之间延迟 5 个时钟
ADC_CommonInitStructure.ADC_DMAAccessMode = ADC_DMAAccessMode_Disabled;
                                            //DMA 失能
ADC_CommonInitStructure.ADC_Prescaler = ADC_Prescaler_Div4;//预分频
                                            //4 分频
        //ADCCLK = PCLK2/4 = 84/4 = 21MHz,ADC 时钟最好不要超过 36MHz
ADC_CommonInit(&ADC_CommonInitStructure);//初始化
                                            //初始化 ADC2 相关参数
ADC_InitStructure.ADC_Resolution = ADC_Resolution_12b;//12 位模式
ADC_InitStructure.ADC_ScanConvMode = DISABLE;//非扫描模式
ADC_InitStructure.ADC_ContinuousConvMode = DISABLE;//关闭连续转换
ADC_InitStructure.ADC_ExternalTrigConvEdge =
ADC_ExternalTrigConvEdge_None;//禁止触发检测,使用软件触发
ADC_InitStructure.ADC_DataAlign = ADC_DataAlign_Right;//右对齐
ADC_InitStructure.ADC_NbrOfConversion = 1;//1 个转换在规则序列中
ADC_Init(ADC2，&ADC_InitStructure);//ADC 初始化
                                            //开启 ADC 转换
ADC_Cmd(ADC2，ENABLE);//开启 AD 转换器
```

```
    }
u16 Get_Adc(u8 ch)//设置指定 ADC 的规则组通道,一个序列,采样时间
{
    ADC_RegularChannelConfig(ADC2, ch, 1, ADC_SampleTime_480Cycles );
    ADC_SoftwareStartConv(ADC2);//使能指定的 ADC2 的软件转换启动功能
    while(! ADC_GetFlagStatus(ADC2, ADC_FLAG_EOC ));//等待转换结束
    return ADC_GetConversionValue(ADC2);//返回最近一次 ADC2 规则组的转换
                                                        //结果
}
void Get_Sensor_Val()//读取各通道数据,数据处理后放入数组中
{
    delay_ms(1);
    sensor_val[0] = Get_Adc(ADC_Channel_4) * 3.3/4096 * 1000;
    sensor_val[1] = Get_Adc(ADC_Channel_5) * 3.3/4096 * 1000;
    sensor_val[2] = Get_Adc(ADC_Channel_6) * 3.3/4096 * 1000;
    sensor_val[3] = Get_Adc(ADC_Channel_7) * 3.3/4096 * 1000;
    sensor_val[4] = Get_Adc(ADC_Channel_8) * 3.3/4096 * 1000;
    sensor_val[5] = Get_Adc(ADC_Channel_9) * 3.3/4096 * 1000;
    sensor_val[6] = Get_Adc(ADC_Channel_10) * 3.3/4096 * 1000;
    sensor_val[7] = Get_Adc(ADC_Channel_11) * 3.3/4096 * 1000;
    sensor_val[8] = Get_Adc(ADC_Channel_12) * 3.3/4096 * 1000;
    sensor_val[9] = Get_Adc(ADC_Channel_13) * 3.3/4096 * 1000;
    sensor_val[10] = Get_Adc(ADC_Channel_14) * 3.3/4096 * 1000;
    sensor_val[11] = Get_Adc(ADC_Channel_15) * 3.3/4096 * 1000;
}
void TIM4_PWM_Init(u16 arr,u16 psc)//调节高亮白色聚光 LED 的亮度
{
    GPIO_InitTypeDef GPIO_InitStructure;
    TIM_TimeBaseInitTypeDef   TIM_TimeBaseStructure;
    TIM_OCInitTypeDef   TIM_OCInitStructure;
    RCC_APB1PeriphClockCmd(RCC_APB1Periph_TIM4,ENABLE);//TIM4 时钟使能
    RCC_AHB1PeriphClockCmd(RCC_AHB1Periph_GPIOB,ENABLE);//使能 PORTB 时钟
    GPIO_PinAFConfig(GPIOB,GPIO_PinSource9,GPIO_AF_TIM4);//GPIOB9 复用
                                                        //为 TIM4

    GPIO_InitStructure.GPIO_Pin = GPIO_Pin_9;//GPIOB9
```

```
    GPIO_InitStructure.GPIO_Mode = GPIO_Mode_AF;//复用功能
    GPIO_InitStructure.GPIO_Speed = GPIO_Speed_100MHz;//速度100MHz
    GPIO_InitStructure.GPIO_OType = GPIO_OType_PP;//推挽复用输出
    GPIO_InitStructure.GPIO_PuPd = GPIO_PuPd_UP;//上拉
    GPIO_Init(GPIOB,&GPIO_InitStructure);//初始化PB9
    TIM_TimeBaseStructure.TIM_Prescaler = psc;//定时器分频
    TIM_TimeBaseStructure.TIM_CounterMode = TIM_CounterMode_Up;//向上计数模式
    TIM_TimeBaseStructure.TIM_Period = arr;//自动重装载值
    TIM_TimeBaseStructure.TIM_ClockDivision = TIM_CKD_DIV1;
    TIM_TimeBaseInit(TIM4,&TIM_TimeBaseStructure);//初始化TIM4
    TIM_OCInitStructure.TIM_OCMode = TIM_OCMode_PWM1;//PWM模式1
    TIM_OCInitStructure.TIM_OutputState = TIM_OutputState_Enable;//比较
                                                               //输出使能
    TIM_OCInitStructure.TIM_OCPolarity = TIM_OCPolarity_High;//输出极性高
    TIM_OC4Init(TIM4, &TIM_OCInitStructure);//初始化外设TIM4OC4
    TIM_OC4PreloadConfig(TIM4, TIM_OCPreload_Enable);//使能预装载寄存器
    TIM_ARRPreloadConfig(TIM4,ENABLE);//ARPE使能
    TIM_Cmd(TIM4, ENABLE);//使能TIM4
}


(4)在main.c文件中编写如下代码:
#include "delay.h"
#include "12ch_sensor.h"
int main (void)
{
    delay_init(168);//初始化延时函数
    Adc_Init();//初始化ADC2
    TIM4_PWM_Init(1000-1,4-1);//定时器4时钟为84MHz,预分频系数psc为3,
            //计数频率为84MHz/4=21MHz,自动重装载值arr为999,PWM的频率
                                          //为21MHz/1000=21kHz
    while(1)
    {
        delay_ms(10);
        Get_Sensor_Val();
```

```
        TIM_SetCompare4(TIM4,400);//设置数值,调节 12 路传感器高亮白色聚光
                                                      //LED 的亮度
    }
}
```

任务实施 3:编译并下载程序,实时采集 12 路传感器在绿地毯、白线上的数值,调节 12 路传感器高亮白色聚光 LED 的亮度

(1)若第一次使用 Keil 软件,参考任务 39 的任务实施 3 设置 J-Link;若在其他任务中设置完成 J-Link,本任务中可不设置。

(2)编译并下载程序。参考任务 39 的任务实施 3 编译并下载程序。

(3)实时采集 12 路传感器在绿地毯、白线上的数值。①单击 Start/Stop Debug Session 按钮 ⊕。②选中 12ch_sensor.c 文件中的"sensor_val",单击鼠标右键,在弹出的菜单栏中选择"Add 'sensor_val' to…"→"Watch1"。③在 Watch1 窗口中的 sensor_val 上单击鼠标右键,取消勾选"Hexadecimal Display"前的复选框。④选择"View"菜单,选中"Periodic Window Update"前的复选框,以实时显示最新数据。⑤单击 Reset 按钮 ,然后单击 Run 按钮 ,将 12 路传感器分别放在绿地毯、白线上,实时采集数值。

(4)调节 12 路传感器高亮白色聚光 LED。将 main.c 文件中 TIM_SetCompare4(TIM4,400)的 400,修改为区间[0,999]的其他数值,实现不同的亮度。

5. 任务总结

(1)连接 12 路传感器、单片机、J-Link 仿真器等硬件。(2)修改文件名称、新建文件并添加路径,在 Keil 软件中,编写 12ch_sensor.h、12ch_sensor.c、main.c 等文件的代码。(3)编译并下载程序,实时采集 12 路传感器在绿地毯、白线上的数值,调节高亮白色聚光 LED 的亮度。

6. 课后复习与拓展

(1)试简述采样定理。(提示:只有当采样频率 f_s 大于或等于模拟信号最高频率分量 f_{max} 的 2 倍时,所采集的信号样值才能不失真地反映原来模拟信号的变化规律。)(2)若需给 12 路传感器设置其他参考电压,试分析该如何操作?(提示:将参考电压接在 V_{REF+} 引脚上,且注意共地。)

任务 45：串口通信实验

1. 思政元素与课前准备

习近平总书记在党的二十大报告中指出，我们要坚持以人民安全为宗旨、以政治安全为根本、以经济安全为基础、以军事科技文化社会安全为保障、以促进国际安全为依托，统筹外部安全和内部安全、国土安全和国民安全、传统安全和非传统安全、自身安全和共同安全，统筹维护和塑造国家安全，夯实国家安全和社会稳定基层基础，完善参与全球安全治理机制，建设更高水平的平安中国，以新安全格局保障新发展格局。[①]

国家安全工作是党治国理政一项十分重要的工作，也是保障国泰民安一项十分重要的工作。党的十八大以来，以习近平同志为核心的党中央坚持总体国家安全观，把国家安全贯穿到党和国家工作各方面全过程，着力构建大安全格局。在制度设计上，设立中央国家安全委员会，完善国家安全法治体系、战略体系和政策体系；在经济社会发展中，实现高质量发展和高水平安全的良性互动，注重防范化解影响我国现代化进程的重大风险；在应对外部冲击挑战上，严密防范和严厉打击敌对势力渗透、破坏、颠覆、分裂活动，顶住和反击外部极端打压遏制……一系列重大决策部署，推动新时代国家安全工作发生历史性变革、取得历史性成就，国家安全得到全面加强，经受住了来自政治、经济、意识形态、自然界等方面的风险挑战考验，为党和国家兴旺发达、长治久安提供了有力保证。

当前，国际形势继续发生深刻复杂变化，百年变局和世纪疫情相互交织，经济全球化遭遇逆流，大国博弈日趋激烈，世界进入新的动荡变革期，国内改革发展稳定任务艰巨繁重。我们面临的风险既包括国内的经济、政治、意识形态、社会风险以及来自自然界的风险，也包括国际经济、政治、军事风险等。我国发展所处的历史方位、国家安全所面临的形势任务，决定了国家安全在党和国家工作大局中的重要地位。新的伟大征程上，要贯彻总体国家安全观，坚持中国特色国家安全道路，构建大安全格局，把安全发展贯穿国家发展各领域和全过程，防范和化解影响我国现代化进程的各种风险，为建设社会主义现代化国家提供坚强保障。维护国家安全，人人有责、人人可为，要坚持国家安全一切为了人民、一切依靠人民，动员全党全社会共同努力，汇聚起维护国家安全的强大力量，夯实国家安全的社会基础，不断提高人民群众的安全感、幸福感。[②]

课前准备：USB 转 TTL 模块 1 个、杜邦线若干、STM32F407ZGT6 单片机 1 块、Keil

[①] 摘自：习近平：高举中国特色社会主义伟大旗帜 为全面建设社会主义现代化国家而团结奋斗——在中国共产党第二十次全国代表大会上的报告. 新华社，2022 年 10 月 16 日.

[②] 摘自：树牢总体国家安全观（人民论坛）——写在全民国家安全教育日. 人民日报，2022 年 04 月 15 日 02 版.

uVisione V5.14.0.0 版本软件、20P 排线 1 根、J-Link 仿真器 1 个、USB 线 1 根、计算机 1 台、XCOM V2.6 软件等。

2. 任务描述

连接 USB 转 TTL 模块、单片机、J-Link 仿真器等硬件；在 Keil 软件中，编写 usart.h、usart.c、main.c 等文件的代码；在 XCOM V2.6 软件中设置比特率等参数；实现如下功能：(1)采用 XCOM V2.6 软件向单片机串口发送信息"机器人制作与编程"，单片机收到信息后，串口向 XCOM V2.6 软件发送信息，并在 XCOM V2.6 软件中显示"您发送的信息为：机器人制作与编程"；(2)在 XCOM V2.6 软件中每隔 5 秒显示一次单片机发来的信息"单片机 STM32F407 发来的信息"。

3. 知识讲解

知识讲解 1：中断优先级

STM32F4××系列单片机将中断分为 5 个组，组 0－组 4，分组由 SCB－>AIRCR 寄存器的 bit10－8 设置，具体分配关系如表 45-1 所示。由该表可得组 0－组 4 的配置。

表 45-1　AIRCR 中断分组设置表

组	AIRCR[10:8]	bit[7:4]分配情况	分配结果
0	111	0:4	0 位抢占优先级，4 位响应优先级
1	110	1:3	1 位抢占优先级，3 位响应优先级
2	101	2:2	2 位抢占优先级，2 位响应优先级
3	100	3:1	3 位抢占优先级，1 位响应优先级
4	011	4:0	4 位抢占优先级，0 位响应优先级

抢占优先级和响应优先级说明如下：(1)高抢占优先级可以打断正在执行的低抢占优先级，数值越小，级别越高。比如，设中断 A 的抢占优先级为 0，中断 B 的抢占优先级为 1，则中断 A 可以打断中断 B 的中断；(2)当抢占优先级相同时，高响应优先级优先执行，但高响应优先级不可以打断低响应优先级的中断；(3)若两个中断的抢占优先级和响应优先级都一样，则哪个中断先发生先执行哪个。下面以表 45-2 为例，说明中断优先级。

表 45-2　中断优先级实例

	中断 1		中断 2		中断 3	
	抢占优先级	响应优先级	抢占优先级	响应优先级	抢占优先级	响应优先级
例 1	1	1	1	2	1	3
例 2	1	2	2	2	3	2

对于例 1,抢占优先级均为 1,响应优先级数值越小越优先执行,因此这三个中断的优先级顺序为:中断 1＞中断 2＞中断 3,但中断 1 无法打断中断 2 或中断 3 的执行。对于例 2,同时发生中断时,抢占优先级数值越小越优先执行,因此优先级顺序为:中断 1＞中断 2＞中断 3,且中断 1 可以打断中断 2 或中断 3 的执行。

知识讲解 2:常见配置串口的库函数

(1)串口参数初始化:设置波特率,字长,奇偶校验等参数

串口初始化是调用函数 USART_Init 实现的,具体设置方法如下:

USART_InitStructure.USART_BaudRate = bound;//一般设置为 9600

USART_InitStructure.USART_WordLength = USART_WordLength_8b;//字长为 8 位
//数据格式

USART_InitStructure.USART_StopBits = USART_StopBits_1;//一个停止位

USART_InitStructure.USART_Parity = USART_Parity_No;//无奇偶校验位

USART_InitStructure.USART_HardwareFlowControl =

USART_HardwareFlowControl_None;

USART_InitStructure.USART_Mode = USART_Mode_Rx | USART_Mode_Tx;//收发模式

USART_Init(USART1, &USART_InitStructure);//初始化串口 1

(2)使能串口

使能串口调用函数 USART_Cmd 实现,具体使能串口 1 方法如下:

USART_Cmd(USART1, ENABLE);//使能串口 1

(3)串口数据发送与接收

STM32F4××系列单片机串口数据发送与接收是通过数据寄存器 USART_DR 实现的,这是一个双寄存器,包含了 TDR 和 RDR。当向该寄存器写数据时,串口会自动发送;当收到数据时,存在该寄存器内。

STM32 库函数操作 USART_DR 寄存器发送数据的函数是:void USART_SendData (USART_TypeDef * USARTx, uint16_t Data)。STM32 库函数操作 USART_DR 寄存器读取串口接收到的数据的函数是:uint16_t USART_ReceiveData(USART_TypeDef * USARTx)。

(4)开启中断并初始化 NVIC,使能相应中断

通过调用函数 NVIC_Init 设置,具体如下:

NVIC_InitStructure.NVIC_IRQChannel = USART1_IRQn;

NVIC_InitStructure.NVIC_IRQChannelPreemptionPriority = 3;//抢占优先级 3

NVIC_InitStructure.NVIC_IRQChannelSubPriority = 3;//响应优先级 3

NVIC_InitStructure.NVIC_IRQChannelCmd = ENABLE;//IRQ 通道使能

NVIC_Init(&NVIC_InitStructure);//根据指定的参数初始化 NVIC 寄存器

使能串口中断的函数是:void USART_ITConfig(USART_TypeDef * USARTx, uint16_t USART_IT, FunctionalState NewState)。这个函数的第二个入口参数为标示使能串口

的类型。比如,当接收到数据时(RXNE 读数据寄存器非空)要产生中断,开启中断的方法是:USART_ITConfig(USART1, USART_IT_RXNE, ENABLE);当发送数据结束时(TC,发送完成)要产生中断,其方法是:USART_ITConfig(USART1,USART_IT_TC,ENABLE)。

(5)中断服务函数

串口 1 中断服务函数为:void USART1_IRQHandler(void)。当发生中断时,程序会执行中断服务函数,然后在中断服务函数中编写相应的逻辑代码即可。

4.任务实施

任务实施 1:硬件连接

硬件连接关系与硬件连接分别如图 45-1 与图 45-2 所示。具体接线如下:(1)USB转 TTL 模块的引脚端通过杜邦线与单片机连接,其中,绿色杜邦线一端连接 USB 转 TTL 模块的 TXD 引脚,另一端连接单片机的 PA10 引脚;黄色杜邦线一端连接 USB 转 TTL 模块的 RXD 引脚,另一端连接单片机的 PA9 引脚。USB 转 TTL 模块的 USB 端插入计算机的 USB 口;(2)其他连接参考任务 39 的硬件连接。

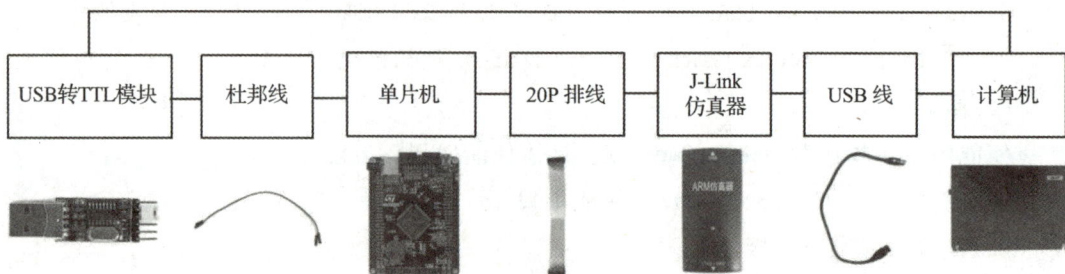

图 45-1　硬件连接关系

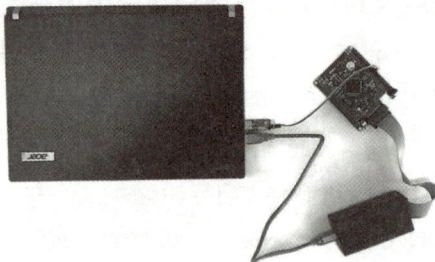

图 45-2　硬件连接

任务实施 2:修改文件名称、新建文件、添加路径,在 Keil 软件中编写代码

(1)修改文件名称、新建文件、添加路径。usart. c 和 usart. h 文件需要放在目录 SYSTEM→usart 下,其他操作可参考任务 39 的任务实施 2。

(2)在 usart. h 文件中编写如下代码:

```
#ifndef __USART_H
#define __USART_H
#include "stdio.h"
#include "stm32f4xx_conf.h"
#define USART_REC_LEN 200//定义最大接收字节数 200
#define EN_USART1_RX 1//使能(1)/禁止(0)串口 1 接收
extern u8   USART_RX_BUF[USART_REC_LEN];//接收缓冲,最大 USART_REC_LEN 个字
                                        //节,末字节为换行符
extern u16 USART_RX_STA;//接收状态标记
void uart_init(u32 bound);
#endif
```

(3)在 usart.c 文件中编写如下代码:

```
#include "usart.h"
#if SYSTEM_SUPPORT_OS
#include "includes.h"
#endif
#if 1
#pragma import(__use_no_semihosting)//标准库需要的支持函数
struct __FILE
{
    int handle;
};
FILE __stdout;
void _sys_exit(int x)//定义_sys_exit()以避免使用半主机模式
{
  x = x;
}
int fputc(int ch, FILE * f)//定义 fputc 函数
{
    while((USART1->SR&0X40) = = 0);//循环发送,直到发送完毕
    USART1->DR = (u8) ch;
    return ch;
}
#endif
```

```
#if EN_USART1_RX//使能串口 1 中断服务程序
u8 USART_RX_BUF[USART_REC_LEN];//接收缓冲,最大 USART_REC_LEN 个字节
u16 USART_RX_STA = 0;//接收状态标记
void uart_init(u32 bound)
{
    GPIO_InitTypeDef GPIO_InitStructure;
    USART_InitTypeDef USART_InitStructure;
    NVIC_InitTypeDef NVIC_InitStructure;
    RCC_AHB1PeriphClockCmd(RCC_AHB1Periph_GPIOA,ENABLE);//使能 GPIOA 时钟
    RCC_APB2PeriphClockCmd(RCC_APB2Periph_USART1,ENABLE);//使能 USART1 时钟
    GPIO_PinAFConfig(GPIOA,GPIO_PinSource9,GPIO_AF_USART1);//GPIOA9 复用
                                                        //为 USART1
    GPIO_PinAFConfig(GPIOA,GPIO_PinSource10,GPIO_AF_USART1);//GPIOA10 复用
                                                        //为 USART1
    GPIO_InitStructure.GPIO_Pin = GPIO_Pin_9 | GPIO_Pin_10;//GPIOA9 与 GPIOA10
    GPIO_InitStructure.GPIO_Mode = GPIO_Mode_AF;//复用功能
    GPIO_InitStructure.GPIO_Speed = GPIO_Speed_50MHz;//速度 50MHz
    GPIO_InitStructure.GPIO_OType = GPIO_OType_PP;//推挽复用输出
    GPIO_InitStructure.GPIO_PuPd = GPIO_PuPd_UP;//上拉
    GPIO_Init(GPIOA,&GPIO_InitStructure);//初始化 PA9,PA10
    USART_InitStructure.USART_BaudRate = bound;//一般设置为 9600
    USART_InitStructure.USART_WordLength = USART_WordLength_8b;//字长为 8 位
                                                        //数据格式
    USART_InitStructure.USART_StopBits = USART_StopBits_1;//一个停止位
    USART_InitStructure.USART_Parity = USART_Parity_No;//无奇偶校验位
    USART_InitStructure.USART_HardwareFlowControl =
    USART_HardwareFlowControl_None;
    USART_InitStructure.USART_Mode = USART_Mode_Rx | USART_Mode_Tx;//收发模式
    USART_Init(USART1, &USART_InitStructure);//初始化串口 1
    USART_Cmd(USART1, ENABLE);//使能串口 1
    #if EN_USART1_RX
    USART_ITConfig(USART1, USART_IT_RXNE, ENABLE);//开启中断
    NVIC_InitStructure.NVIC_IRQChannel = USART1_IRQn;
    NVIC_InitStructure.NVIC_IRQChannelPreemptionPriority = 3;//抢占优先级 3
    NVIC_InitStructure.NVIC_IRQChannelSubPriority = 3;//响应优先级 3
    NVIC_InitStructure.NVIC_IRQChannelCmd = ENABLE;//IRQ 通道使能
```

```
    NVIC_Init(&NVIC_InitStructure);//根据指定的参数初始化 NVIC 寄存器
    #endif
}
void USART1_IRQHandler(void)//串口 1 中断服务程序
{
    u8 Res;
    #if SYSTEM_SUPPORT_OS//如果 SYSTEM_SUPPORT_OS 为真,则需要支持 OS
    OSIntEnter();
    #endif
    if(USART_GetITStatus(USART1, USART_IT_RXNE)! = RESET)//接收中断(接收
                                //到的数据必须是 0x0d 0x0a 结尾)
    {
        Res = USART_ReceiveData(USART1);//读取接收到的数据
        if((USART_RX_STA&0x8000)= = 0)//接收未完成
        {
            if(USART_RX_STA&0x4000)//接收到 0x0d
            {
                if(Res! = 0x0a)USART_RX_STA = 0;//接收错误,重新开始
                else USART_RX_STA| = 0x8000;//接收完成
            }
            else //没接收到 0x0d
            {
                if(Res = = 0x0d)USART_RX_STA| = 0x4000;
                else
                {
                    USART_RX_BUF[USART_RX_STA&0X3FFF] = Res;
                    USART_RX_STA + + ;
                    if(USART_RX_STA)(USART_REC_LEN - 1))USART_RX_STA = 0;//接收
                    //数据错误,重新开始接收
                }
            }
        }
    }
    #if SYSTEM_SUPPORT_OS//如果 SYSTEM_SUPPORT_OS 为真,则需要支持 OS
    OSIntExit();
```

```
#endif
}
#endif
```

(4)在 main. c 文件中编写如下代码：

```
#include "delay.h"
#include "usart.h"
int main(void)
{
    u8 t, len;
    u16 times = 0;
    NVIC_PriorityGroupConfig(NVIC_PriorityGroup_2);//设置系统中断优先级分
                                                    //组 2
    delay_init(168);//初始化延时函数
    uart_init(9600);//串口初始化波特率为 9600
    while(1)
    {
        if(USART_RX_STA&0x8000)
        {
            len = USART_RX_STA&0x3fff;//得到此次接收到的数据长度
            printf("\r 您发送的消息为:\r");
            for(t = 0;t<len;t + +)
            {
                USART_SendData(USART1, USART_RX_BUF[t]);//向串口 1 发送数据
                while(USART_GetFlagStatus(USART1,USART_FLAG_TC)! = SET);
                                                    //等待发送结束
            }
            printf("\r\n\r\n");//插入换行
            USART_RX_STA = 0;
        }
        else
        {
            times + + ;
            if(times % 5000 = = 0)
            {
```

```
        printf("单片机 STM32F407 发来的信息\r\n");
      }
      delay_ms(1);
    }
  }
}
```

任务实施 3：安装 USB 转 TTL 模块的驱动，下载 XCOM V2.6 软件，编译并下载程序，实现串口通信功能

(1)若 USB 转 TTL 模块为非免驱时，安装驱动程序 CH341SER.EXE 🮥CH341SER.EXE。

(2)下载 XCOM V2.6 软件，并完成相关设置。单击图标🮥XCOM V2.6.exe，打开该软件如图 45-3 所示。将 USB 转 TTL 模块插入计算机 USB 口，完成如下设置：①串口选择"COM11:USB－SERIAL CH340"，不同计算机可能略有不同；②在波特率后的下拉菜单中选择"9600"；③单击"打开串口"按钮；其他采用默认设置。

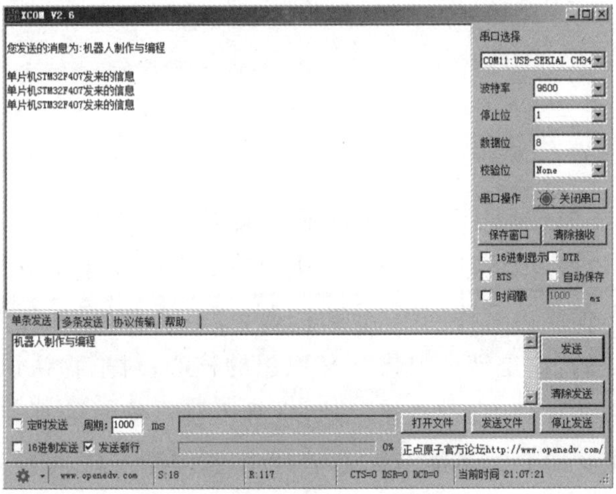

图 45-3　XCOM V2.6 界面

(3)若第一次使用 Keil 软件，参考任务 39 的任务实施 3 设置 J-Link；若在其他任务中设置完成 J-Link，本任务中可不设置。

(4)编译并下载程序。参考任务 39 的任务实施 3 编译并下载程序。

(5)实现 USB 转 TTL 模块与单片机的串口通信功能。①在图 45-3 所示页面下方对话框中输入"机器人制作与编程"，单击"发送"按钮，则在上面对话框中显示"您发送的消息为：机器人制作与编程"。②在上方对话框中每隔 5 秒循环显示一次"单片机 STM32F407 发来的信息"。

5.任务总结

(1)连接 USB 转 TTL 模块、单片机、J-Link 仿真器等硬件。(2)修改文件名称、新建文件并添加路径,在 Keil 软件中,编写 usart.h、usart.c、main.c 等文件的代码。(3)安装驱动程序 CH341SER.EXE,下载 XCOM V2.6 软件,并完成相关设置,编译并下载程序,完成串口通信。

6.课后复习与拓展

(1)试分析串行通信和并行通信的特点。(提示:串行通信是数据按位顺序传输,占用引脚资源少,传输速度慢;并行通信是数据各位同时传输,占用引脚资源多,传输速度快)(2)若在 Keil 软件和 XCOM V2.6 软件中波特率设置不一致,试分析会出现怎样的后果?

任务46:采用 PID 控制算法巡线

1.思政元素与课前准备

"马克思主义基本原理概论"课程体现的人文素养核心知识点是:任何事物都有产生、发展和消亡 3 个阶段,旧的消亡,新的产生,新旧更迭,生生不息;任何事物间都是相互联系的,不能片面、孤立地看待问题、分析问题,要有系统思维、整体思维;任何事物及事物间都是对立统一的,这是辩证唯物主义思想的核心;对事物认识都要经历实践—认识—再实践—再认识的过程;真理是相对的,世界上没有绝对的真理,真理随着时间、地点和条件的变化而变化,因此,不能形而上学,也不能停滞不前。

上述人文素养知识在 PID 控制算法中具体体现在以下四个方面:(1)实践出真知。PID 控制算法是自动化工程师在实践中总结出来的,并在实践中得到了丰富和发展,这符合马克思主义基本原理,即认识与实践是辩证统一的。(2)局部与整体的辩证关系。从局部看,比例控制可以快速消除误差,但容易产生静态误差;积分控制可以消除静态误差,但容易产生积分饱和;微分控制可以快速克服干扰的影响,但容易引起系统振荡。因此,局部有各自的优缺点,把局部整合在一起可以发挥整体优势,以己之长克彼之短;同时,比例控制、积分控制和微分控制这些局部控制只有在整体中才能发挥作用,部分服从和服务于整体。(3)个人与集体的辩证关系。每个人都有自己的长处和不足,做一件事情,单凭一己之力难以做好,只有发挥集体的力量,才能做成大事。比例控制、积分控制和微分控制在实际应用中一般不会被单独使用,往往是比例控制和积分控制相组合,或比例控制与微分控制相组合,或三者结合使用。(4)辩证唯物主义的对立统一观。

微分反映事物在某一瞬间的动态变化,积分反映事物在某一个时间段内的变化,可以看作是静态的变化,这种动静结合、对立统一在 PID 控制算法中得以体现。[①]

课前准备:表 16-1 中所示的电子元器件、表 46-2 中所示的机械零件、Keil uVisione V5.14.0.0 版本软件、20P 排线 1 根、J-Link 仿真器 1 个、USB 线 1 根、计算机 1 台、带白线的绿地毯 1 块、导线若干、常见维修工具 1 套等。

2. 任务描述

装配表 46-2 中所示的机械零件,然后将表 16-1 中所示的电子元器件固定到机械部件上,搭建机器人样机。在 Keil 软件中,编写 timer.h、timer.c、pid.h、pid.c、main.c 等文件的代码,实现如下功能:(1)在不巡线情形下,设定占空比分别为 20%、40%、60% 的慢、中、快三种速度,调节机器人左轮、右轮的偏差,实现机器人直线运动;(2)将机器人放在带白线的绿地毯上,整定上述慢、中、快三种速度的 PID 参数,采用 PID 控制算法实现机器人巡线运动;(3)在巡线情形下,机器人先以 20% 占空比的速度运动至编码器 20000 的数值,再以 40% 占空比的速度运动至编码器 40000 的数值,最后以 60% 占空比的速度运动至编码器 60000 的数值。

3. 知识讲解

知识讲解 1:PID 控制算法、位置式 PID 控制算法与增量式 PID 控制算法

(1)PID 控制算法

工业中 PID 及其衍生算法是应用最广泛的一种算法。PID 由比例环节(P:Proportional)、积分环节(I:Integral)和微分环节(D:Derivative)组成。PID 控制的公式为:

$$u(t) = K_p \left[e(t) + \frac{1}{T_i} \int_0^t e(t) \mathrm{d}t + T_d \frac{\mathrm{d}e(t)}{\mathrm{d}t} \right] \tag{46-1}$$

其中,$u(t)$ 为控制器输出的控制量;$e(t)$ 为偏差信号,它等于给定量与输出量之差;K_p 为比例系数;T_i 为积分时间常数;T_d 为微分时间常数;$K_i = \dfrac{K_p}{T_i}$ 为积分系数;$K_d = K_p T_d$ 为微分系数。

数字 PID 控制算法通常分为位置式 PID 控制算法和增量式 PID 控制算法。

(2)位置式 PID 控制算法

位置式 PID 控制的公式为:

$$u(k) = K_p e(k) + K_i \sum_{j=0}^k e(j) + K_d [e(k) - e(k-1)] \tag{46-2}$$

其中,$u(k)$ 为当前输出;本次偏差 $e(k) = S_v - P_v$,S_v 为设定值,P_v 为测量值;$\sum_{j=0}^k e(j)$ 为偏差累加值;$e(k) - e(k-1)$ 为本次偏差减去上次偏差所得的值。因为有偏差累加值

[①] 王培进.从 PID 控制算法看人文素养与科学素养相融合的课程思政[J].工业和信息化教育,2021(3):6-9.

$\sum\limits_{j=0}^{k} e(j)$，因此当前输出 $u(k)$ 与过去的所有状态都有关系，一旦控制对象当前状态值出错，$u(k)$ 的大幅变化会引起系统的大幅变化。

位置式 PID 控制过程示意图如图 46-1 所示。

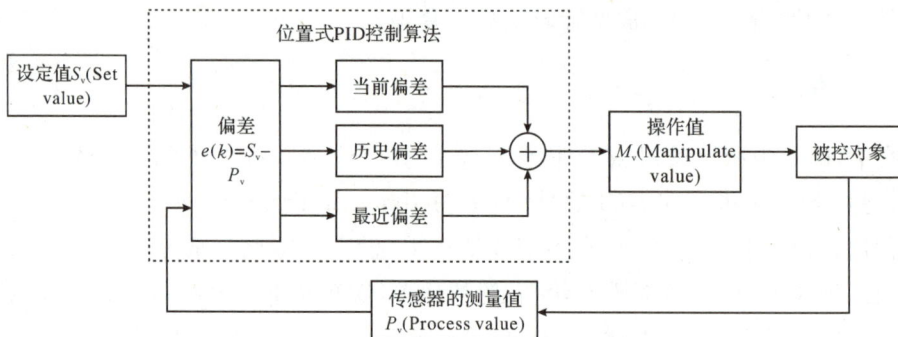

图 46-1　位置式 PID 控制过程示意图

（3）增量式 PID 控制算法

增量式 PID 控制的公式为：

$$\Delta u(k) = u(k) - u(k-1)$$
$$= K_p[e(k) - e(k-1)] + K_i e(k) + K_d[e(k) - 2e(k-1) + e(k-2)] \quad (46\text{-}3)$$

其中，$\Delta u(k)$ 为控制增量，$u(k-1)$ 为上次输出。

由式（46-3）可知，一旦确定了 K_p、K_i、K_d，使用前后三次偏差值，即可求得控制增量 $\Delta u(k)$。

（4）位置式 PID 控制算法与增量式 PID 控制算法的区别

位置式 PID 控制算法与增量式 PID 控制算法的区别如表 46-1 所示。

表 46-1　位置式 PID 控制算法与增量式 PID 控制算法的区别

	位置式 PID 控制算法	增量式 PID 控制算法
累加与误差	用到过去偏差的累加值，容易产生较大的累加误差，运算工作量大	不需要累加，控制增量仅与最近三次偏差值有关，计算误差对控制量影响较小
误动作对系统的影响	对应控制对象的输出，对系统影响较大	控制增量对误动作影响小，必要时可通过逻辑判断限制或禁止本次输出，不会严重影响系统的工作，且手动/自动切换时冲击小，便于实现无扰动切换，当计算机出现故障时仍能保持原值
适合对象	适合于执行机构不带积分部件的对象，如电液伺服阀	适合于执行机构带积分部件的对象，如步进电机等
限幅	只需输出限幅，积分截断效应大，有稳态误差，溢出影响大	需要有积分限幅和输出限幅

知识讲解 2:PID 控制算法中各环节的作用与 PID 参数整定方法

PID 控制算法中各环节的作用如下:(1)比例环节的作用是对偏差信号瞬间作出反应,保证系统的快速性。(2)积分环节的作用是消除系统的静态误差。它主要取决于积分时间常数 T_i,T_i 越大,积分作用越弱,反之则越强。(3)微分环节的作用是减小系统的超调量,减少系统在平衡位置的振荡。

PID 参数整定方法主要包括试凑法、临界比例度法、扩充临界比例度法等。PID 参数整定是一项较为繁杂的工作,需要不断调整才能达到较为满意的效果。采用试凑法对式(46-1)中 PID 参数整定的步骤如下:

(1)确定比例系数 K_p。首先去掉 PID 的积分项和微分项,使之成为纯比例调节控制。由 0 逐渐增大比例系数 K_p,直至系统出现振荡;再反过来,逐渐减小比例系数 K_p,直至振荡消失。记录此时的比例系数 K_p,设定 PID 的比例系数 K_p 为当前值的 $60\% \sim 70\%$。

(2)确定积分时间常数 T_i。设定一个较大的积分时间常数 T_i 为初值,然后逐渐减小 T_i,直至系统出现振荡,然后再逐渐增大 T_i,直至系统振荡消失。记录此时的 T_i,设定 PID 的积分时间常数 T_i 为当前值的 $150\% \sim 180\%$。

(3)确定微分时间常数 T_d。若不设定微分时间常数 T_d,则为 PI 控制。若需设定,可参考确定比例系数 K_p 的方法,但取不振荡时值的 30%。

(4)系统空载、带载联调。对 PID 参数进行微调,直到满足性能要求。

PID 参数整定口诀:参数整定找最佳,从小到大顺序查。先是比例后积分,最后再把微分加。曲线振荡很频繁,比例度盘要放大。曲线漂浮绕大弯,比例度盘往小扳。曲线偏离回复慢,积分时间往下降。曲线波动周期长,积分时间再加长。曲线振荡频率快,先把微分降下来。动差大来波动慢,微分时间应加长。理想曲线两个波,前高后低 4 比 1。一看二调多分析,调节质量不会低。

4.任务实施

任务实施 1:硬件连接

连接表 46-2 所示的机器人机械零件,组成机器人机械部件。将表 16-1 所示的电子元器件装配到机器人机械部件上,装配完成的机器人如图 1-1 所示。装配完成后,检查机器人硬件连接是否牢固,避免松动、接触不良等情形。

表 46-2　机器人机械零件

序号	名称	数量	序号	名称	数量
1	机器人龙头（连接件）	1	10	摄像头支架	1
2	机器人龙头（着地件）	2	11	机器人手臂	2
3	机器人龙头支撑件	1	12	电脑棒支架	1
4	机器人底板（左）	1	13	前方红外传感器（圆形）支架	1
5	机器人底板（右）	1	14	侧方红外传感器（圆形）支架	1
6	红外传感器（方形）支架	1	15	机器人尾部固定件	1
7	舵机（大）支架	1	16	机器人配重	1
8	机器人前部固定件	1	17	轮子	4
9	机器人顶板	1			

任务实施 2：修改文件名称、新建文件夹与文件、添加路径，在 Keil 软件中编写代码

（1）修改文件名称、新建文件夹与文件、添加路径。在 USER 同级文件夹下新建 ALGORITHM 文件夹，在 ALGORITHM 文件夹下新建 TIMER 文件夹和 PID 文件夹；分别新建并保存 timer.h、timer.c、pid.h、pid.c 等文件。上述操作步骤可参考任务 39 的任务实施 2。

（2）在 timer.h 文件中编写如下代码：

```
＃ifndef _TIMER_H
＃define _TIMER_H
＃include "sys.h"
void TIM7_TIMER_Init(u16 arr,u16 psc);
void TIM7_IRQHandler(void);
＃endif
```

（3）在 timer.c 文件中编写如下代码：

```
＃include "timer.h"
u16 ms;
void TIM7_TIMER_Init(u16 arr,u16 psc)
{
    TIM_TimeBaseInitTypeDef TIM_TimeBaseInitStructure;
    NVIC_InitTypeDef NVIC_InitStructure;
    RCC_APB1PeriphClockCmd(RCC_APB1Periph_TIM7,ENABLE);//TIM7 时钟使能
    TIM_TimeBaseInitStructure.TIM_Period = arr;//自动重装载值
```

```
    TIM_TimeBaseInitStructure.TIM_Prescaler = psc;//定时器分频
    TIM_TimeBaseInitStructure.TIM_CounterMode = TIM_CounterMode_Up;//向上
                                                                   //计数模式
    TIM_TimeBaseInitStructure.TIM_ClockDivision = TIM_CKD_DIV1;
    TIM_TimeBaseInit(TIM7,&TIM_TimeBaseInitStructure);//初始化 TIM7
    TIM_ITConfig(TIM7,TIM_IT_Update,ENABLE);//允许 TIM7 更新中断
    NVIC_InitStructure.NVIC_IRQChannel = TIM7_IRQn;//TIM7 中断
    NVIC_InitStructure.NVIC_IRQChannelPreemptionPriority = 1;//抢占优先级 1
    NVIC_InitStructure.NVIC_IRQChannelSubPriority = 3;//响应优先级 3
    NVIC_InitStructure.NVIC_IRQChannelCmd = ENABLE;//IRQ 通道使能
    NVIC_Init(&NVIC_InitStructure);//根据指定的参数初始化 NVIC 寄存器
    TIM_Cmd(TIM7,ENABLE);//使能 TIM7
}
void TIM7_IRQHandler(void)//TIM7 中断服务函数
{
    if(TIM_GetITStatus(TIM7,TIM_IT_Update) = = SET)//溢出中断
    {
      TIM_ClearITPendingBit(TIM7,TIM_IT_Update);//清除中断标志位
      ms = ms + 1;
    }
}
```

(4)在 pid.h 文件中编写如下代码:

```
#ifndef _pid_h
#define _pid_h
#include "stm32f4xx.h"
typedef struct
{
    float sv;//set value,设定值
    float pv;//process value,测量值
    float ek;//e(k)值
    float ek_1;//e(k-1)值
    float ek_2;//e(k-2)值
    float Tsam;//PID 采样周期
    float Kp;//比例系数
```

```
    float Ki;//积分时间常数

    float Kd;//微分时间常数

    float delta_uk;//△u(k)

    short set_speed;//set speed,设定速度

    short cur_speed;//current speed,当前速度

    short bal_error;//balance error,机器人左、右电机偏差
}PID;
extern PID pid;
void Get_pv_Val(void);//得到 pid.pv 的值
void speed_200(int);//以 20% 占空比的速度运动至编码器数值
void speed_400(int);//以 40% 占空比的速度运动至编码器数值
void speed_600(int);//以 60% 占空比的速度运动至编码器数值
void pid_motor(void);//采用 PID 控制算法控制机器人先加速、减速运动,再匀速运动
void Get_delta_uk(void);
#endif
```

(5)在 pid.c 文件中编写如下代码:

```
#include "pid.h"
#include "12ch_sensor.h"
#include "motor.h"
#include "delay.h"
extern u16 ms;//从 timer.c 调用
PID pid;
short white_sen[12];//判断传感器是否在白线上,1 为是,0 为否
u8 white_sen_num;//检测到白线的传感器数目
extern   short sensor_val[12];//各通道数据
static short max[12] = {1760,1760,1760,1760,1760,1760,1760,1760,1760,
1760,1760,1760};//传感器在白线上的数值
static short min[12] = {300,300,300,300,300,300,300,300,300,300,300,
300};//传感器在绿地毯上的数值
static short ave[12];//平均值
void Get_pv_Val()//得到 pid.pv 值
{
    u8 i;
    white_sen_num = 0;
```

```
for(i = 0; i<12; i = i + 1)//ave[]赋值
{
    ave[i] = (max[i] + min[i])/2;
}
for(i = 0; i<12; i = i + 1)//统计检测到白线传感器的数目并对 white_sen[]
                                                        //赋值
{
    if(sensor_val[i]>= ave[i])
    {
      white_sen_num = white_sen_num + 1;
      white_sen[i] = 1;
    }
    else
    {
      white_sen[i] = 0;
    }
}
while(white_sen_num>0)//定义 pid.pv 的值
{
    if(white_sen[5] = = 1&&white_sen[6] = = 1)
    {
      pid.pv = 0;
      break;
    }
    else if(white_sen[5] = = 1)
    {
      pid.pv = 1;
      break;
    }
    else if(white_sen[6] = = 1)
    {
      pid.pv = - 1;
      break;
    }
    else if(white_sen[5] = = 1&&white_sen[4] = = 1)
```

```
    {
      pid.pv = 2;
      break;
    }
    else if(white_sen[6] = = 1&&white_sen[7] = = 1)
    {
      pid.pv = − 2;
      break;
    }
    else if(white_sen[4] = = 1)
    {
      pid.pv = 3;
      break;
    }
    else if(white_sen[7] = = 1)
    {
      pid.pv = − 3;
      break;
    }
    else if(white_sen[4] = = 1&&white_sen[3] = = 1)
    {
      pid.pv = 4;
      break;
    }
    else if(white_sen[7] = = 1&&white_sen[8] = = 1)
    {
      pid.pv = − 4;
      break;
    }
    else if(white_sen[3] = = 1)
    {
      pid.pv = 5;
      break;
    }
    else if(white_sen[8] = = 1)
```

```
{
  pid.pv = - 5;
  break;
}
else if(white_sen[3] = = 1&&white_sen[2] = = 1)
{
  pid.pv = 6;
  break;
}
else if(white_sen[8] = = 1&&white_sen[9] = = 1)
{
  pid.pv = - 6;
  break;
}
else if(white_sen[2] = = 1)
{
  pid.pv = 7;
  break;
}
else if(white_sen[9] = = 1)
{
  pid.pv = - 7;
  break;
}
else if(white_sen[2] = = 1&&white_sen[1] = = 1)
{
  pid.pv = 8;
  break;
}
else if(white_sen[9] = = 1&&white_sen[10] = = 1)
{
  pid.pv = - 8;
  break;
}
else if(white_sen[1] = = 1)
```

```
        {
          pid.pv = 9;
          break;
        }
        else if(white_sen[10] = = 1)
        {
          pid.pv = - 9;
          break;
        }
        else if(white_sen[1] = = 1&&white_sen[0] = = 1)
        {
          pid.pv = 10;
          break;
        }
        else if(white_sen[10] = = 1&&white_sen[11] = = 1)
        {
          pid.pv = - 10;
          break;
        }
        else if(white_sen[0] = = 1)
        {
          pid.pv = 11;
          break;
        }
        else if(white_sen[11] = = 1)
        {
          pid.pv = - 11;
          break;
        }
    }
}
void Get_delta_uk()//计算△u(k)的值
{
    if(ms<pid.Tsam) return ;//return 的作用为跳出 Get_delta_uk 函数
    pid.ek = pid.sv - pid.pv;//本次偏差
```

```
    pid.delta_uk = pid.Kp * (pid.ek - pid.ek_1) + pid.Ki * pid.ek +
    pid.Kd * (pid.ek - 2 * pid.ek_1 + pid.ek_2);//控制增量
    pid.ek_1 = pid.ek;
    pid.ek_2 = pid.ek_1;
    ms = 0;
}
void pid_motor()//采用 PID 控制算法控制机器人先加速、减速运动,再匀速运动
{
    if(pid.cur_speed< = pid.set_speed)
    {
        for(pid.cur_speed = pid.cur_speed; pid.cur_speed< =
        pid.set_speed; pid.cur_speed = pid.cur_speed + 1)//加速运动
        {
            motor(pid.cur_speed - pid.delta_uk + pid.bal_error/2,
            pid.cur_speed + pid.delta_uk - pid.bal_error/2);
            delay_us(10);
        }
    }
    else
    {
        for(pid.cur_speed = pid.cur_speed; pid.cur_speed>
        pid.set_speed; pid.cur_speed = pid.cur_speed - 1)//减速运动
        {
            motor(pid.cur_speed - pid.delta_uk + pid.bal_error/2,
            pid.cur_speed + pid.delta_uk - pid.bal_error/2);
            delay_us(10);
        }
    }
    motor(pid.set_speed - pid.delta_uk + pid.bal_error/2,
    pid.set_speed + pid.delta_uk - pid.bal_error/2);//匀速运动
}
void speed_200(int encoder_num)//以 20 % 占空比的速度运动至编码器数值
{
    pid.sv = 0;
    pid.ek = 0;
```

```
        pid.ek_1 = 0;

        pid.ek_2 = 0;

        pid.cur_speed = 0;

        pid.set_speed = 200;

        pid.Tsam = 2;

        pid.bal_error = -10;

        pid.Kp = 1;

        pid.Ki = 10;

        pid.Kd = 0.5;

        while(1)

        {

            if(TIM1->CNT<=encoder_num)

            {

                Get_Sensor_Val();

                Get_pv_Val();

                Get_delta_uk();

                pid_motor();

            }

            else

            {

                motor(0,0);

                break;

            }

        }

    }

    void speed_400(int encoder_num)//以40%占空比的速度运动至编码器数值

    {

        pid.sv = 0;

        pid.ek = 0;

        pid.ek_1 = 0;

        pid.ek_2 = 0;

        pid.cur_speed = 0;

        pid.set_speed = 400;

        pid.Tsam = 2;

        pid.bal_error = -10;
```

```
    pid. Kp = 2;
    pid. Ki = 20;
    pid. Kd = 1;
    while(1)
    {
        if(TIM1 - >CNT< = encoder_num)
        {
            Get_Sensor_Val();
            Get_pv_Val();
            Get_delta_uk();
            pid_motor();
        }
        else
        {
            motor(0,0);
            break;
        }
    }
}
void speed_600(int encoder_num)//以 60 % 占空比的速度运动至编码器数值
{
    pid. sv = 0;
    pid. ek = 0;
    pid. ek_1 = 0;
    pid. ek_2 = 0;
    pid. cur_speed = 0;
    pid. set_speed = 600;
    pid. Tsam = 2;
    pid. bal_error = - 10;
    pid. Kp = 3;
    pid. Ki = 30;
    pid. Kd = 1. 5;
    while(1)
    {
        if(TIM1 - >CNT< = encoder_num)
        {
```

```
            Get_Sensor_Val();

            Get_pv_Val();

            Get_delta_uk();

            pid_motor();

        }

        else

        {

            motor(0,0);

            break;

        }

    }

}
```

(6)在 main.c 文件中编写如下代码:

```c
# include "delay.h"

# include "motor.h"

# include "encoder.h"

# include "12ch_sensor.h"

# include "pid.h"

# include "timer.h"

int main (void)

{

    NVIC_PriorityGroupConfig(NVIC_PriorityGroup_2);//设置系统中断优先级分
                                                   //组2
    TIM5_PWM_Init(1000-1,4-1);//定时器5时钟84MHz,预分频系数 psc 为3,
                    //计数频率为84MHz/4 = 21MHz,自动重装载值 arr 为999,
                    //PWM 的频率为21MHz/1000 = 21kHz
    TIM4_PWM_Init(1000-1,4-1);//定时器4时钟84MHz,预分频系数 psc 为3,
                    //计数频率为84MHz/4 = 21MHz,自动重装载值 arr 为999,
                    //PWM 的频率为21MHz/1000 = 21kHz
    delay_init(168);//初始化延时函数
    Adc_Init();//初始化 ADC2
    TIM7_TIMER_Init(8400-1,10-1);//定时器7时钟84MHz,预分频系数 psc 为9,
                //计数频率为84MHz/10 = 8400kHz,自动重装载值 arr 为8399,
                //PWM 的频率为8400kHz/8400 = 1kHz
```

```
TIM1_Init();//初始化 TIM1 为编码器接口模式
while(1)
{
    TIM_SetCompare4(TIM4,999);//设置数值,调节 12 路传感器高亮白色聚光
                                                                    //LED 的亮度
    while(1)
    {
        speed_200(20000);//以 20％占空比的速度运动至编码器 20000 的数值
        delay_ms(10);
        speed_400(40000);//以 40％占空比的速度运动至编码器 40000 的数值
        delay_ms(10);
        speed_600(60000);//以 60％占空比的速度运动至编码器 60000 的数值
        Get_Sensor_Val();
    }
}
}
```

任务实施 3:编译并下载程序,在慢、中、快三种速度下,调节左轮、右轮的偏差,整定 PID 参数,实现机器人巡线运动

(1)若第一次使用 Keil 软件,参考任务 39 的任务实施 3 设置 J-Link;若在其他任务中设置完成 J-Link,本任务中可不设置。

(2)将机器人 12 路传感器分别放在白线、绿地毯上,参考任务 44 查看 12 路传感器的读数,将其写入 pid.c 文件中的 static short max[12]、static short min[12]中。

(3)调试获得占空比分别为 20％、40％、60％的慢、中、快三种速度下机器人左轮、右轮的偏差值 pid.bal_error。在 pid.c 文件中分别设置 pid.set_speed 为 200、400、600,且 pid.Kp、pid.Ki、pid.Kd 均为 0,然后将机器人放在绿地毯上,参考任务 39 中的任务实施 3 编译下载程序,调试获得上述三种速度下的 pid.bal_error 值,将其写入 pid.c 文件,实现机器人直线运动。

(4)整定上述慢、中、快三种速度下的 PID 参数 pid.Kp、pid.Ki、pid.Kd。将机器人放在带白线的绿地毯上,参考知识讲解 2 中的 PID 参数整定方法,分别整定参数 pid.Kp、pid.Ki、pid.Kd,将其写入 pid.c 文件,实现机器人在绿地毯上沿白线稳定运动。

(5)将机器人放在带白线的绿地毯上,先后以 20％、40％、60％的占空比的速度运动至编码器 20000、40000、60000 的数值。

5.任务总结

(1)装配机器人机械零件,将电子元器件固定到机械部件上,搭建机器人样机。(2)修改文件名称、新建文件夹与文件,在 Keil 软件中,编写 timer.h、timer.c、pid.h、pid.c、main.c 等文件的代码。(3)编译并下载程序,在慢、中、快三种速度下,调节左轮、右轮的偏差,整定 PID 参数,实现机器人巡线运动。

6.课后复习与拓展

(1)试采用临界比例度法整定机器人 PID 参数。(2)试分析如何确定 PID 采样周期?

任务 47:采用 PID 控制算法过长桥

1.思政元素与课前准备

港珠澳大桥是中华人民共和国境内一座连接香港、广东珠海和澳门的桥隧工程,位于中国广东省珠江口伶仃洋海域内,为珠江三角洲地区环线高速公路南环段。港珠澳大桥东起香港国际机场附近的香港口岸人工岛,向西横跨南海伶仃洋水域接珠海和澳门人工岛,止于珠海洪湾立交;桥隧全长 55 千米,其中主桥 29.6 千米、香港口岸至珠澳口岸 41.6 千米;桥面为双向六车道高速公路,设计速度 100 千米/小时;工程项目总投资额 1269 亿元。港珠澳大桥因其超大的建筑规模、空前的施工难度和顶尖的建造技术而闻名世界。截至 2018 年 10 月,港珠澳大桥是世界上里程最长、沉管隧道最长、寿命最长、钢结构最大、施工难度最大、技术含量最高、科学专利和投资金额最多的跨海大桥;大桥工程的技术及设备规模创造了多项世界纪录。竣工验收委员会评价认为,大桥主体工程创下多项世界之最,工程质量等级和综合评价等级均为优良,打造了一座"精品工程、样板工程、平安工程、廉洁工程",为超大型跨海通道工程建设积累了宝贵经验。

港珠澳大桥的建设创下多项世界之最,非常了不起,体现了一个国家逢山开路、遇水架桥的奋斗精神,体现了中国综合国力、自主创新能力,体现了勇创世界一流的民族志气。这是一座圆梦桥、同心桥、自信桥、复兴桥。大桥建成通车,进一步坚定了我们对中国特色社会主义的道路自信、理论自信、制度自信、文化自信,充分说明社会主义是干出来的,新时代也是干出来的! 对港珠澳大桥这样的重大工程,既要高质量建设好,全力打造精品工程、样板工程、平安工程、廉洁工程,又要用好管好大桥,为粤港澳大湾区建设发挥重要作用。(中共中央总书记、国家主席、中央军委主席习近平 评)

课前准备:机器人样机 1 台、Keil uVisione V5.14.0.0 版本软件、20P 排线 1 根、J-Link仿真器 1 个、USB 线 1 根、计算机 1 台、长桥 1 个、带白线的绿地毯 1 块等。

2. 任务描述

(1)调试两个红外传感器(方形)、两个色标传感器,分别检测机器人龙头的抬起与放下、机器人龙头是否触及图 47-1 所示长桥边沿的红线;将机器人放在长桥上,采集 12 路传感器的数据。(2)采用 12 路传感器检测机器人在长桥上的位置,采用 PID 控制算法调节机器人的位置,在 Keil 软件中,编写 sensor.h、sensor.c、bridge.h、bridge.c、main.c 等文件的代码,实现如下功能:①机器人以 20% 占空比的速度运动至上桥处;②编码器数值清 0,然后机器人以 20% 占空比的速度运动至编码器 12000 的数值;③机器人以 20% 占空比的速度运动至下桥处;④编码器数值清 0,然后机器人以 20% 占空比的速度运动至编码器 1500 的数值;⑤编码器数值清 0,然后机器人以 20% 占空比的速度运动至编码器 10000 的数值,最后机器人停止 60 秒。(3)采用色标传感器检测机器人在长桥上的位置,根据检测结果调节机器人的位置,实现步骤(2)中所述功能。

图 47-1　长桥

3. 知识讲解

知识讲解 1:冒泡排序

冒泡排序是计算机科学领域一种较简单的排序算法,它重复地走访要排序的元素列,按照某一顺序,比如,从大到小、首字母从 Z 到 A 等,依次比较两个相邻元素,如果错误就交换它们的位置,直至没有相邻元素需要交换。该算法名字是因为越小的元素会经由交换慢慢"浮"到数列的顶端(按升序或降序排列),如同碳酸饮料中二氧化碳的气泡最终会上浮到顶端一样,故名"冒泡排序"。

冒泡排序算法的原理如下:(1)比较相邻的元素,如果第一个比第二个大,就交换它们的位置;(2)从第一对到最后一对,每一对相邻元素均完成同样的工作,因此,若按从小到大排列,最后的元素是最大数;(3)除最后一个元素外,所有元素均重复上述步骤,直至没有相邻元素需要比较。

知识讲解 2:机器人差速转向

机器人差速转向是控制机器人左、右两侧电机的转速实现转向的,具有速度快、成本低、可靠性高等优点,因此在机器人领域具有广泛应用。具体而言,若机器人左侧电机速度比右侧电机速度快,则机器人会右转;同理,若机器人右侧电机速度比左侧电机速度快,则机器人会左转。

机器人常见差速转向主要有三种方式:(1)机器人两侧电机均正转,但某一侧电机的转速比另一侧电机的转速快,此时机器人的转弯半径较大;(2)机器人某一侧电机的转速为 0,另一侧电机正转,此时机器人的转弯半径较小;(3)机器人某一侧电机正转,另一侧电机反转,此时机器人的转弯半径最小。

4. 任务实施

任务实施 1:调节红外传感器、色标传感器的检测距离,采集 12 路传感器的数据

将机器人龙头分别放置在上桥处、下桥处,调节两个红外传感器(方形)的检测距离。将机器人龙头上的色标传感器放置在长桥边沿的红线处,调节其检测距离。将 12 路传感器放置在长桥上,采集它在长桥缝隙与桥面上的数据。

任务实施 2:修改文件名称、新建文件、添加路径,在 Keil 软件中编写代码

(1)修改文件名称、新建文件、添加路径。在 ALGORITHM 文件夹下新建并保存 bridge. h、bridge. c 等文件,其他操作可参考任务 39 的任务实施 2。

(2)在 sensor. h 文件中编写如下代码:

```
# ifndef SENSOR_H
# define SENSOR_H
# include "sys. h"
# define Le_fr_squ   GPIO_ReadInputDataBit(GPIOC,GPIO_Pin_9)
# define Ri_fr_squ   GPIO_ReadInputDataBit(GPIOB,GPIO_Pin_2)
# define Le_fr_cir   GPIO_ReadInputDataBit(GPIOD,GPIO_Pin_12)
# define Ri_fr_cir   GPIO_ReadInputDataBit(GPIOF,GPIO_Pin_12)
void SENSOR_Init(void);//初始化
# endif
```

(3)在 sensor. c 文件中编写代码,部分代码如下:

```
# include "sensor. h"
void SENSOR_Init(void)
{
    GPIO_InitTypeDef   GPIO_InitStructure;
    RCC_AHB1PeriphClockCmd(RCC_AHB1Periph_GPIOC|RCC_AHB1Periph_GPIOB,ENA-
    BLE);//使能红外传感器(方形)的 GPIO 时钟
    GPIO_InitStructure.GPIO_Mode = GPIO_Mode_OUT;
    GPIO_InitStructure.GPIO_OType = GPIO_OType_OD;//开漏输出
    GPIO_InitStructure.GPIO_Speed = GPIO_Speed_100MHz;//100MHz
    GPIO_InitStructure.GPIO_PuPd = GPIO_PuPd_UP;//上拉
```

```
GPIO_InitStructure.GPIO_Pin = GPIO_Pin_9;//I/O 口
GPIO_Init(GPIOC, &GPIO_InitStructure);//初始化 GPIOC
GPIO_InitStructure.GPIO_Pin = GPIO_Pin_2;//I/O 口
GPIO_Init(GPIOB, &GPIO_InitStructure);//初始化 GPIOB
RCC_AHB1PeriphClockCmd(RCC_AHB1Periph_GPIOD|RCC_AHB1Periph_GPIOF,ENA-
BLE);//使能色标传感器的 GPIO 时钟
GPIO_InitStructure.GPIO_Mode = GPIO_Mode_IN;//普通输入模式
GPIO_InitStructure.GPIO_Speed = GPIO_Speed_100MHz;//100MHz
GPIO_InitStructure.GPIO_PuPd = GPIO_PuPd_UP;//上拉
GPIO_InitStructure.GPIO_Pin = GPIO_Pin_12;//I/O 口
GPIO_Init(GPIOD, &GPIO_InitStructure);//初始化 GPIOD
GPIO_InitStructure.GPIO_Pin = GPIO_Pin_12;//I/O 口
GPIO_Init(GPIOF, &GPIO_InitStructure);//初始化 GPIOF
}
```

(4)在 bridge.h 文件中编写如下代码：

```
# ifndef __BRIDGE_H
# define __BRIDGE_H
# include "stm32f4xx.h"
typedef struct
{
    float sv;
    float pv;
    float ek;
    float ek_1;
    float ek_2;
    float Tsam;
    float Kp;
    float Ki;
    float Kd;
    float delta_uk;
    short set_speed;
    short cur_speed;
    short bal_error;
}br_PID;
```

```
extern br_PID br_pid;
void Get_sen_pos_val(void);
void Get_br_pv_Val(void);
void Get_br_delta_uk(void);
void br_pid_motor(void);
void br_para_speed_200(void);
void br_speed_200(int);
void br_speed_200_Le_fr_squ(void);
void br_move_within_red(void);
void br_move_200(int);
void br_move_200_Le_fr_squ(void);
#endif
```

(5)在 bridge.c 文件中编写代码,部分代码如下:

```
#include "bridge.h"
#include "sensor.h"
#include "12ch_sensor.h"
#include "motor.h"
#include "delay.h"
extern u16 ms;
br_PID br_pid;
extern short sensor_val[12];
short pos_val[12];
void Get_sen_pos_val()
{
    int sen_temp,pos_temp;
    int i_sen,j_sen,i_pos,j_pos;
    pos_val[0] = 0;
    pos_val[1] = 1;
    pos_val[2] = 2;
    pos_val[3] = 3;
    pos_val[4] = 4;
    pos_val[5] = 5;
    pos_val[6] = 6;
    pos_val[7] = 7;
```

```
    pos_val[8] = 8;
    pos_val[9] = 9;
    pos_val[10] = 10;
    pos_val[11] = 11;
    for(i_sen = 1;i_sen< = 12; + + i_sen)//冒泡排序
    {
        for(j_sen = 11;j_sen + 1>i_sen; - - j_sen)
        {
        if(sensor_val[j_sen]<sensor_val[j_sen - 1])
          {
                pos_temp = pos_val[j_sen - 1];
                pos_val[j_sen - 1] = pos_val[j_sen];
                pos_val[j_sen] = pos_temp;
                sen_temp = sensor_val[j_sen - 1];
                sensor_val[j_sen - 1] = sensor_val[j_sen];
                sensor_val[j_sen] = sen_temp;
          }
        }
    }
    delay_us(5);
    for(i_pos = 1;i_pos< = 4; + + i_pos)
    {
        for(j_pos = 3;j_pos + 1>i_pos; - - j_pos)
        {
            if(pos_val[j_pos]<pos_val[j_pos - 1])
            {
                pos_temp = pos_val[j_pos - 1];
                pos_val[j_pos - 1] = pos_val[j_pos];
                pos_val[j_pos] = pos_temp;
            }
        }
    }
    delay_ms(200);
}
void Get_br_pv_Val()
```

```
{
    while(1)
    {
        if(pos_val[1] = = 5&&pos_val[2] = = 6)
        {
            br_pid.pv = 0;
            break;
        }
        else if(pos_val[1] = = 5)
        {
            br_pid.pv = 1;
            break;
        }
        else if(pos_val[2] = = 6)
        {
            br_pid.pv = - 1;
            break;
        }
        else if(pos_val[1] = = 4&&pos_val[2] = = 5)
        {
            br_pid.pv = 2;
            break;
        }
        else if(pos_val[1] = = 6&&pos_val[2] = = 7)
        {
            br_pid.pv = - 2;
            break;
        }
        else if(pos_val[1] = = 4)
        {
            br_pid.pv = 3;
            break;
        }
        else if(pos_val[2] = = 7)
        {
```

```
        br_pid.pv = - 3;
        break;
    }
    else if(pos_val[1] = = 3&&pos_val[2] = = 4)
    {
        br_pid.pv = 4;
        break;
    }
    else if(pos_val[1] = = 7&&pos_val[2] = = 8)
    {
        br_pid.pv = - 4;
        break;
    }
    else if(pos_val[1] = = 3)
    {
        br_pid.pv = 5;
        break;
    }
    else if(pos_val[2] = = 8)
    {
        br_pid.pv = - 5;
        break;
    }
    else if(pos_val[1] = = 2&&pos_val[2] = = 3)
    {
        br_pid.pv = 6;
        break;
    }
    else if(pos_val[1] = = 8&&pos_val[2] = = 9)
    {
        br_pid.pv = - 6;
        break;
    }
    else if(pos_val[1] = = 2)
    {
```

```
        br_pid.pv = 7;
        break;
    }
    else if(pos_val[2] = = 9)
    {
        br_pid.pv = - 7;
        break;
    }
    else if(pos_val[1] = = 1&&pos_val[2] = = 2)
    {
        br_pid.pv = 8;
        break;
    }
    else if(pos_val[1] = = 9&&pos_val[2] = = 10)
    {
        br_pid.pv = - 8;
        break;
    }
    else if(pos_val[1] = = 1)
    {
        br_pid.pv = 9;
        break;
    }
    else if(pos_val[2] = = 10)
    {
        br_pid.pv = - 9;
        break;
    }
    else if(pos_val[1] = = 0&&pos_val[2] = = 1)
    {
        br_pid.pv = 10;
        break;
    }
    else if(pos_val[1] = = 10&&pos_val[2] = = 11)
    {
```

```
        br_pid.pv = - 10;
        break;
    }
    else if(pos_val[1] = = 0)
    {
        br_pid.pv = 11;
        break;
    }
    else if(pos_val[2] = = 11)
    {
        br_pid.pv = - 11;
        break;
    }
  }
}
void Get_br_delta_uk()
{
    Get_br_pv_Val();
    if(ms<br_pid.Tsam) return ;
    br_pid.ek = br_pid.sv - br_pid.pv;
    br_pid.delta_uk = br_pid.Kp * (br_pid.ek - br_pid.ek_1) + br_pid.Ki * br_
    pid.ek + br_pid.Kd * (br_pid.ek - 2 * br_pid.ek_1 + br_pid.ek_2);
    br_pid.ek_1 = br_pid.ek;
    br_pid.ek_2 = br_pid.ek_1;
    ms = 0;
}
void br_pid_motor()
{
    Get_br_delta_uk();
    if(br_pid.cur_speed< = br_pid.set_speed)
    {
      for(br_pid.cur_speed = br_pid.cur_speed; br_pid.cur_speed< =
      br_pid.set_speed; br_pid.cur_speed = br_pid.cur_speed + 1)
      {
          motor(br_pid.cur_speed - br_pid.delta_uk + br_pid.bal_error/2,
```

```
                br_pid. cur_speed + br_pid. delta_uk - br_pid. bal_error/2);

                delay_us(10);

        }

    }

    else

    {

        for(br_pid. cur_speed = br_pid. cur_speed; br_pid. cur_speed>

        br_pid. set_speed; br_pid. cur_speed = br_pid. cur_speed - 1)

        {

            motor(br_pid. cur_speed - br_pid. delta_uk + br_pid. bal_error/2,

                br_pid. cur_speed + br_pid. delta_uk - br_pid. bal_error/2);

            delay_us(10);

        }

    }

    motor(br_pid. set_speed - br_pid. delta_uk + br_pid. bal_error/2,

    br_pid. set_speed + br_pid. delta_uk - br_pid. bal_error/2);

}

void br_para_speed_200()

{

    br_pid. sv = 0;

    br_pid. ek = 0;

    br_pid. ek_1 = 0;

    br_pid. ek_2 = 0;

    br_pid. cur_speed = 0;

    br_pid. set_speed = 200;

    br_pid. Tsam = 2;

    br_pid. bal_error = 40;

    br_pid. Kp = 1;

    br_pid. Ki = 8;

    br_pid. Kd = 1;

}

void br_speed_200(int encoder_num)

{

    br_para_speed_200();

    TIM1 - >CNT = 0;
```

```
    while(1)
    {
        if(TIM1 - >CNT< = encoder_num)
        {
            Get_Sensor_Val();
            Get_sen_pos_val();
            Get_br_pv_Val();
            Get_br_delta_uk();
            br_pid_motor();
        }
        else
        {
            motor(0,0);
            break;
        }
    }
}
void br_speed_200_Le_fr_squ()
{
    br_para_speed_200();
    br_pid. set_speed = 150;
    while(1)
    {
        if(Le_fr_squ = = 0)
        {
            Get_Sensor_Val();
            Get_sen_pos_val();
            Get_br_pv_Val();
            Get_br_delta_uk();
            br_pid_motor();
        }
        else
        {
            break;
        }
```

```
    }
}
void br_move_within_red()
{
    if(Ri_fr_cir = = 0)
    {
        motor(150,300);
    }
    else if(Le_fr_cir = = 0)
    {
        motor(300,150);
    }
    else
    {
        motor(200,200);
    }
}
void br_move_200(int encoder_num)
{
    TIM1 - >CNT = 0;
    while(1)
    {
        if(TIM1 - >CNT< = encoder_num)
        {
            br_move_within_red();
        }
        else
        {
            break;
        }
    }
}
void br_move_200_Le_fr_squ()
{
    while(1)
```

```
    {
        if(Le_fr_squ = = 0)
        {
            br_move_within_red();
        }
        else
        {
            break;
        }
    }
}
```

(6)在 main. c 文件中编写如下代码：

```
# include "delay.h"
# include "motor.h"
# include "sensor.h"
# include "encoder.h"
# include "12ch_sensor.h"
# include "pid.h"
# include "bridge.h"
# include "timer.h"
int main (void)
{
    NVIC_PriorityGroupConfig(NVIC_PriorityGroup_2);//设置系统中断优先级分
                                                    //组 2
    TIM5_PWM_Init(1000 - 1,4 - 1);//定时器 5 时钟 84MHz,预分频系数 psc 为 3,
                    //计数频率为 84MHz/4 = 21MHz,自动重装载值 arr 为 999,
                                    //PWM 的频率为 21MHz/1000 = 21kHz
    TIM4_PWM_Init(1000 - 1,4 - 1);//定时器 4 时钟 84MHz,预分频系数 psc 为 3,
                    //计数频率为 84MHz/4 = 21MHz,自动重装载值 arr 为 999,
                                    //PWM 的频率为 21MHz/1000 = 21kHz
    delay_init(168);//初始化延时函数
    SENSOR_Init();
    Adc_Init();//初始化 ADC2
    TIM7_TIMER_Init(8400 - 1,10 - 1);//定时器 7 时钟 84MHz,预分频系数 psc 为 9,
```

```
                        //计数频率为 84MHz/10 = 8400kHz,自动重装载值 arr 为 8399,
                                        //PWM 的频率为 8400kHz/8400 = 1kHz
    TIM1_Init();//初始化 TIM1 为编码器接口模式
    while(1)
    {
        TIM_SetCompare4(TIM4,999);//设置数值,调节 12 路传感器高亮白色聚光
                                  //LED 的亮度
        Get_Sensor_Val();
        speed_200_Ri_fr_squ();//机器人以 20%占空比的速度运动至上桥处
        br_speed_200(12000);//编码器数值清 0,采用 PID 控制算法,机器人以
                            //20%占空比的速度运动至编码器 12000 的数值
        br_speed_200_Le_fr_squ();//采用 PID 控制算法,机器人以 20%占空比的
                                 //速度运动至下桥处
        br_speed_200(1500);//编码器数值清 0,采用 PID 控制算法,机器人以 20%
                           //占空比的速度运动至编码器 1500 的数值
        //br_move_200(12000);//编码器数值清 0,采用色标传感器检测机器人在
        //长桥上的位置,机器人以 20%占空比的速度运动至编码器 12000 的数值
        //br_move_200_Le_fr_squ();//采用色标传感器检测机器人在长桥上的位置,
                                  //机器人以 20%占空比的速度运动至下桥处
        //br_move_200(1500);//编码器数值清 0,采用色标传感器检测机器人在长桥
                            //上的位置,机器人以 20%占空比的速度运动至编码器 1500 的数值
        speed_200(10000);//编码器数值清 0,机器人以 20%占空比的速度运动
                         //至编码器 10000 的数值
        motor(0,0);
        delay_ms(60000);//机器人停止 60 秒
    }
}
```

任务实施 3：设定参数,编译并下载程序,分别采用 PID 控制算法、色标传感器检测机器人在长桥上位置的方法实现机器人过长桥

(1)若第一次使用 Keil 软件,参考任务 39 的任务实施 3 设置 J-Link;若在其他任务中设置完成 J-Link,本任务中可不设置。

(2)参考任务 46 中的任务实施 3,设置机器人在长桥上左轮、右轮的偏差值 br_pid.bal_error,整定机器人在长桥上的 PID 参数 br_pid.Kp、br_pid.Ki 和 br_pid.Kd 等。

(3)将机器人放在长桥前的白线上,编写相关代码,编译并下载程序,分别采用 PID 控制算法、色标传感器检测机器人在长桥上位置的方法实现机器人过长桥。

5. 任务总结

(1)分别调试红外传感器(方形)、色标传感器的检测距离,采集 12 路传感器的数据。(2)修改文件名称、新建文件并添加路径,在 Keil 软件中,编写 sensor. h、sensor. c、bridge. h、bridge. c、main. c 等文件的代码。(3)设置机器人在长桥上左轮、右轮的偏差值,整定机器人在长桥上的 PID 参数,编译并下载程序,分别采用 PID 控制算法、色标传感器检测机器人在长桥上位置的方法实现机器人过长桥。

6. 课后复习与拓展

(1)常见数据排序方法主要包括冒泡排序、选择排序、插入排序、希尔排序和快速排序等,试分析它们的特点。(2)试分析除差速转向外,机器人常见转向方法还有哪些?

任务 48:机器人综合实验

1. 思政元素与课前准备

中国高速铁路(China Railway Highspeed),简称中国高铁,是指中国境内建成使用的高速铁路,为当代中国一类重要的交通基础设施。根据《高速铁路设计规范》(TB 10621－2014),中国高速铁路是设计速度每小时 250 千米(含预留)以上、列车初期运营速度每小时 200 千米以上的客运专线铁路。根据《中长期铁路网规划(2016 年)》,中国高速铁路网由所有设计速度每小时 250 千米以上新线和部分经改造后设计速度达到每小时 200 千米以上的既有线铁路共同组成。根据不同地位和服务范围,中国高铁可分为主次干线(即八纵八横主通道、区域连接线)和支线(联络线、延长线、城际线等);根据速度指标,中国高铁可分为时速 250 千米、时速 300 千米和时速 350 千米三种级别;根据其他显著特征,可细分为城际高铁、山区高铁、合资高铁、跨国高铁等。截至 2022 年 6 月 20 日,中国已有近 3200 公里高铁常态化按时速 350 公里高标准运营。截至 2022 年末,全国高速铁路营业里程 4.2 万公里。

中国高铁正进入广泛应用云计算、大数据、互联网、移动互联、人工智能、北斗导航等新技术,实现高铁移动设备、基础设施以及内外部环境之间信息全面感知、广泛互联、融合处理、主动学习和科学决策的智能高铁发展新阶段。2019 年 7 月 8 日,根据世界银行发布的《中国的高速铁路发展》,中国高铁营业里程超过世界其他国家高铁营业里程的总和,票价最低,建设成本约为其他国家建设成本的三分之二。中国高铁跑出了中国速度,更创造了中国奇迹。中国高速铁路建设推进了区域协调发展、提升了城市圈竞争力、创造了生活新时空、加快了制造业升级转型。

课前准备:机器人样机 1 台、Keil uVisione V5.14.0.0 版本软件、20P 排线 1 根、J-Link 仿真器 1 个、USB 线 1 根、计算机 1 台、图 1-2 所示的场地等。

2. 任务描述

(1)检查机器人硬件连接是否牢固可靠;调试色标传感器、红外传感器、12 路传感器,采集 12 路传感器数值。(2)在 Keil 软件和 Halcon12 软件中编写程序,实现任务 1 中所述功能。

3. 知识讲解

知识讲解 1:调试 12 路传感器、色标传感器与红外传感器

(1)调试 12 路传感器。参考任务 44,将 12 路传感器分别放置在白线、绿地毯上,通过调节 TIM_SetCompare4(TIM4,400)函数中的数值,调节 12 路传感器的亮度,直至在白线、绿地毯上的读数出现较大区别,然后将数值写入相应文件中。

(2)调试色标传感器的检测距离。①将龙头上的色标传感器分别放置在长桥上的红线、黑色桥面上,参考任务 20 的任务实施 2,调节传感器的电位器旋钮,直至指示灯在黑色桥面上灭,在红线上亮。②将机器人中间两侧的色标传感器分别放置在带红线黄线的灰色平台、带白线的绿地毯上,调节传感器的电位器旋钮,直至指示灯在灰色平台、绿地毯上灭,在红线、黄线、白线上亮。

(3)调试红外传感器(圆形)的检测距离。①将机器人前上端的红外传感器(圆形)放置在机器人面前的"禁行板"处,调节其检测距离。②将机器人中右侧的红外传感器(圆形)放置在跷跷板上,调节它与跷跷板三角形架间的距离。

(4)调试红外传感器(方形)的检测距离。将红外传感器(方形)分别放置在上、下桥处和上、下平台处,将机器人龙头抬起、放下,调节红外传感器(方形)电位器旋钮,调节传感器的检测距离。

调试传感器时需注意以下事项:(1)将机器人置于运动状态下,传感器需仍能正常工作;(2)机器人运动过程中可能会有振动,要求该情形下传感器仍能正常检测距离;(3)为避免传感器指示灯坏掉等情形,可参考任务 41,通过传感器触发电机转动,确认传感器是否正常工作。

知识讲解 2:机器人常见参数值

本书中机器人常见参数值,如表 48-1 所示。

表 48-1　机器人常见参数值

机器人常见参数	数值
电机驱动模块 TIM5 的 PWM 频率	21kHz
舵机 TIM9-TIM11、TIM13-TIM14 的 PWM 频率	50Hz
12 路传感器亮度调节 TIM4 的 PWM 频率	21kHz
若编码器磁极对数为 13,电机减速比为 44,轮子转一圈编码器产生的物理脉冲数	13×44＝572(个)
若编码器磁极对数为 13,电机减速比为 44,电机转速为 900 转/分,编码器每秒产生的物理脉冲数	13×44×15＝8580(个)
波特率	9600bit/s

4. 任务实施

任务实施 1:检查机器人硬件连接是否牢固、可靠,调试传感器并采集其数据

(1)检查机器人硬件连接是否牢固、可靠。①检查所有螺栓、螺母等连接是否牢固、可靠。②检查所有焊接、接线端子插接等连接是否牢固、可靠。③检查是否有电线等异物挡住传感器。④检查机器人运动过程中,电线等是否会刮碰到场地。⑤检查导线绝缘层覆皮是否有破损等情形。

(2)调试传感器并采集其数据。参考知识讲解 1,调节 12 路传感器的亮度,采集 12 路传感器的数据。调试色标传感器、红外传感器(圆形)、红外传感器(方形)的检测距离。

任务实施 2:修改文件名称、新建文件、添加路径,在 Keil 软件中编写代码

(1)修改文件名称、新建文件、添加路径。在 ALGORITHM 文件夹下新建并保存 key_position. h、key_position. c、subroute. h、subroute. c 等文件,其他操作可参考任务 39 的任务实施 2。

(2)在 key_position. h、key_position. c 等文件中编写代码,部分代码如下:

```
void start_stop_250()
{
    while(1)
    {
        if(St_st = = 0)
        {
            delay_ms(3);
            if(St_st = = 0)//有信号
            {
                motor(0,0);
```

```
                }
            }
        else//无信号
            {
                motor(250,250);
                delay_ms(500);
                break;
            }
        }
}

void mid_sen_into_red(int encoder_num)
{
    TIM1 - >CNT = 0;
    while(1)
    {
        if(TIM1 - >CNT< = encoder_num)
        {
            motor(250,250);
        }
        else
        {
            motor(0,0);
            break;
        }
    }
}

void align_back_ye()
{
    while(Le_mi_cir = = 1&&Ri_mi_cir = = 1)
    {
        motor(200,200);
    }
    if(Le_mi_cir = = 0)
    {
        while(1)
```

```
        {
            motor(0,150);
            if(Ri_mi_cir = = 0)
            {
                motor(0,0);
                delay_ms(100);
                break;
            }
        }
    }
    else if(Ri_mi_cir = = 0)
    {
        while(1)
        {
            motor(150,0);
            if(Le_mi_cir = = 0)
            {
                motor(0,0);
                delay_ms(100);
                break;
            }
        }
    }
    else
    {
        while(1)
        {
        motor(0,0);
        delay_ms(100);
        break;
        }
    }
}
void turn_left(int encoder_num,int back)//在平台上转 180 度
{
```

```
    TIM1 - >CNT = 0;
    while(1)
    {
        if(TIM1 - >CNT>encoder_num)
        {
          motor(0,0);
          delay_ms(100);
          break;
        }
        else
        {
          if(back = = - 1)
          {
            motor( - 200,200);
          }
          else if(back = = 1)
          {
            motor(150,400);
          }
          else
          {
            motor(0,250);
          }
        }
    }
}
void motor_200(int encoder_num)//离开平台
{
    TIM1 - >CNT = 0;
    while(1)
    {
        if(TIM1 - >CNT< = encoder_num)
        {
          motor(200,200);
        }
```

```
    else
    {
        motor(0,0);
        delay_ms(100);
        break;
    }
    }
}
```

(3)在 subroute.h 文件中编写代码,部分代码如下:

```
#ifndef __SUBROUTE_H
#define __SUBROUTE_H
#include "sys.h"
void from1_to2(void);
#endif
```

(4)在 subroute.c 文件中编写代码,部分代码如下:

```
void from1_to2()//从 1 号平台到 2 号平台
{
    start_stop_250();
    speed_200(10000);
    speed_200_Ri_fr_squ();
    br_speed_200(12000);
    br_speed_200_Le_fr_squ();
    br_speed_200(1500);
//  br_move_200(12000);
//  br_move_200_Le_fr_squ();
//  br_move_200(1500);
    speed_200(10000);
    speed_200_Ri_fr_squ();
    speed_200_Le_fr_squ();
    mid_sen_into_red(2500);
    align_back_ye();
    turn_left(6500,-1);
}
```

(5)在 main. c 文件中编写代码,部分代码如下:

```c
#include "delay.h"
#include "led.h"
#include "motor.h"
#include "sensor.h"
#include "encoder.h"
#include "servo.h"
#include "12ch_sensor.h"
#include "usart.h"
#include "pid.h"
#include "bridge.h"
#include "key_position.h"
#include "subroute.h"
#include "timer.h"
#include "stdlib.h"
int flag = 0;
int tre_num = 0;
int main (void)
{
    NVIC_PriorityGroupConfig(NVIC_PriorityGroup_2);//设置系统中断优先级分
                                                   //组 2
    TIM5_PWM_Init(1000-1,4-1);//定时器 5 时钟 84MHz,预分频系数 psc 为 3,
            //计数频率为 84MHz/4 = 21MHz,自动重装载值 arr 为 999,
                            //PWM 的频率为 21MHz/1000 = 21kHz
    TIM14_PWM_Init(200-1,8400-1);//定时器 14 时钟 84MHz,预分频系数 psc 为
            //8399,计数频率为 84MHz/8400 = 10kHz,自动重装载值 arr 为 199,
                            //PWM 的频率为 10kHz/200 = 50Hz

    TIM4_PWM_Init(1000-1,4-1);//定时器 4 时钟 84MHz,预分频系数 psc 为 3,
            //计数频率为 84MHz/4 = 21MHz,自动重装载值 arr 为 999,
                            //PWM 的频率为 21MHz/1000 = 21kHz
    delay_init(168);//初始化延时函数
    SENSOR_Init();
    Adc_Init();//初始化 ADC2
    uart_init(9600);//串口初始化波特率为 9600
```

```
TIM7_TIMER_Init(8400-1,10-1);//定时器 7 时钟 84MHz,预分频系数 psc 为 9,
                    //计数频率为 84MHz/10 = 8400kHz,自动重装载值 arr 为 8399,
                                //PWM 的频率为 8400kHz/8400 = 1kHz
TIM1_Init();//初始化 TIM1 为编码器接口模式
while(1)
{
    from1_to2();
    /*省略部分代码
    while(tre_num = = 0)
    {
        switch(USART1->DR)
        {
            case '3':
                tre_num = 3;
                break;
            case '4':
                tre_num = 4;
                break;
        }
        if(tre_num = = 3||tre_num = = 4)
        {
            break;
        }
    }
    */
}
}
```

任务实施 3:编译并下载程序,调试机器人按照设定路线稳定运动

(1)若第一次使用 Keil 软件,参考任务 39 的任务实施 3 设置 J-Link;若在其他任务中设置完成 J-Link,本任务中可不设置。

(2)分段调试。①将机器人放置在绿地毯上,在不巡线情形下,调节设置左轮、右轮的偏差值。②将机器人放置在带白线的绿地毯上,在巡线情形下,调节设置机器人 PID 参数。③将机器人放置在各平台上,调节设置机器人在各平台上的旋转角度。④调节设置机器人运动过程中编码器数值等参数。⑤将机器人分别放置在跷跷板、长桥等易错

地方单独调试。

（3）整体调试。①不加摄像头，调试机器人按照设定路线稳定运动。②加上摄像头识别二维码，调试机器人按照设定路线稳定运动。

5. 任务总结

（1）检查机器人硬件连接是否牢固、可靠，调试传感器并采集其数据。（2）修改文件名称、新建文件、添加路径，在 Keil 软件中编写 key_position.h、key_position.c、subroute.h、subroute.c、main.c 等文件的代码。（3）编译并下载程序，分别分段、整体调试机器人，实现其按照设定路线稳定运动。

6. 课后复习与拓展

（1）试分析机器人在高坡上运动时，需注意哪些事项？（2）试分析智能配送机器人的工作原理。

第4模块 维修保养模块

项目9 机器人故障诊断、维修与保养

任务 49:机器人故障诊断与维修

1. 思政元素与课前准备

东汉《鹖冠子·世贤》讲述了这样一个故事：

魏文侯问扁鹊曰："子昆弟三人其孰最善为医?"扁鹊曰："长兄最善,中兄次之,扁鹊最为下耳。"

魏文侯曰："可得闻邪?"

扁鹊曰："长兄于病视神,未有形而除之,故名不出于家。中兄治病,其在毫毛,故名不出于闾。若扁鹊者,镵血脉,投毒药,副肌肤,闲而名出闻于诸侯。"

魏文侯曰："善。"

故事中,扁鹊认为他们三兄弟中,医术最高明的是他的长兄,因为他能够在病最开始有初步端倪的时候就把病除去。

东汉时期政论家、史学家荀悦在《申鉴·杂言》中对此进行了精彩的阐述：

"进忠有三术:一曰防;二曰救;三曰戒。先其未然谓之防,发而止之谓之救,行而责之谓之戒。防为上,救次之,戒为下。"

在荀悦看来,最上等的策略,是先其未然的时候进行防范;而到问题已经很严重的时候去斥责处置,已经是最后的手段了。

这番话把"防"、"救"和"戒"的关系讲得清清楚楚,特别强调了"防"的重要性。凡事预则立,不预则废。我们必须要在"防"上下足功夫,防患于未然!

课前准备:机器人1台、常见维修工具1套、计算机1台等。

2. 任务描述

在熟悉机器人故障诊断与维修的基本原则与基本思路以及机器人电子元器件的维

修方法基础上，按照下述步骤完成机器人故障诊断与维修：(1)断开电源，了解故障发生前后的情况；(2)从硬件故障和软件故障等方面，分析机器人的具体故障；(3)采取措施消除故障，降低故障再次发生的概率。

3. 知识讲解

知识讲解1：机器人故障诊断与维修的基本原则与基本思路

机器人故障比较复杂，涉及的部件较多，维修难度也较大，因此在维修时为了能更快地找到故障原因，需要遵循以下基本原则：(1)先简单后复杂。在排除故障时，先排除简单、容易的故障，再排除困难、不好解决的故障。从简单的故障开始，有利于集中精力判断与定位故障；(2)先分析后维修。根据故障现象，分析应怎么做、从何处入手，再实际动手。对于所观察到的现象，尽可能地先查阅相关资料，分析有无相应的技术要求或特点等，然后根据已有的知识、经验分析判断，再着手维修；(3)先软件后硬件。当发生故障时，先从软件分析原因，再开始检查硬件的故障。

机器人故障诊断与维修的基本思路：(1)先动口，再动手。对于有故障的电子设备，不应急于动手，应先询问故障发生前后的经过及故障现象。对于生疏的元器件，还应先熟悉电路原理和结构特点，遵守相应规则。拆卸前要充分熟悉每个部件的功能、位置、连接方式以及与周围其他元器件的关系，在没有组装图的情况下，应一边拆卸，一边画草图，并做上标记。(2)先外部，后内部。应先检查外观有无明显裂痕、缺损，了解其维修史、使用年限等，然后再对内部进行检查。拆前应排除周边的故障因素，确定为内部故障后才能拆卸，否则，盲目拆卸可能会损坏设备。(3)先机械，后电子。在确定机械零件无故障后，再进行电子方面的检查。检查电路故障时，应利用检测仪器寻找故障部位，确认无接触不良等故障后，再有针对性地查看线路与机械的运作关系，以免误判。(4)先静态，后动态。在设备未通电时，判断电子元器件是否损坏，从而判定故障所在。通电试验，听其声、测参数、判断故障，最后进行维修。(5)先清洁，后维修。对污染较重的电子元器件，先清洁其按钮、接线点与接触点等部位，检查外部控制键是否失灵。一些故障是由脏污及导电尘块引起的，一经清洁，故障可能会自动排除。(6)先普遍，后特殊。因元器件引起的故障，一般占常见故障的50%左右，因此可以从普通故障入手。(7)先外围，后内部。先不要急于更换损坏的电子元器件，应在确认外围设备电路正常后，再考虑更换损坏的电子元器件。

知识讲解2：机器人电子元器件的维修方法

机器人电子元器件的维修方法主要包括以下几种：(1)直观检查法。①了解故障情况。检修电子元器件时，不要急于通电检查。应先了解电子元器件发生故障前后的具体情况，并对电子元器件内部除尘处理，为下一步维修做准备。②外观检查。主要包括通电前检查和通电检查。(2)测量检查法。①电阻测量法。电阻测量法一般在不通电的情况下，用万用表的电阻档进行测量。②电压测量法。电压测量法主要用万用表直流电压档,检测电源部分的电压,晶体管各极对地电压,集成电路各引脚对地电压,关键点的电压等。③电流测量法。电流测量法主要测量电子元器件工作电流或某一电路中的工作电流。电流检查往往比电阻检查更能反映出各电路静态工作是否正常。④波形测量法。波形测量法一般用示波器测量波形,能比较直观地检查电路动态工作状况。(3)等效替换法。在大致判断了故障部位后还不能确定故障发生的原因时,对某些不易判断的元器件,用同型号或能互换的其他型号的元器件或部件替换,这种方法称为等效替换法。在缺少测量仪器仪表的维修过程中,往往用等效替换法排除故障,尤其是对于插入式安装的元器件,该方法更是简单可行。注意:①替换的元器件应确认是完好的,否则可能会造成误判;②对于因过载而产生的故障,不宜采用替换法,只有在确认不会再次损坏新元器件或已采取保护措施的前提下才能进行替换。(4)比较法。维修有故障的电子元器件时,若有两个电子元器件,可以用正常的一个电子元器件作比较。分别测量出两个电子元器件同一部位的电压、工作波形、对地电阻、元器件参数等数据相互比较,这样可方便地判断故障部位。(5)信号追踪法。用示波器、逻辑探头或万用表,按信号流向选择正确的检测点,检测电阻、电压、电流、信号波形、逻辑电平等是否正常。测试要点:①由不正常的检测点开始,沿信号通路往回测试;②先大范围寻找故障源,再小范围仔细测试;(6)隔离法。隔离法适用于各部分既能独立工作,又可能相互影响的电路。采用隔离法可将某电路各个部分分别断开,逐渐缩小故障范围。(7)故障恶化法。对间歇性或随机性故障,为使故障暴露出来,可采用故障恶化法,但应注意避免造成永久性破坏。(8)干扰法。干扰法主要用于检查在输入某些信号时才出现故障的电子元器件。

4. 任务实施

任务实施 1:断开电源,详细了解故障发生前后的情况

当机器人出现故障后,参考知识讲解 1 中介绍的机器人故障诊断与维修的基本原则与基本思路,以及知识讲解 2 中机器人电子元器件的维修方法进行维修。首先需要断开电源,了解故障发生前后机器人的运行状态,故障发生在机器人开启时,还是在工作中突然或逐渐发生的,有无冒烟、焦味、闪光、发热等现象;故障发生前是否动过开关、旋钮、按键、插件等。

详细检查机器人现在的情况。重点检查按键、开关、旋钮位置是否正确;电线及插头有无松动;PCB 铜箔有无断裂、短路、霉烂、断路、虚焊、打火痕迹;元器件有无变形、脱焊、互碰、烧焦、漏液、胀裂等现象;保险管是否熔断或松动;电子元器件及导线等有无焦味、断线、打火痕迹等。

根据检查结果,初步判断机器人故障发生的原因,主要考虑机器人运行前软件设置是否正确,检查编写的代码是否正确,硬件连接是否松动,电子元器件是否老化等问题。如果能了解到故障发生前后的详细情况,将有助于找到故障发生的原因,从而提高维修效率。

任务实施 2：从软件故障和硬件故障等方面，分析机器人的具体故障

有时机器人会因为某些软件故障或硬件故障而无法正常运行，根据故障的原因，可以将机器人故障分为软件故障和硬件故障。

1. 软件故障

软件故障是由于代码编写不当、软件不兼容、系统配置不当等因素导致机器人不能正常工作的故障。通常会出现程序编译出错、程序无法烧入单片机等现象。

机器人常见软件故障主要包括：(1)编写的程序逻辑结构不清或语法有误等；(2)程序参数设置不当等；(3)安装的应用软件与操作系统或硬件不兼容，或没有安装驱动等；(4)多个应用软件间不兼容；(5)杀毒软件等原因导致软件产生的故障。

2. 硬件故障

硬件故障主要是机器人硬件使用不当或硬件物理损坏所造成的故障。硬件故障又可分为"真"故障和"假"故障两种。"真"故障主要是由于外界环境、操作不当、硬件自然老化或产品质量低劣等原因造成的。"假"故障一般与硬件安装、设置不当或错误操作等因素有关。

机器人常见的硬件故障主要包括：(1)端子连接松动，导致电子元器件不能正常工作；(2)螺栓螺母等连接松动，导致机器人机械结构变形或产生振动；(3)疲劳损伤或撞击等原因，导致零部件损坏，较为常见的为 3D 打印件断裂等；(4)传感器参数调节不当，检测距离发生变化等导致的故障；(5)航模锂电池发生电量过放；(6)由于电子元器件老化等原因，致使其不灵敏；(7)电源线焊接不当或绝缘层开裂，导致接触不良或漏电等。

机器人发生故障后，首先要断开电源了解情况，然后判断并定位所发生的故障，分析故障属于软件故障还是硬件故障。如果是程序改动前后发生的故障，或软件安装、设置、卸载过程中发生的故障，通常多为软件故障；如果软件没有任何改动，在没有任何征兆的情况下机器人发生故障，通常为硬件故障。

根据上述提示，若无法分析出故障产生的原因，可以先分析是否是软件故障，在排查软件故障后，参照任务 16 中元器件的连接，分别从航模锂电池（大）和航模锂电池（小）开始，检查分析各元器件连接是否正确、可靠，然后从输入级逐步向输出级通电，用万用表测量电路电压，缩小故障怀疑区域，直至找到故障。注意：在查找故障时，需要做好数据备份。

任务实施 3：根据分析得到的故障，采取措施消除故障，降低故障再次发生的概率

在分析得到机器人的具体故障后，采取相应措施消除故障，比如，参考知识讲解 2 中的电子元器件的维修方法维修或更换电子元器件，并验证故障是否解决。在机器人维修过程中，注意不要强拆或硬装元器件，以免损坏元器件；此外接线时要确保牢固、可靠。

为降低机器人故障发生的概率，需要注意以下几个方面：(1)避免在高温环境中长时间使用机器人，机器人各元器件需散热良好；(2)定期清理元器件上的灰尘，保持清洁；(3)根据使用周期，定期保养航模锂电池等电子元器件；(4)机器人运行过程中，若出现异常现象,比如,异常的声音、气味等,应立即停止运行;(5)定期检查螺栓螺母等连接是否松动,避免滑落至电子元器件上,引起短路烧坏电子元器件;(6)严禁机器人及其元器件与周围物体发生剧烈碰撞;(7)严禁堵转舵机、电机等元器件,以免电流过大发生烧坏。

5. 任务总结

(1)熟悉机器人故障诊断与维修的基本原则与基本思路、机器人电子元器件的维修方法等内容。(2)机器人发生故障后,立即切断电源,了解故障发生前后的情况,分析故障产生的具体原因。(3)针对故障发生的原因,采取相应措施消除故障,并降低故障再次发生的几率。

6. 课后复习与拓展

(1)电子元器件故障规律表现为浴盆曲线,试分别分析电子元器件在早期故障期、偶然故障期、耗损故障期失效的主要原因。(2)试分析易发生故障的元器件应尽可能安装在机器人的什么位置?

任务 50:保养机器人

1. 思政元素与课前准备

中医指中国传统医学,它承载着中国古代人民同疾病作斗争的经验和理论知识,是我国一项民族文化遗产,它在古代朴素唯物论和自发辩证法思想指导下,通过长期医疗实践逐步形成并发展为独特的医学理论体系。在研究方法上,具有朴素的系统论、控制论和信息论等内容。中医孕育着现代医学和生物学的胚胎和萌芽,正是这些宝贵精髓,赋予了它强大的生命力。

中医学以阴阳五行作为理论基础,将人体看成是气、形、神的统一体,通过"望闻问切"四诊合参的方法,探求病因、病性、病位,分析病机及人体内五脏六腑、经络关节、气血津液的变化,判断邪正消长,进而得出病名,归纳出证型,以辨证论治原则,制定"汗、吐、下、和、温、清、补、消"等治法,使用中药、针灸、推拿、按摩、拔罐、气功、食疗等多种治疗手段,使人体达到阴阳调和而康复。

中医诞生于原始社会,春秋战国时期中医理论已基本形成,之后历代均有总结发展。中医包含着中华民族几千年的健康养生理念与实践经验,是中华文明的一块瑰宝,凝聚着中国人民和中华民族的博大智慧。2018 年 10 月 1 日,世界卫生组织首次将中医纳入具有全球影响力的医学纲要。

课前准备:机器人 1 台、常见保养工具 1 套、计算机 1 台等。

2. 任务描述

(1)试分析机器人定期保养主要包括哪些内容？(2)明确机器人对存放环境的要求，并在规定环境下存放机器人。(3)试分析使用机器人前，需要采取哪些措施防松？

3. 知识讲解

知识讲解1：环境对电子元器件性能的影响

通常将湿热、霉菌和盐雾的防护合称"三防"，它们是湿热气候区电子元器件设计和技术改造需考虑的重要环节。环境对电子元器件性能影响主要包括：(1)温度。高温环境对电子元器件的主要影响有：①发生氧化等化学反应，造成绝缘结构、表面防护层迅速老化，加速破坏；②增强水汽的穿透能力和破坏能力；③使某些物质软化、融化，结构在机械应力下损坏；④使润滑剂黏度减小和蒸发，丧失润滑能力；⑤使物体发生膨胀变形，从而导致机械应力加大，运行零件磨损增大或结构损坏；⑥对于发热量大的电子元器件而言，高温环境会导致电子元器件损坏或加速老化，大大缩短其使用寿命。(2)湿度。湿度是一个重要的环境因素，特别是它和温度结合时，往往会产生更大的破坏。高湿度环境会导致电子元器件物理性能下降、绝缘电阻降低、介电常数增加、机械强度下降，以及产生腐蚀、生锈和润滑油劣化等现象。湿热环境是促使霉菌迅速繁殖的条件，也会助长盐雾的腐蚀作用。(3)霉菌。霉菌是指生长在营养基质上形成绒毛状、蜘蛛网状或絮状菌丝体的真菌。最宜霉菌繁殖的温度为20～30℃，霉菌的生长还需要营养成分与空气。电子元器件上的灰尘、人手留下的汗迹、油脂等都能为它提供营养。霉菌使材料性能劣化，造成表面绝缘电阻下降，漏电增加，霉菌的代谢物也会对材料产生间接的腐蚀。(4)盐雾。盐雾对电子元器件的影响主要表现为其沉降物溶于水，在一定温度条件下对元器件、材料和线路造成腐蚀或改变其电性能，从而导致电子元器件的可靠性下降，故障率上升。盐雾主要发生在海上与海边，在陆上则可能因盐碱被风刮起或盐水蒸发而引起。在室内、密封舱内，盐雾的影响变小。(5)粉尘。粉尘对电子元器件的影响主要有：①使散热条件变差；②粉尘吸收水分，使绝缘性能变差，严重时造成短路。(6)电磁干扰。电磁干扰源主要包括固有干扰源、人为干扰源和自然干扰源等。(7)振动。振动对电子元器件的主要影响有：①形变(电位器、波段开关、微调电容等发生形变)；②元器件共振；③导线位置变化(分布参数变化)；④锡焊或熔接开裂；⑤螺钉、螺母松动或脱落；(8)气压。气压降低、空气稀薄所造成的影响主要有散热条件差、空气绝缘强度下降、灭弧困难等。

知识讲解2：常见的清洁工具和防静电工具

常见的清洁工具主要包括：(1)防静电毛刷。毛刷可用于清理机器人机械元器件及电路板上的灰尘。(2)吹气囊。可采用吹气囊吹走灰尘，不能图方便直接用嘴吹，因为人呼出的气体中带有肉眼看不到的水滴，极易引起短路。(3)清洁剂。采用专门的清洁剂清洁较难清理的污渍。(4)橡皮。一些插拔件上的污垢,可用橡皮清除。

常见的防静电工具主要包括:(1)防静电地线。静电释放通路。(2)防静电手套。减少静电的产生与积累。(3)防静电手环。工程师积累静电的释放工具。(4)防静电桌布。维修设备上积累静电的释放工具,与防静电地线连接,构成释放通路。(5)维修工作台。工作台上安装铺有防静电桌布、防静电手环,并有良好的接地线,电源插座应有良好的接地线,实际维修保养机器人时,若不能满足上述要求,应完成自身防静电处理(如戴防静电手套等)。

4. 任务实施

任务实施 1:列出机器人定期保养的具体内容,完成机器人的定期保养

定期保养机器人主要包括以下内容:(1)航模锂电池长时间不用时,需要定期保养,使其电量保持在规定数值,并切断与其他电子元器件的连接。(2)定期用毛刷或干布将机器人擦拭干净,但不要用沾水的湿布抹擦。对于电子元器件上的灰尘,通常使用检修仪器(如防静电毛刷或吹气囊等)吹刷干净。注意:在清理电子元器件内部灰尘时,不要变动电子元器件的接线位置,避免拔出接插件。必要时应事先做好标记,以免复位时插错位置。(3)定期检查电子元器件,避免出现过热、鼓包或漏液等现象。(4)保养电子元器件时,戴上防静电手套或防静电手环,严禁带电操作。

任务实施 2:明确机器人对存放环境的要求,并在规定环境中存放机器人

良好的保养会延长机器人的使用寿命,因此需要将机器人存放在如下环境中:(1)机器人的存放地点应选择比较干燥、通风良好的房间,避免阳光直接照射。(2)机器人使用完毕后应注意加仪器罩。如果没有专门的仪器罩,也应设法盖好,或将机器人放进柜子内。严禁将机器人无遮盖地长期搁置在水泥地或靠墙的地板上。(3)存放机器人的柜子内,应放置硅胶袋以吸收空气中的水分。(4)通常规定存放机器人的温度不超过 40℃,室内温度应保持在 20～25℃最为适合,必要时采用通风排热等人工降温措施。(5)在放置机器人的桌面上,不应进行敲击捶打等操作。靠近机器人的地方,不应装置或放置振动较大的机电设备。在对机器人装箱或搬运时,应尽量使用泡沫气垫等防振器材。(6)机器人应避免靠近酸性或碱性气体。(7)若长时间存放镀层部件或金属零件,应涂擦凡士林或黄油,并用油纸或蜡纸包封,以免生锈等腐蚀。(8)不要将机器人靠近强磁场。(9)注意不要沾水,若不小心沾水,应立即用干布擦掉,再用电吹风将机器人吹干,并立即交由专业维修人员处理。

任务实施 3:使用机器人前,检查并紧固连接件,采取防松措施防止松脱

使用机器人前应检查并紧固连接件,以免产生松脱:(1)对于电子元器件上的接线端子、接线柱、旋钮、电位器锁定螺钉等应定期检查和紧固。(2)对于螺栓螺母等连接件,防松方法主要包括以下几种:①增大摩擦力防松。主要包括齿形锁紧垫圈、弹簧垫圈、弹性垫圈、双螺母、自由旋转型的齿形端面锁紧螺母和锁紧螺钉、有效力矩型的全金属锁紧螺母、有效力矩型的非金属嵌件锁紧螺母,其特点是不受使用空间限制,可反复装拆,但可靠性一般。②机械固定件防松。采用开槽螺母加开口销、锁紧丝、止动垫圈等方式连接,其特点是防松可靠性高,但制造安装较复杂,不能机动安装。③不可拆卸防松。采用焊牢、黏结或冲点铆接等方式连接零部件,主要用于对防松要求高、不需拆卸等重要场合。④组合防松。比如,弹簧垫圈加平垫圈、止动垫圈加圆螺母等。

5. 任务总结

(1)给出机器人定期保养的主要内容,定期保养机器人。(2)明确机器人对存放环境的要求,并将机器人存放在规定的环境中。(3)使用机器人前,检查并紧固连接件,采取必要的防松措施防止松脱。

6. 课后复习与拓展

(1)试设计一张机器人保养表,详细记录机器人保养过程。(2)机器人长时间不工作时,试分析承受较大力的零部件应如何放置?

参考文献

[1]李贝,陈羽,孙平,等.滚动摩擦系数工程测量方法与验证[J].工程机械,2017,48(4):29-32,7-8.

[2]刘力,王冰.机械制图[M].4 版.北京:高等教育出版社,2013.

[3]张文娜,叶湘滨.传感器接口电路的抗干扰技术及其应用[J].计算机测量与控制,2001(3):60-62.

[4]赵毅.电子通信常见干扰因素分析[J].中国新通信,2017,19(4):40.

[5]孙云娟,王天意.单片机硬件抗干扰技术[J].自动化技术与应用,2010,29(2):129-131.

[6]吴旗.自动检测与转换技术[M].北京:高等教育出版社,2014.

[7]刘国华.HALCON 编程及工程应用[M].西安:西安电子科技大学出版社,2019.

[8]杨青.Halcon 机器视觉算法原理与编程实战[M].北京:北京大学出版社,2019.

[9]杜斌.机器视觉使用 HALCON 描述与实现[M].北京:清华大学出版社,2021.

[10]林红华.电子 CAD—Altium Designer[M].北京:高等教育出版社,2016.

[11]王春霞,朱延枫,王俊生.电子元器件手工焊接技术[M].3 版.北京:机械工业出版社,2021.

[12][美]Ivor Horton.C 语言入门经典(第 5 版)[M].5 版.杨浩,译.北京:清华大学出版社,2013.

[13]张洋,刘军,严汉宇,等.精通 STM32F4(库函数版)[M].北京:北京航空航天大学出版社,2015.

[14]陈万米,等.机器人控制技术[M].北京:机械工业出版社,2017.

[15]刘建昌,关守平,谭树彬,等.计算机控制系统[M].3 版.北京:科学出版社,2022.

[16]刘雨棣,雷新颖.计算机控制技术[M].西安:西安交通大学出版社,2013.

[17]谢水英,韩承江.电子技术基础[M].北京:机械工业出版社,2019.

[18]王涛.典型电子产品故障诊断及维修[M].成都:西南交通大学出版社,2014.

[19]霍振生.机械技术应用基础(机械设计四合一)[M].2 版.北京:机械工业出版社,2019.